动物传染病

◎ 张丽芳　解秀梅　刘秀清　主编

中国农业科学技术出版社

图书在版编目（CIP）数据

动物传染病 / 张丽芳，解秀梅，刘秀清主编 . 北京：中国农业科学技术出版社，2024. 9. -- ISBN 978-7-5116-7031-1

Ⅰ. S855

中国国家版本馆 CIP 数据核字第 20249PK852 号

责任编辑 张诗瑶
责任校对 李向荣
责任印制 姜义伟　王思文

出 版 者 中国农业科学技术出版社
北京市中关村南大街 12 号　　邮编：100081
电　　话（010）82106641（出版中心）（010）82106624（发行部）
（010）82109709（读者服务部）
网　　址 https://castp.caas.cn
经 销 者 各地新华书店
印 刷 者 中煤（北京）印务有限公司
开　　本 185mm × 260mm　1/16
印　　张 16
字　　数 369 千字
版　　次 2024 年 9 月第 1 版　　2024 年 9 月第 1 次印刷
定　　价 48.00 元

编写人员

主　编　张丽芳　解秀梅　刘秀清

副主编　牛玉丰　高明艳　向　铮

参　编（按姓氏笔画排序）

马敢皓　白鹏霞　朱　倩　朱俊平

齐艳君　李国鹏　张雅丽　陈　瑾

黄　晶　蒋含伟　蔡金山　蔡思彤

前言

动物传染病学是一门涉及生物学、兽医学、公共卫生等多个领域的交叉学科。随着全球化进程的加快和生态环境的日益复杂，动物传染病的防控已成为全球性的重大挑战。本教材旨在系统地介绍动物传染病的病原学、流行病学、诊断、治疗和预防等方面的知识，帮助学生全面理解动物传染病的发生、发展和防控机制。

本教材以技术技能人才培养为目标，以动物医学专业疾病防控方面的岗位能力需求为导向，坚持适用、实用及学生认知规律和同质化原则，以过程性知识为主、陈述性知识为辅；以实际应用知识和实践操作为主，依据教学内容的同质性和技术技能的相似性，将动物传染病的知识和技能列出，进行归类和教学设计。其内容体系分为项目和任务两级结构，全书共分六个项目，包括动物传染病调查与防治、人兽共患传染病、猪病、禽病、反刍动物病和其他动物疾病；每个项目又设“项目介绍”“知识目标”“技能目标”“素质目标”和“思政目标”等教学组织单元，并以任务的形式展开叙述，明确学生通过学习应达到的识记、理解和应用等方面的基本要求；项目的相关理论知识、实践技能，可通过实践、考核评价等形式学习，并可通过扫描二维码获得“任务检测”“知识拓展”等电子资源巩固学习成果，为实现课程的教学目标和提高学生学习的效果奠定良好的基础。

本教材由青海农牧科技职业学院张丽芳主编。具体编写分工如下：张丽芳、解秀梅、刘秀清、牛玉丰负责项目一的编写，张丽芳、解秀梅、牛玉丰、高明艳、向铮负责项目二的编写，张丽芳、解秀梅、白鹏霞、朱俊平、牛玉丰负责项目三的编写，张丽芳、解秀梅、朱倩、齐艳君、李国鹏负责项目四的编写，张丽芳、张雅丽、陈瑾、黄晶负责项目五的编写，张丽芳、蔡金山、蒋含伟、牛玉丰负责项目六的编写，张丽芳、马啟皓、蔡思彤责整本教材的修改、审核和文字校正工作。本书可供动物医学及相关专业学生作为教材使用，也可供从事动物疫病防控、基层兽医临床、动物疫病监测和宠物诊疗等相关工作的人员参考。

由于编者水平有限，编写时间紧张，书中不足之处在所难免，诚请广大师生和同行们指正，以便于再版时修订，谨此深表谢意。

编　者

2024 年 2 月

目 录

项目一　动物传染病调查与防治

项目介绍

本项目主要介绍动物传染病学的一些基本概念和基本理论，应用流行病学的方法阐述传染病“三间”（时间、空间、群体间）分布规律，传染病的所有防控对策都是在这些理论的基础上建立起来的，都是为了切断传染病流行的三个基本环节（传染源、传播途径、易感动物），以达到预防、控制和消灭传染病的目的。

知识目标

（1）掌握免疫接种、预防接种的相关理论知识。
（2）掌握传染病的感染类型及发病过程。
（3）掌握传染病的流行过程。
（4）掌握传染病发生后的处置方式。
（5）掌握消毒、杀虫、灭鼠的原则。
（6）掌握患病动物尸体的处理原则。

技能目标

（1）掌握免疫接种、预防接种的各类方法。
（2）掌握流行病学调查方式。
（3）掌握传染病发生后的各类消毒、杀虫、灭鼠方法。
（4）掌握患病动物尸体的处理方式方法。

素质目标

（1）通过参加团队活动，学生能够了解并尊重团队成员，发扬合作精神，增强团队凝聚力。

（2）通过开展创造性活动，激发学生创新能力，提高解决问题的能力。

（3）鼓励学生自主学习，通过指导和反馈，帮助学生形成自主学习习惯，提高学习效率。

思政目标

以习近平新时代中国特色社会主义思想为指导，坚持社会主义办学方向，紧紧围绕培养什么人、怎样培养人、为谁培养人这个根本问题，牢牢把握立德树人这一根本任务，充分发挥课堂教学主渠道作用，按照本课程育人功能的要求，深入挖掘各类通识课程、专业课程及各教学环节育人功能，形成本课程协同育人格局，努力培养德智体美劳全面发展的社会主义建设者和接班人。深入发掘各类课程的思想政治教育资源，将知识、能力、价值塑造有效融合到每门课程当中，促进本课程与思想政治理论课同向同行、协同育人，将思政教育融入课程教学全过程。

任务一　动物传染病的发生和流行

任务导入

以小组为单位利用轮训或周末，选取某一地区对某养殖场或宠物医院的病例进行流行病学调查，做好统计并提交调查报告一份。

任务准备

- **知识准备**

一、传染病的感染类型及发展阶段

（一）感染传染病的概念

病原微生物侵入动物机体，在一定部位定居、生长繁殖，并引起不同程度的病理反应过程，通常称为感染或传染。凡是由特定病原微生物引起，具有一定潜伏期和临床表现并具有传染性的疾病称为传染病。当机体抵抗力较强时，病原微生物侵入后一般不能生长繁殖，更不会出现传染病的临床表现，因为机体能够迅速动员机体内非特异性免疫力和特异性免疫力而将该病原微生物消灭或清除。动物体对某种病原微生物缺乏抵抗力或免疫力时，则称为动物对该病原体具有易感性，而具有易感性的动物常被称为易感动物。病原微生物侵入易感动物机体后可以造成传染病的发生。

（二）传染病特征

动物传染病的表现多种多样，千差万别，但与非传染性疾病相比，亦具有以下共同特征。

1. 由特异的病原微生物引起

每种传染病都是由特定的病原体引起，如鸡新城疫是由鸡新城疫病毒引起的，没有新城疫病毒鸡就不会发生鸡新城疫。

2. 具有传染性和流行性

病原微生物能在患病动物体内增殖并不断排出体外，通过一定的途径再感染另外的易感动物而引起具有相同症状的疾病，这种散播传染的现象即传染性。当条件适宜时，在一定时间内，某一地区易感动物群中可能有许多动物被感染，致使动物传染病扩散蔓延，便形成了传染病的流行。

3. 被感染的动物机体发生特异性免疫反应

感染动物在病原体或其代谢产物的刺激下，机体发生特异性的免疫生物学变化，并产生特异性的抗体或变态反应等。这些微细变化或反应可通过免疫学方法等特异性地检查出来，因而有利于病原体感染状态的确定。

4. 耐过动物可获得特异性的免疫力

多数传染病发生后，没有死亡的患病动物能产生特异性的免疫力，并在一定时期内或终生不再感染，因此，传染病可以通过免疫接种来预防。

5. 具有一定的临床表现和病理变化

大多数传染病都具有其明显的或特征性的临床症状和病理变化，以及一定的潜伏期和具有明显的流行规律。传染病在动物群中流行时都具有一定的时限，而且许多传染病都表现出明显的季节性和周期性。

（三）分类

根据不同的分类方法可以将动物传染病分为不同的种类，下面分别介绍 3 种分类方法。

1. 按病原体的种类分类

可以分为病毒病、细菌病、支原体病、衣原体病、螺旋体病、放线菌病、立克次体病和霉菌病等。其中除病毒病外，其他病原体引起的动物传染病通常称为细菌性传染病。

2. 按动物的种类分类

可以分为猪传染病、鸡传染病、鸭传染病、鹅传染病、牛传染病、羊传染病、犬传染病、猫传染病、兔传染病以及人兽共患传染病等。

3. 按动物传染病的危害程度分类

（1）国内通常根据动物传染病对人和动物的严重程度、造成经济损失的大小和国家扑灭措施的需要，我国政府将动物传染病分为三大类。

一类动物传染病指对人和动物危害严重、需要采取紧急、严厉的强制性预防、控制和扑灭措施的疾病。这类传染病大多数为发病急、死亡快、流行广、危害大的急性、烈性传染病或人兽共患传染病。按照法律规定此类动物传染病一旦暴发，应采取以疫区封锁、扑杀和销毁动物为主的扑灭措施。

二类动物传染病指可造成重大经济损失、需要采取严格控制扑灭措施的疾病。

由于该类动物传染病的危害性、暴发强度、传播能力以及控制和扑灭的难度不如一类动物传染病大，因此法律规定发现二类动物传染病时，应根据需要采取必要的控制、扑灭措施。

三类动物传染病是指常见多发、可造成重大经济损失、需要控制和净化的动物传染病。该类动物传染病多呈慢性发展状态，法律规定应采取检疫净化的方法，并通过预防、改善环境条件和饲养管理等措施控制。

（2）国际兽疫局将动物传染病分为 A 类和 B 类。

A 类动物传染病是指超越国界，具有快速的传播能力，能引起严重的社会经济或公共卫生后果，并对动物和动物产品的国际贸易具有重大影响的传染病。按照《国际动物卫生法典》的规定，应将这类动物传染病的流行状况经常或及时地向世界动物卫生组织（WOAH）报告。A 类动物传染病包括口蹄疫、水疱性口炎、猪水疱病、牛瘟、小反刍兽疫、牛传染性胸膜肺炎、结节性皮肤病、裂谷热、蓝舌病、绵羊痘和山羊痘、非洲马瘟、非洲猪瘟、猪瘟、高致病性禽流感和新城疫。

B 类动物传染病是指在国内对社会经济或公共卫生具有明显的影响，并对动物和动物产品国际贸易具有很大影响的传染病。按规定应每年向 WOAH 呈报一次疫情，但必要时也需要多次报告，这类动物传染病的种类较多。

（四）传染病的发展阶段

不同动物传染病在临床上的表现存在差别，但其发病时的病程经过具有一定的规律性，一般分为潜伏期、前驱期、明显（发病）期和转归期 4 个阶段。

1. 潜伏期

从病原体侵入机体并进行繁殖时起，直到该病临床症状开始出现的这段时间称为潜伏期。不同传染病的潜伏期长短差异很大，这是因为不同种属、品种或个体动物对病原体易感性不同，以及病原体的种类、数量、毒力、侵入途径或部位等方面有差别。尽管如此，传染病的潜伏期还是具有相对的规律性，如炭疽的潜伏期为 1～14 d，多数为 1～5 d；猪瘟的潜伏期为 2～20 d，多数为 5～8 d；鸡新城疫的潜伏期为 2～10 d 等。通常急性传染病的潜伏期较短且变动范围较少，亚急性或慢性传染病的潜伏期较长且变动范围也较大。

2. 前驱期

前驱期是疾病的征兆阶段，其特点是临床症状开始表现出来，但病的特征性症状仍不明显。也就是从出现疾病的最初症状开始，到传染病的特征症状刚一出现为止这段时间称为前驱期。不同动物传染病的前驱期长短有一定差异，有时同种传染病不同病例的前驱期也不同，但该期通常只有数小时至 1～2 d。临床患病动物主要表现是体温升高、食欲减退、精神异常等一般症状，特征性症状还不明显，很难确诊。

3. 明显（发病）期

从前驱期到该病典型症状充分表现出来的这段时期称为明显（发病）期。该段时间是传染病发展和病原体增殖的高峰阶段，典型临床症状和病理变化也相继出现，因而进行临床诊断比较容易，在诊断上具有重要意义。同时，由于患病动物体内排出的病原体数量多、毒力强，故应加强发病动物的饲养管理，防止病原微生物的散播和蔓延。

4. 转归期

为传染病发展的最后阶段。如果病原体的致病能力增强，或动物体的抵抗力减弱，则疾病以动物的死亡而告终。如果动物体获得了免疫力，抵抗力逐渐增强，机体则逐步恢复健康，表现为临床症状逐渐消退，体内的病理变化逐渐消失，逐步恢复正常的生理机能。在疾病转归期，机体能够在一定时期内保留免疫学特性，同时机体内仍存在病原微生物，但这种免疫学特性和带菌（毒）现象存在时间的长短则与传染病的种类有关。

二、动物传染病的流行过程

（一）概述

动物传染病的基本特征是具有传染性。病原体从传染源排出，经过一定的传播途径侵入另一易感动物体内而形成新的传染，并不断地在动物群体中发生、蔓延和终止的过程，称为动物传染病的流行过程。简言之，流行过程就是从动物个体感染发病到群体感染发病的发展过程。传染病能够通过直接接触或媒介物在易感动物群体中互相传染的特性，称为流行性。兽医流行病学就是从传染病流行过程的基本条件着手，探讨传染病的来源和病因、自然史和发病机制、疾病蔓延和流行的影响因素，从而制定并评价传染病的防控措施，因此对动物传染病的综合性防控具有重要的指导意义。

（二）动物传染病流行过程的基本环节

1. 传染源

传染源指体内有某种病原体寄居、生长、繁殖，并能排出体外的动物机体。具体地说就是受感染的动物，包括传染病患病动物、病原携带者和被感染的其他动物。

（1）患病动物。患病动物是最重要的传染源，但不同发病阶段患病动物作为传染源的意义亦不相同。处于前驱期和临床明显期动物排出病原体的数量多，尤其是急性感染病例排出的病原体数量更大、毒力更强，因此作为传染源的作用也最大。潜伏期和恢复期的动物是否可作为传染源，则随病种不同而异。处于潜伏期的动物机体通常病原体数量少，并且不具备排出的条件，但少数传染病如狂犬病、口蹄疫和猪瘟等患病动物在潜伏期的后期就能够排出病原体。在恢复期，大多数传染病患病动物已经停止病原体的排出，即失去传染源作用，但也有部分传染病如猪痢疾、猪气喘病、鸡支原体感染和布鲁氏菌病等疾病的患病动物在恢复期也能排出病原体。

在生产实际中，将患病动物能排出病原体的整个时期称为传染期，不同传染病的传染期长短有明显差异。各种传染病的患病动物隔离期就是根据传染期的长短来制订的。为了控制传染源，对患病动物原则上应隔离至传染期终了为止。

（2）病原携带者。病原携带者指外表无症状但能携带并排出病原体的动物，是更具危险性的传染源。不同传染病的病原携带者排出病原体的数量虽然远不如患病动物多，但由于缺乏临床症状并在群体中自由活动而不易被发现，因而是非常危险的传染源。在临床上，病原携带者又分为潜伏期病原携带者、恢复期病原携带者和健康病原携带者三种情况。

健康病原携带者是指过去没有患过某种传染病但却能排出该病病原体的动物。一般认为是隐性感染或条件性病原体感染的结果。这种携带状态通常只能靠实验室方法检出，而且持续时间短暂、病原排出的数量少。然而，由于巴氏杆菌病、沙门菌病、猪气喘病、猪丹毒和猪痢疾等健康病原携带者在某些地区或养殖场内数量较多，常常构成重要的传染源。

恢复期病原携带者是指在临床症状消失后仍能排出病原体的动物，如猪痢疾、萎缩性鼻炎、巴氏杆菌病、沙门菌病等。这种携带者持续的时间有时较短暂，有时较长。因此，对这类传染病的控制应延长隔离时间，才能达到预期的效果。

大多数传染病的潜伏期病原携带者在这一时期不具备排出病原体的条件，因而不能作为传染源。但少数传染病如狂犬病、口蹄疫和猪瘟等，患病动物在潜伏期的后期能够排出病原体。

病原携带者常具有间歇排出病原体的现象，因此仅凭一次病原学检查的阴性结果不能反映动物群的状态，只有经过反复检查均为阴性时才能排除病原携带者。

对兽医工作者来说，防止健康动物群中引入病原携带者，或在动物群中清除病原携带者是传染病防控工作中艰巨和主要的任务之一。

2. 传播途径

病原体由传染源排出后，通过一定的方式再侵入其他易感动物所经历的途径称为传播途径。明确传染病传播途径的目的主要是能够针对不同的传播途径采取相应的措施，防止病原体从传染源向易感动物群中不断扩散和传播，保护易感动物不受感染，这是防控传染病的重要环节之一。

传播途径可以为水平传播和垂直传播两大类型，前者是指病原体在动物群体之间或个体之间横向平行的传播方式；后者则是病原体从亲代到其子代之间的传播方式。

（1）水平传播。水平传播方式又分为直接接触传播和间接接触传播两种。

直接接触传播：指在没有外界因素参与的前提下，传染源与易感动物直接接触如交配、舔咬等所引起的病原体传播。在动物传染病中，仅通过直接接触传播的病种较少，狂犬病最具代表性。通过直接接触方式传播的传染病在流行病学上通常具有明显的特征，其特点是一个接一个地发生，形成明显的锁链状。这种方式使疾病的传播受到限制，一般不易造成广泛的流行。

间接接触传播：指病原体必须在外界因素的参与下，通过传播媒介侵入易感动物的传播。大多数传染病如口蹄疫、牛瘟、猪瘟、鸡新城疫等以间接接触传播为主，同时也可以通过直接接触传播，这类传染病被称为接触性传染病。传播媒介是指将病原体从传染源传播给易感动物的各种环境因素。传播媒介可以是生物（媒介者），也可以是无生命的物体（媒介物或污染物）。间接接触传播一般有以下几种途径。

经空气传播：空气作为传染病传播因素主要有两种情况，一是由于患病动物呼吸道内渗出液的不断刺激，动物在咳嗽或喷嚏时通过强气流把病原体和渗出液从狭窄的呼吸道喷射出来，并形成飞沫飘浮于空气中。经飞散于空气中带有病原体的微细泡沫的传染称为飞沫传染。所有呼吸道传染病均可通过飞沫而传播，如结核病、猪气喘病、鸡传染性喉气管炎等；二是当飞沫蒸发干燥后，则可变成主要由蛋白质、细菌或病毒组成的飞沫核；三是随患病动物分泌物、排泄物和处理不当的尸体以及较大的飞沫而散播的病原体，在外界环境中可形成尘埃。经空气传播的传染病一般具有的流行特征有：由于传播途径易于实现，病例常连续发生，新出现的病例多是传染源周围的易感动物；在易感动物集中时则可形成暴发性流行；缺乏有效预防措施时，经空气传播的疾病有周期性和季节性升高现象，如冬春季节发病率升高等；流行强度常与动物的饲养密度、易感动物的比例、畜舍的通风条件以及卫生消毒状况有密切的关系。

经污染的饲料和饮水以及物体传播：多数传染病如口蹄疫、猪瘟、鸡新城疫、沙门菌病、炭疽、鼻疽等都可经消化道传播，其传播媒介主要是被污染的饲料和饮水。通过饲料和饮水的传播过程容易建立，因为患病动物的分泌物、排出物或尸体等很容易污染饲料、牧草、饲槽、水桶、护理用具、动物圈舍等，一旦易感动物饮食这种污染有病原体的饲料和饮水便可感染发病。通过这种传播方式的疾病流行强度取决于饲料或饮水的污染程度、使用范围和管理制度、病原体在饲料或饮水中的存活能力以及卫生消毒措施的执行状况等因素。在流行的初期阶段，经这种途径传播传染病的流行病学特征：病例分布与饲料或饮水的应用范围一致；生长发育良好的动物发病数量较多，如果饲料和饮水污染严重能导致传染病的暴发流行。

经污染的土壤传播：随患病动物排泄物、分泌物或尸体一起落入土壤而能在其中长时间存活的病原微生物，称为土源性病原微生物，如炭疽杆菌、气肿疽梭菌、破伤风梭菌、猪丹毒杆菌等。能够经土壤传播的传染病，其流行病学特征是：由于该类病原体在外界环境中抵抗力很强，一旦它们进入土壤便可形成难以清除的持久污染区，因此应特别注意患病动物的排泄物、污染的环境和物品以及尸体的处理，防止病原体污染土壤。

经活的媒介者传播：主要指节肢动物、野生动物和人类。节肢动物中的蚊、蝇、虱、蚤等和蛛形纲的蜱、螨等能传播传染病。通过节肢动物传播的传染病一般流行的地域范围与传播该传染病的节肢动物分布和活动范围一致；发病率升高的季节与某种节肢动物的数量、活动性，以及病原体在该节肢动物体内发育繁殖的季节相一致。

某些野生动物本身对特定的病原体具有易感性，受感染后可将病原体传播给易感动物，如鼠类可传播沙门菌、钩端螺旋体、布鲁氏菌、伪狂犬病病毒等，狐、狼、吸血蝙蝠等传播狂犬病病毒，野猪传播猪瘟病毒等。另一些野生动物虽然本身对某些病原体不易感，但可进行该类病原体的机械性传播。

人类活动范围广，与动物的关系密切，许多情况下可成为动物病原体的机械携带者。如人类虽然不感染猪瘟病毒、鸡法氏囊病病毒，但却能机械性传播这些病原体。

另外，医源性传播、管理源性传播等人为性传播因素对动物传染病的发生和流行也具有实际意义。医源性传播是指兽医人员使用被病原体污染的体温计、注射针头等器械以及被外源性病原体污染的生物制品等，或没有按照严格的防疫卫生要求操作，将病原体带入动物群而造成的传染病传播。管理源性传播是指由于管理不善，饲养管理人员缺乏防病意识，防疫卫生制度不健全，不注意日常卫生消毒等造成疾病的暴发或蔓延。例如平时来回进出不同的动物圈舍；车辆、人员进出动物场舍时不消毒；粪便、污物和病死动物尸体不能及时清除或处理不当等。在进行人工授精或胚胎移植时，病原体也可通过精液或胚胎带入动物体内而引发传染病。

（2）垂直传播。一般可归纳为下列 3 种途径。

经胎盘传播：指产前被感染的怀孕动物能通过胎盘将其体内病原体传给胎儿的现象。可经胎盘传播的疾病有猪瘟、猪细小病毒感染、牛病毒性腹泻 / 黏膜病、蓝舌病、伪狂犬病、衣原体病、日本乙型脑炎、布鲁氏菌病、弯曲菌性流产、钩端螺旋体病等。

经卵传播：指携带病原体的种禽卵子在发育过程中能将病原体传给下一代的现象。可经种蛋传播的病原体有禽白血病病毒、禽腺病毒、鸡传染性贫血病毒、禽脑脊髓炎病毒、鸡白痢沙门菌和鸡毒支原体等。

经产道传播：指存在于怀孕动物阴道和子宫颈口的病原体在分娩过程中造成新生胎儿感染的现象。可经产道传播的病原体主要有大肠杆菌、葡萄球菌、链球菌、沙门菌和疱疹病毒等。

动物传染病的传播途径比较复杂，每种传染病都有自己特定的传播途径，如皮肤霉菌病通过破损的皮肤伤口感染；口蹄疫、猪瘟等疾病可经接触、饲料、饮水、空气或媒介动物等传播。研究和分析传染病的传播途径的目的，就是为了采取针对性的措施切断传染源和易感动物间的联系，使传染病的流行能够迅速阻断或终止。

3. 动物群体的易感性

动物群体易感性指一个动物群体作为整体对某种病原体感受性的大小和程度。易感性的高低取决于群体中易感个体所占的比例和机体的免疫强度，决定传染病能否在动物群体中流行以及流行的程度。导致动物群体易感性升高的主要因素有一定地区饲养动物种类或品种；群体免疫力降低；新生动物或新引进动物的比例增加；免疫接种程序的紊乱或接种的动物数量不足；免疫接种所使用的生物制品质量不合格；年龄及性别因素；饲养管理因素也可以造成动物群的免疫力下降、易感性升高。导致群体易感性降低的主要因素包括有计划的预防接种；传染病流行引起动物的群体免疫力增加；病原体隐性感染导致动物群体的免疫力升高；抗病育种可选育抵抗力强的动物品系；年龄因素，随着动物日龄的增长，动物群的年龄抵抗力明显增强，如幼龄动物对大肠杆菌、沙门菌等易感性较高，而成年动物的易感性逐渐降低。

（三）动物传染病的流行过程特征

1. 动物传染病的流行强度

在动物传染病流行过程中，根据一定时间内发病率的高低、传播速度和范围以及病例间的联系程度等通常具有以下 5 种表现形式。

（1）散发性。动物发病数量不多，在一定时间内呈散在性发生或零星出现，而且各个病例在时间和空间上没有明显联系的现象。这种形式的原因主要一是动物群对某种传染病的免疫水平相对较高；二是某种传染病通常主要以隐性感染形式出现；三是某种传染病的传播需要特定的条件，如破伤风等。

（2）地方流行性。动物的发病数较多，在一定地区或动物群中，传染病流行范围较小并具有局限性传播的特性，如猪气喘病、猪丹毒、炭疽和牛气肿疽等通常就是采取这种流行形式。

（3）流行性。在某一时间内一定动物群中某种传染病的发病率超过预期水平的现象，且在较短的时间内传播的范围比较广。流行性是一个相对的概念，仅说明传染病的发病率比平时升高，不同地区中存在的不同传染病流行时，其发病率的高低并不一致。

（4）暴发。在局部范围的一定动物群中，短期内突然出现较多病例的现象。实际上，暴发是流行的一种特殊形式。

（5）大流行性。某些传染病具有来势猛、传播快、受害动物比例大、波及面广的流行现象。此类传染病的流行范围可达几个省份、几个国家甚至几个大洲、如口蹄疫、禽流感、新城疫等病在一定的条件下均可采取这种方式流行。

以上几种流行形式之间，在发病数量和流行范围上没有量的绝对界限，只是一个相对量的概念。而且某些传染病在特殊的条件下可能会表现出不同的流行形式，如鸡新城疫、猪瘟等，有时会以地方流行性的形式出现，有时则以流行性或暴发的形式出现。

2. 动物传染病流行的季节性

动物传染病流行的季节性指某些动物传染病经常发生于一定的季节，或在一定季节内出现发病率明显升高的现象。传染病流行的季节性分为 3 种情况。

（1）严格季节性。病例只集中在一年内的少数几个月份，其他月份几乎没有病例发生的现象。传染病流行的严格季节性与这类疾病的传播媒介活动性有关，如日本乙型脑炎只流行于每年的 6　10 月等。

（2）季节性升高。一些疾病，如钩端螺旋体病、传染性胃肠炎、气喘病、鸡毒支原体感染、流感、口蹄疫等在一年四季均可发生，但在一定季节内发病率明显升高的现象。传染病流行的季节性升高主要是季节变化能够直接影响病原体在外界环境中的存活时间、动物机体的抗病能力以及传播媒介的活动状况。

（3）无季节性。一年四季都有病例出现，并且无显著性差异的传染病流行现象。一些慢性或潜伏期长的传染病，如结核病、炭疽等发病时通常无季节性差异。

传染病流行的季节性变化受动物群的密度、条件病原体的特性、传播媒介以及其他生态因素变化的影响。了解疾病季节性升高的原因及影响，便于更有效地采取防控措施。动物传染病流行过程的季节性和周期性，不是不可以改变的。只要加强调查研究，掌握传染病的特性和规律，采取相应措施加强防疫卫生、消毒、杀虫等工作，改善饲养管理，增强机体抵抗力，有计划地做好预防接种工作，无论是哪种流行形式都可以得到控制。

3. 动物传染病流行的周期性

动物传染病流行的周期性是指在经过一个相对恒定的时间间隔后，某些传染病如牛流行热、口蹄疫等可以再次发生较大规模流行的现象。牛、马等大动物每年群体更新的比例不大，几年后易感个体的数量才可达到引起再度流行的比例，因此这类动物的某些传染病常有周期性流行的特点；而繁殖率高、群体更新快的猪和禽等动物的传染病，周期性表现不明显。动物传染病流行过程的季节性和周期性，不是不可以改变的。只要加强调查研究，掌握特性和规律，采取相应措施加强防疫卫生、消毒、杀虫等工作，改善饲养管理，增强机体抵抗力，有计划地做好预防接种工作，无论是哪种流行形式都可以得到控制。

三、实践技能

（一）流行病学调查和分析

流行病学调查与分析是人们研究动物传染病流行规律的主要方法，其目的在于揭示动物传染病在动物群中发生的特征，阐明其流行的原因和规律，以做出正确的流行病学判断，迅速采取有效的措施，控制动物传染病的流行。

流行病学的调查与分析是认识动物传染病流行规律的两个相互联系的阶段。调查是查明动物传染病在动物群中发生的地点、时间、畜群分布，流行条件等，这是认识动物传染病的感性阶段；分析是将调查资料归纳整理，进行全面的综合分析，查明流行的原因和条件，找出流行的规律。调查是分析的基础，分析是调查的深入。一切防疫措施都是以调查分析的结果为依据，调查越充分，措施就越合理，效果也越显著。

（二）种类

流行病学调查的种类，根据调查对象和目的的不同，一般可以分为个例调查、暴发调查、观察调查（也称流行情况调查或现况调查）、回顾性调查和前瞻性调查。其中个例调查与现况调查是发生疫情时最基本和常用的调查。

（三）方法

动物传染病流行病学调查的主要包括以下方法。

1. 询问调查

这是流行病学调查的一种最简单而又基本的方法。必要时可组织座谈，调查对象主要是畜主、兽医工作者、当地有关人员等。调查结果按统一的规定和要求记录在调查表上。询问时要耐心细致，态度亲切，边提问边分析，但不要按主观意图作暗示性提问，力求使调查的结果客观真实。

2. 现场察看

就是对病畜周围环境进行调查。调查者应仔细察看疫区的兽医卫生、地理地形和气候条件等特点，以便进一步了解流行发生的经过和关键问题所在。在进行现场察看时，可以根据疾病种类不同有侧重点地调查。如发生肠道动物传染病时，应特别注意饲料的来源和质量，水源和卫生条件，粪便和尸体的处理情况；发生由节肢动物传播的动物传染病时，应注意调查当地节肢动物种类、分布、生态习性和感染等情况。

3. 实验室检查

为了准确诊断、发现隐性传染源、证实传播途径、摸清动物群免疫状态和有关病因等。通常需要对可疑患病动物应用微生物学、血清学、变态反应、尸体剖检等各种诊断方法进行检查；对有污染嫌疑的各种因素（水、饲料、土壤、动物产品、节肢动物或野生动物等）进行微生物学和理化检查，以确定可能的传播媒介或传染源；有条件的地区尚可对疫区动物群进行免疫水平测定。

4. 统计学方法

在调查中涉及许多有关疫情数量的资料，需要找出其特点，进行分析比较，因此要应用统计学方法。在流行病学分析中常用的频率指标有下列几种：

（1）发病率。表示在一定时期内畜群中某病的新病例发生的频率。发病率能较完全地反映出传染病的流行情况，但不能说明整个流行过程，因为常有许多动物感染后并不表现任何临床症状，呈隐性感染，而同时又是传染源。

$$\text{发病率（\%）}=\frac{\text{某一时期内某病新病例数}}{\text{同一时期内该群动物平均数}}\times 100$$

（2）感染率。指用临床诊断法或其他检查方法（如微生物学诊断、血清学方法、变态反应诊断等）检查出来的所有感染的动物总数（包括隐性感染）占被检查动物总数的百分比。

$$\text{感染率（\%）}=\frac{\text{感染某传染病的动物数}}{\text{被检查的动物总数}}\times 100$$

（3）患病率。表示在某一指定时间动物群中存在某病的病例数（包括该时间内新老病例，但不包括此时间前死亡或痊愈者）的比率。

$$\text{患病率（\%）}=\frac{\text{某一指定时间动物群中存在的病例数}}{\text{同一指定时间该群动物的总数}}\times 100$$

（4）死亡率。表示因某病死亡的动物数占该群动物总数的百分比。死亡率能表示在动物群中因该病造成死亡的频率，但不能说明传染病发展的特性。仅在死亡率高的急性传染病时才能反映出流行状态，但对发病率高而死亡率低的传染病，则不能表示出其特征。

$$\text{死亡率（\%）}=\frac{\text{在一定时期内因某病死亡的动物数}}{\text{同时期该群动物的总数}}\times 100$$

（5）病死率（致死率）。表示因某病死亡的动物数占该群患病动物总数的百分比。病死率能表示某病在临床上的严重程度，它比死亡率更为精确地反映出传染病流行特点。

$$病死率（\%）=\frac{某时期内因某病死亡的动物数}{同时期患病动物总数}\times100$$

四、动物传染病流行病学的分析

流行病学分析是在调查所得资料的基础上，找出动物传染病流行过程的本质和有关因素。应认真对资料去粗取精、去伪取真、由此及彼、由表及里、系统整理、综合分析，得出流行过程的客观规律，由感性认识上升到理性认识，为制订有效的防控措施提供科学依据，又反过来为实践服务。实践工作中调查与分析是相互渗透、紧密联系的，流行病学调查为流行病学分析积累材料，而流行病学分析从调查材料中找出规律，同时又为下一次调查提出新的任务，如此循序渐进，指导防疫实践不断完善。

五、流行病学调查的方法步骤

现场流行病学调查步骤一般包括核实诊断、制定病例定义、病例搜索、个案调查、描述性流行病学分析、分析性流行病学研究等内容。

1. 核实诊断

调查组到达现场应核实发病情况、访谈养殖户或主人、采集患病动物标本和饲料样品等。

2. 制定病例定义

（1）时间。限定事故时间范围。

（2）地区。限定事故地区范围。

（3）群体。限定事故动物群体范围。

（4）症状和体征。

（5）临床辅助检查阳性结果。

（6）特异性药物治疗有效。

（7）致病因子检验阳性结果。

病例定义可分为疑似病例、可能病例和确诊病例。

3. 开展病例搜索

调查组应根据具体情况选用适宜的方法开展病例搜索。

4. 进行个案调查

根据病例养殖户或者主人的文化水平及配合程度，并结合病例搜索的方法要求，可选择面访调查、电话调查或自填式问卷调查。收集的信息主要包括：动物统计学信息、发病和诊疗情况、饲喂史、其他个体高危因素信息等。

5. 描述性流行病学分析

包含临床特征、时间分布、地区分布、群体分布、结果分析等。

6. 分析性流行病学研究

用于分析发病的关联性，常采用病例对照研究和队列研究。

此外，还要结合必要的实验室检验结果等，做出资料分析和调查结论，撰写调查报告，调查结束后，应对调查情况进行工作总结和自我评估。

• 工具准备

无菌增菌液、无菌棉签、移液枪、采血器、灭菌剪刀、灭菌镊子、酒精灯、无菌自封袋、样品保存箱、记录本、记号笔。

• 人员准备

人员分组，每组 5 人，明确职责分工（表 1-1-1）。

表 1-1-1　任务分配

任务角色	任务内容
组长	联系即将前往调查的养殖场或宠物医院，并做好前期了解记录工作，安排组员分工完成前期准备工作
组员 1	对养殖场内外环境进行观察、描述、记录
组员 2	对养殖人员进行询问、记录
组员 3	对调查的环境、动物进行样品采集、记录、运送
组员 4	对采集完的样本进行实验室检测

以小组为单位，选角色扮演养殖户及调查人员，从网络收集某一动物传染病的相关临床症状以及病理变化图片并进行情景设计（如：养殖场名称、动物种类、数量、死亡数、时间等内容），调查人员通过询问以及现场查看完成表 1-1-2。

表 1-1-2　调查统计

序号	调查方法	结果
1	询问调查	
2	现场观察	
3	统计学调查	

任务筹划

一、内容筹划

（1）完成某一养殖场、宠物医院等地的流调工作。

（2）完成流调数据分析。

二、方法筹划

自行分组（每组 5 人），完成任务。

三、流程筹划

前期准备（材料、工具、动物、场地、人员）—进行现场调查—样本采集—实验室检测—数据整合分析。

任务实施

根据任务筹划完成表 1-1-3 的任务实施步骤。

表 1-1-3　任务实施步骤

步骤	任务实施情况
步骤一	
步骤二	
步骤三	
步骤四	
步骤五	
步骤六	

任务检测

请扫描二维码 1-1-1 进行答题。

二维码 1-1-1
项目一任务一检测

任务评价

根据任务完成情况完成任务评价（表 1-1-4）。

表 1-1-4　工作任务完成过程评价

班级：	组别：		姓名：	
项目	评分标准	自我评价	小组评价	教师评价
前期准备	材料准备是否完整（5 分）			
	动物种类、场地选取是否正确（5 分）			
调查过程	调查方法是否正确（5 分）			
	记录是否完整（5 分）			
	样本采集是否正确（5 分）			
	样本采集数量是否正确（5 分）			
实验室检测	样本运输是否正确（5 分）			
	实验室检测方法是否正确（5 分）			
	数据是否有效（5 分）			
数据整合	是否形成完整的有效的调查报告（15 分）			
合计				
自我评价与总结				
教师点评				

任务二　免疫接种和预防接种

任务导入

某宠物医院有一只 5 月龄的贵宾犬，需要进行疫苗接种和寄生虫药物涂抹，请根据情景再现形式完成任务（包括问诊、前期检查、疫苗选取、疫苗接种及药物注射）。

任务准备

- **知识准备**

一、疫苗的类型及其特性

疫苗指由病原微生物或其组分、代谢产物经过特殊处理制成的用于预防传染病的生物制品。由细菌、支原体、螺旋体制成的叫菌苗，由病毒制成的叫疫苗，由细菌产生的外毒素制成的叫类毒素。习惯上将菌苗、疫苗和类毒素统称为疫苗。根据疫苗的构成成分和特性，可将其分为常规疫苗、亚单位疫苗和生物技术疫苗三大类。

（一）常规疫苗

1. 弱毒苗

指用人工致弱的毒株或天然弱毒株所制成的疫苗。弱毒苗又可分为同源苗和异源苗。理想的弱毒苗应具有免疫原性好、毒力稳定、经过易感动物连续回归试验毒力不返强等特性。由于弱毒苗在体内有一定的增殖能力，故接种剂量小，接种次数少，除诱导机体产生体液免疫和细胞免疫外，经自然感染途径接种时，还能诱导局部黏膜免疫。但由于易丧失活性和造成杂菌污染，在储存和运输过程中，一般需要冷冻或低温保存。

2. 灭活苗

指用免疫原性好的细菌、病毒或其弱毒株经过人工大量培养，经灭活后加入适当佐剂而制成的疫苗。常用的有组织灭活苗、油佐剂灭活苗、氢氧化铝胶苗和自家灭活苗等。灭活苗易于保存和运输，使用安全，但只能注射，接种剂量大，产生免疫力需要的时间长。

3. 类毒素

指由某些细菌产生的外毒素，经适当浓度的甲醛脱毒后而制成的疫苗。类毒素接种后能诱导机体产生抗毒素。

（二）亚单位疫苗

用物理化学方法提取病原微生物具有免疫原性的成分所制成的疫苗，如巴氏杆菌的荚膜抗原疫苗和大肠杆菌的菌毛抗原疫苗。此类疫苗除去了病原微生物中与激发保护性免疫无关的成分，又不含病原微生物的遗传物质，副作用小、安全性高，具有广阔的应用前景，但由于生产工艺复杂，成本高，目前仍不能广泛应用。

（三）生物技术疫苗

1. 基因缺失苗

通过基因工程技术除去与病原微生物毒力相关的基因，但仍保持复制能力和免疫原性毒株制成的疫苗。该疫苗毒株稳定、不易返祖、免疫原性好、安全性高。目前生产中广泛使用的是猪伪狂犬病基因缺失苗。

2. 基因工程活载体苗

将病原微生物的保护性抗原基因，插入到病毒疫苗株等活载体的基因组或细菌的质粒中，利用这种能够表达该抗原但不影响载体抗原性和复制能力的重组病毒或质粒制成的疫苗。该类活载体疫苗具有容量大、可以插入多个外源基因、免疫剂量小、安全性高、能同时激发体液免疫和细胞免疫、使用方便、生产成本低等特点，是生物工程疫苗的主要发展方向之一。目前生产中广泛使用的有 H5 亚型禽流感鸡痘病毒载体疫苗和 H5 亚型禽流感新城疫病毒载体疫苗等。

3. 合成肽疫苗

根据病原微生物中保护性抗原的氨基酸序列，人工合成免疫原性多肽并连接到载体蛋白上制成疫苗。但该类疫苗免疫性差、成本昂贵。

此外，生物技术疫苗还有 DNA 疫苗、抗独特型疫苗、基因工程亚单位苗等。

二、预防接种

在经常发生某些传染病的地区，或有某些传染病潜在的地区，或经常受到邻近地区某些传染病威胁的地区，为了预防传染病的发生和流行，按照一定的免疫程序有组织、有计划地对健康畜群进行免疫接种，称为预防接种。预防接种通常使用疫苗、菌苗、类毒素等生物制剂作抗原激发免疫。根据所用生物制剂的品种不同，采用皮下、皮内、肌内注射或皮肤刺种、滴鼻、点眼、气雾、口服等不同的接种方法。接种后经过一定时间（数天至 3 周）可获得数月至 1 年以上的免疫力。

（一）免疫程序的制定

1. 免疫程序

所谓免疫程序指根据一定地区或养殖场不同传染病的流行状况及疫苗特性，为特定畜禽群制订的疫苗接种计划，包括接种疫苗的类型、次序、次数、途径和间隔时间等规程。不同的传染病其免疫程序也不同。例如，鸡马立克病和鸡痘一般只用弱毒活疫苗免疫一次，而鸡新城疫和传染性支气管炎则要用弱苗和灭活苗免疫多次。

目前仍没有一个能够适合所有地区和养殖场的标准免疫程序，不同地区或养殖场应根据传染病的特点和生产实际情况，制定科学合理的免疫程序。以猪瘟为例，母猪与配种前后接种猪瘟疫苗者，所产仔猪由于从初乳中获得母抗体，在 20 日龄以前对猪瘟具有坚强的免疫力。30 日龄以后母源抗体急剧衰减，至 40 日龄以后几乎完全消失。哺乳仔猪在 20 日龄左右首次免疫接种猪瘟弱毒疫苗，则至 65 日龄左右应进行第二次免疫，是目前国内公认的较为合适的猪瘟免疫程序。

2. 免疫程序制定的主要依据

（1）传染病的种类、分布及流行特点。制定免疫程序必须了解本地区动物传染病的流行情况，分析常见多发传染病的危害程度以及周围地区威胁较大的传染病流行和分布特征，原则上以本地区历年流行的和受周围地区严重威胁的重要传染病为预防重点。免疫接种应安排在易感年龄和流行季节之前进行。

（2）疫苗的免疫特性。疫苗的种类很多，不同的疫苗其适用对象、保存、接种方法、接种剂量、接种后产生免疫的时间、免疫保护力的强弱及其持续的时间均不同，因此，在制定免疫程序时，应对这些特性进行充分的研究和分析。

（3）免疫监测的结果。根据定期测定抗体消长规律，确定首免日龄和加强免疫的时间，定期测定动物群的抗体水平，发现问题及时调整免疫程序并采取补救措施。新生动物的免疫接种应根据母源抗体的高低，确定最佳首免日龄，防止高滴度的母源抗体对主动免疫的干扰。

（4）畜禽的用途。畜有肉、乳、种、役之分，禽有蛋、肉、种用之别，根据畜禽的用途不同，制定不同的免疫程序。如种猪免疫应增加伪狂犬病、猪细小病毒病、猪繁殖与呼吸综合征等，以预防繁殖障碍病发生；母猪在妊娠中后期接种传染性胃肠炎疫苗，预防新生仔猪的腹泻；蛋鸡要接种产蛋下降综合征疫苗；肉鸡要接种病毒性关节炎疫苗，而一般不接种马立克病疫苗（因为后者发病高峰是2～5月龄）；种鸡要多次接种新城疫、传染性法氏囊疫苗等。

（二）预防接种前的准备工作

1. 疫苗、器械和人员的准备

根据接种计划，确定接种日期，统计接种对象及数目、准备充足的疫苗、器材和药品，检查疫苗的质量，所用器械进行消毒，组织安排人员，做好宣传工作，按照免疫程序有计划地进行免疫接种。

2. 畜禽状况检查

预防接种前，应对被接种的畜禽进行详细的检查，特别注意其健康状况（如是否有发热、下痢和其他异常行为等）、年龄大小、是否处于怀孕期或泌乳期，以及饲养条件等情况。对那些体弱的、年幼的、妊娠后期的、泌乳期的、体温升高的或疑似患病的动物，如果不是受到传染病威胁，最好暂时不接种。

3. 疫病流行情况的调查

预防接种前，应注意了解当地有无疫病正在流行，如发现疫情应首先安排对该病的紧急防疫，如无特殊疫病流行则按免疫计划进行定期预防接种。

（三）免疫接种方法

动物的免疫方法可分为个体免疫法和群体免疫法。前者免疫途径包括注射、点眼、滴鼻、滴口、刺种、擦肛等，后者包括饮水、拌料、气雾免疫等。选择合理的免疫接种途径可以大大提高动物机体的免疫应答能力。

1. 注射免疫接种

适用于各种灭活苗和弱毒苗的免疫接种。根据疫苗注入的组织不同，又可分为皮下注射与皮内注射、肌内注射。注射接种剂量准确、免疫密度高、效果确实可靠，在实践中应用广泛。

（1）皮下接种。这种方法多用于灭活苗及免疫血清、高免卵黄抗体接种，选择皮薄、被毛少、皮肤松弛、皮下血管少的部位。大家畜宜在颈侧中1/3部位；猪在耳根后或股内侧；犬和羊宜在股内侧；兔在耳后；家禽在颈部背侧下1/3处，针头自头部刺向躯干部。注射部位消毒后，注射者右手持注射器，左手食指与拇指将皮肤提起呈三角形，使之形成一个囊，沿囊下部刺入皮下约注射针头的2/3，将左手放开后，再推动注射器活塞将疫苗徐徐注入。然后用酒精棉球按住注射部位，将针头拔出。

（2）皮内接种。选择皮肤致密、被毛少的部位。大家畜选择颈侧、尾根、眼睑；猪在耳根后；羊在颈侧或耳根部；鸡在肉髯部位。注射部位如有被毛应先将其剪去，用酒精棉球消毒后，左手将皮肤捏起形成皮褶，或以左手绷紧固定皮肤，右手持注射器，使针头斜面向上，几乎与注射皮面平行刺入 0.5 cm 左右，即可刺入皮肤的真皮层中。应注意刺入时宜慢，以防刺出表皮或深入皮下。同时，注射药液后在注射部位有一小包，且小包会随皮肤移动，则证明确实注入皮内，然后用酒精棉球消毒皮肤针孔及其周围。皮内接种疫苗的使用剂量和局部副作用小，相同剂量疫苗产生的免疫力比皮下接种高。

（3）肌内注射。多用于弱毒疫苗的接种。肌内注射操作简便、应用广泛、副作用较小，药液吸收快，免疫效果较好。应选择肌肉丰满、血管少、远离神经干的部位。疫苗要注入深层肌肉内。牛、马、羊注射部位在颈侧中部上 1/3 处；猪选择耳根后，注射时避开耳道；禽宜在胸肌或大腿外侧肌肉。注射时针头与皮肤表面呈 45°，避免疫苗的流出。

（4）胸腔注射。目前仅见于猪支原体肺炎弱毒冻干疫苗的免疫，它能很快刺激胸部的免疫器官产生局部的免疫应答，直接保护被侵器官。猪支原体肺炎的免疫主要以局部细胞免疫为主，应用弱毒株免疫接种途径必须是肺内注射，其他部位免疫效果不确实或无效。免疫时需要保定猪只，免疫刺激大，免疫技术要求较高。肺是猪肺炎支原体的靶器官，肺内免疫途径对猪支原体肺炎免疫力的建立是一个突破性进展。具体操作：猪支原体肺炎弱毒冻干疫苗用灭菌生理盐水、注射用水或 5% 葡萄糖生理盐水溶解，用 12 号短针头与金属注射器或连续注射器按规定剂量接种，注射部位为右侧肩胛骨后缘（中上部）1 cm 处肋间隙，吸取疫苗的针头用后每窝更换，防止针头带菌或沾污。溶解疫苗在 2 h 内用完。

（5）静脉注射。主要用于紧急预防和治疗时注射免疫血清。疫苗因残余毒力等原因，一般不通过静脉注射接种。注射部位：马、牛、羊在颈静脉；猪在耳静脉；鸡在翅下静脉。

（6）穴位注射。近年来应用于兽医临床的一种新方法，它主要是将具有免疫作用的生物制剂（抗原、抗体等）注入一定的穴位中，从而借助疫苗对穴位的刺激，放大疫苗的免疫作用，增强机体的免疫功能。研究表明，后海穴（交巢穴）、风池穴、足三里穴能显著地提高抗体的效价，放大疫苗的免疫作用，后海穴是临床上进行穴位免疫常用的穴位。应用于穴位免疫的疫苗有新城疫疫苗、传染性法氏囊病疫苗、猪旋毛虫疫苗、口蹄疫疫苗、大肠杆菌基因工程疫苗、羊衣原体灭活苗等。

2. 点眼与滴鼻

禽类眼部具有哈德氏腺，鼻腔黏膜下有丰富的淋巴样组织，对抗原的刺激都能产生很强的免疫应答反应。操作时，用乳头滴管或无针头注射器吸取疫苗，将禽眼或鼻孔向上，呈水平位置，滴头离眼或鼻孔 1 cm 左右，滴于眼或鼻孔内。这种方法多用于雏禽，尤其是雏鸡的首免。利用点眼或滴鼻法接种时应注意：接种时均使用弱毒苗，如果有母源抗体存在，会影响病毒的定居和刺激机体产生抗体，此时可考虑适当增大疫苗接种量；点眼时，要等待疫苗扩散后才能放开雏鸡；滴鼻时，可用固定雏鸡的左手食指堵着非滴鼻侧的鼻孔，加速疫苗的吸入。

生产中也可以用能安装滴头的塑料滴瓶盛装稀释好的疫苗，装上专用滴头后，挤出滴瓶内部分空气，迅速将滴瓶倒置，使滴头向下，拿在手中呈垂直方向轻捏滴瓶，进行点眼或滴鼻，疫苗瓶在手中应一直倒置，滴头保持向下。为了减少应激，最好在晚上或光线稍暗的环境下接种。

3. 皮肤刺种

常用于禽痘、禽脑脊髓炎等疫病的弱毒疫苗接种。家禽一般采用翼膜刺种法，在家禽翅膀内侧无血管处的“三角区”，用刺种针蘸取疫苗，刺针针尖向下，使药液自然下垂，轻轻展开鸡翅，从翅膀内侧对准翼膜用力垂直刺入并快速穿透，使针上的凹槽露出翼膜。每次刺种针蘸苗都要保证凹槽能浸在疫苗液面以下，出瓶时将针在瓶口擦一下，将多余疫苗擦去。在针刺过程中，要避免针槽碰上羽毛以免疫苗溶液被擦去，也应避免刺伤骨头和血管。每 1～2 瓶疫苗就应换用一个新的刺种针，因为针头在多次使用后会变钝，针头变钝意味着需要加力才能完成刺种，这可能使一些疫苗在针头穿入表皮之前被抖落。刺种后，应及时对禽群的接种部位进行接种反应观察，一般接种后 4～6 d 在接种部位会出现皮肤红肿、增厚、结痂等接种反应，如接种部位无反应或禽群的反应率低，则必须及时重新接种。因此，要在刺种后 2 周左右检查免疫的效果。如无局部反应，则应检查鸡群是否处于免疫阶段，疫苗质量有无问题或接种方法是否有差错，及时进行补充免疫。

4. 擦肛接种

用消毒的棉签、毛笔或小刷蘸取疫苗，直接涂擦在家禽泄殖腔的黏膜上。擦肛后 4～5 d，可见泄殖腔黏膜潮红，否则应重新接种。常用于鸡传染性喉气管炎强毒疫苗的接种。

5. 经口免疫接种

经口免疫即将疫苗均匀地混于饲料或饮水中经口服后而使动物获得免疫，可分为饮水、滴口、拌料三种方法。饮水、拌料免疫效率高、省时省力、操作方便，能使全群动物在同一时间内共同被接种，对群体的应激反应小，但动物群中抗体滴度往往不均匀，免疫持续期短，免疫效果常受到其他多种因素的影响。

（1）饮水免疫。应按畜禽数量和畜禽平均饮水量，准确计算疫苗用量。用于口服的疫苗必须是高效价的活苗，可增加疫苗用量，一般为注射剂量的 2～5 倍。例如，鸡饮水免疫时，稀释疫苗的用水量应根据鸡的大小来确定，一般为鸡日饮水量的 30%，疫苗用量高于平均用量的 2～3 倍，保证所有的鸡同时喝到疫苗水。具体可参照如下用水量：1～2 周龄每只 8～10 mL；3～4 周龄每只 15～20 mL；5～6 周龄每只 20～30 mL；7～8 周龄每只 30～40 mL；9～10 周龄每只 40～50 mL。疫苗混入饮水后，必须迅速口服，保证在最短的时间内摄入足量疫苗。因此，免疫前应停饮一段时间，具体停水时间长短可灵活掌握，一般在天气炎热的夏秋季节或饲喂干料时，停水时间可适当短些，在天气寒冷的冬春季节或饲喂湿料时，停水时间可适当长些，使动物在施用饮水免疫前有一定的口渴感，确保动物在 0.5～1 h 内将疫苗稀释液饮完。稀释疫苗的水，可用深井水或凉开水，饮水中不应含有游离氯或其他消毒剂。此外，饮水器要保持清洁干净，不可有消毒剂和洗涤剂等化学物质残留。饮水的器皿不能是金属容器，可用瓷器和无毒塑料容器。稀释疫苗宜将疫苗开瓶后倒入水中搅匀。为了有效地保护疫苗的效价，可在加入疫苗前往疫苗稀释液中加入 2%～3% 鲜牛乳或 0.2%～0.3% 的脱脂乳粉混合使用。混有疫苗的饮水以不超过室温为宜，应注意避免疫苗暴露在阳光下，如在炎热季节给动物施用饮水免疫时，应尽量避开高温时进行。为保证动物充分吸收药物，在饮水免疫后还应适当停水 1～2 h。此外，动物在饮水免疫前后 24 h 内，其饲料和饮水中不可使用消毒剂和抗生素类药物，以防引起免疫失败或干扰机体产生免疫力。

（2）滴口免疫。将按照要求稀释之后的疫苗滴于家禽口中，使疫苗通过消化道进入家禽体内，从而产生免疫力的免疫接种方法。

滴口免疫操作时，先按规定剂量用适量生理盐水或凉开水稀释疫苗，充分摇匀后用滴管或一次性注射器吸取疫苗，然后将鸡腹部朝上，食指托住头颈后部，大拇指轻按前面头颈处，待张口后在口腔上方 1 cm 处滴下 1～2 滴疫苗溶液即可。

滴口免疫时需注意：①确定稀释量，普通滴瓶每毫升水有 25～30 滴，差异较大，所以必须事先测量出每毫升水的滴数，然后计算出稀释液用量，最好购买正规厂家生产的疫苗专用稀释液及配套滴瓶；②稀释液可选用疫苗专用稀释液或灭菌生理盐水；③疫苗稀释后必须在 0.5～1 h 滴完；④防止漏滴，做到逐只免疫；⑤要注意经常摇动疫苗，以保持疫苗的均匀；⑥在滴口免疫前后 24 h 内停饮任何有消毒剂的水。

（3）拌料免疫。生产中采用拌料免疫的有鸡新城疫Ⅰ系、Ⅱ系苗及鸡球虫苗。注意拌料要均匀，并现配现用。拌疫苗的饲料温度以室温为宜，不可直接撒在地面上，且应避免日光照射。

6. 气雾免疫法

将稀释的疫苗在气雾发生器的作用下喷雾射出去，使疫苗形成 5～100 μm 的雾化粒子，其中雾粒直径为 50～100 μm 称为粗滴气雾免疫，雾粒直径为 5～22 μm 称为细滴气雾免疫。雾化粒子均匀地浮游于空气中，动物随着呼吸运动，将疫苗吸入而达到免疫。气雾免疫分为气溶胶免疫和喷雾免疫两种形式，其中气溶胶免疫最为常见。气雾免疫法不但省力，而且对少数疫苗特别有效，适用于大群动物的免疫。进行气雾免疫时，将动物赶入圈舍，关闭门窗，尽量减少空气流动，喷雾完毕后，动物在圈内停留 10～20 min 即可放出。

在进行鸡群喷雾免疫前，应加强通风，并采取带鸡消毒等降温或增湿措施，以使舍内的温度保持在 18～24℃，相对湿度保持在 70% 左右，空气中看不到灰尘颗粒等。气雾免疫不适于 30 日龄内的雏鸡和存在慢性呼吸道病的鸡群，以免诱发呼吸道系统疾病。

（四）注意预防接种的反应

疫苗对动物机体来说属于外源性物质，接种后通常会发生一系列的反应，其强度和性质决定于疫苗的种类、质量和毒力等因素，按照反应的性质和强度的不同，将其分为几种类型。

1. 正常反应

由于疫苗本身的特性而引起的反应。大多数疫苗接种后不会出现明显的反应，但少数疫苗接种后常常出现一过性精神沉郁、食欲下降、注射部位出现短暂的轻度炎症等局部或全身性异常表现。如果这种反应动物数量较少、反应程度轻、时间短，则认为是正常反应，不影响正常生产过程。

2. 严重反应

严重反应与正常反应在本质上没有区别，但反应较重或发生反应的动物数量较多。出现严重反应的原因是由于疫苗质量低劣或毒株毒力偏强、接种剂量过大，接种技术不正确、接种途径错误或使用对象不正确等因素引起。通过严格控制疫苗质量，并遵照疫苗使用说明书操作，可以避免或降低严重反应出现的频率。

3. 合并症

合并症指与正常反应性质不同的反应，包括超敏症（血清病、过敏性休克、过敏扩散）导致的全身感染和诱发潜伏期感染等（如鸡新城疫疫苗气雾免疫时可能诱发慢性呼吸道病等）。

（五）多种疫苗的联合使用

在一定地区、一定季节流行的动物传染病种类很多，往往需要在同一时间给动物接种两种或两种以上的疫苗。一般认为，这些疫苗可分别刺激机体产生多种抗体，一方面它们可能彼此无关，另一方面可能彼此互相促进，有利于抗体的产生，也可能互相抑制，使抗体产生受阻。同时，应考虑动物机体对疫苗刺激的反应是有一定限度的。因此，选择疫苗联合免疫时，应根据研究结果和试验数据确定哪些疫苗可以联合使用，哪些疫苗在使用时必须有一定的时间间隔。国内外经过大量的试验研究，已研制成功犬瘟热－犬传染性肝炎－犬细小病毒－狂犬病－犬副流感五联苗、猪瘟－猪丹毒－猪肺疫三联苗、羊厌气菌五联苗、新城疫－传染性支气管炎二联苗、新城疫－鸡痘二联苗、牛传染性鼻气管炎－副流感－巴氏杆菌三联苗、牛传染性鼻气管炎－病毒性腹泻二联苗等多种联苗。试验证明，这些联苗一针可以防多病，大大提高了防疫工作效率。多种疫苗联合应用是预防接种工作的发展方向。

（六）影响免疫效果的因素

1. 免疫动物群的状况

动物群品种、年龄、体质、营养状况、饲养管理条件、应激因素以及接种密度等对免疫效果影响很大。幼龄、体弱以及患慢性病的动物接种后可能会出现较严重的接种反应，而且抗体产生慢；饲养条件恶劣、营养缺乏、卫生消毒制度不健全、通风不良、应激等都可降低机体免疫应答反应；由于接种密度过低，动物群不能形成坚强的免疫屏障，病原微生物一旦侵入即可在动物群中造成流行。

2. 免疫程序不合理

科学的免疫程序是确保获得良好免疫效果的重要因素，不了解疫苗特性而改变免疫程序，容易出现免疫失败或免疫效果不佳的现象。此外，当疫病分布发生变时免疫程序也应随之调整。

3. 血清型和变异性

某些病原微生物血清型多、容易发生抗原性变异或出现超强毒株，常造成免疫失败，如大肠杆菌病、传染性法氏囊病、传染性支气管炎、马立克病等。

4. 免疫抑制性疾病的存在

鸡法氏囊病、马立克病、猪圆环病毒病、猪繁殖与呼吸综合征、牛慢性病毒感染等，可通过不同的机制破坏机体的免疫系统，导致机体免疫功能受到抑制，导致免疫失败。

5. 疫苗因素

疫苗的运输和保存不当、疫苗内在质量差、使用过期失效的疫苗或接种活菌苗后又投服抗菌药等都直接影响疫苗的免疫效果，导致免疫失败。

6. 母源抗体的干扰

母源抗体可以使幼龄畜禽在出生后一定时间内免受某种病原微生物的侵害而受到保护，但由于体内缺乏主动免疫细胞，此时接种弱毒苗很容易被母源抗体中和而出现免疫干扰现象。母源抗体持续的时间受畜禽种类、疫病类别及母体免疫状态的影响。因此，最好根据母源抗体监测的结果，确定幼龄畜禽最佳的首次免疫的时间，以避免母源抗体的干扰作用，保证免疫的效果。

三、紧急接种和建立免疫带

（一）紧急接种

紧急接种是在发生传染病时，为了迅速控制和扑灭疫病的流行，对疫区和受威胁区尚未发病的动物进行的应急性计划外免疫接种。从理论上说，紧急接种时使用免疫血清较为安全有效。但因血清用量大、价格高、免疫期短，且在大批动物接种时往往供不应求，因此在实践中很难使用。实践证明，在疫区内使用某些疫苗进行紧急接种是切实可行的。例如，在发生猪瘟、口蹄疫、新城疫等一些急性传染病时，应用疫苗紧急接种取得了较好的效果。

在疫区应用疫苗作紧急接种时，必须对所有受到传染病威胁的动物逐头进行详细观察和检查，仅健康动物使用疫苗进行紧急接种，而对患病动物及潜伏期患病动物，必须在严格消毒的情况下立即隔离，使用高免血清或其他抗体预防。由于在外表健康的动物中可能混有一部分潜伏期患病动物，这一部分患病动物在接种疫苗后不但不能获得保护，反而会促使疾病发生。因此，在紧急接种后一段时间内动物群中发病率可能暂时上升。但由于这些急性传染病的潜伏期较短，而疫苗接种后又很快产生免疫力，因此发病率不久即可下降，最终能使流行停息。

紧急接种必须采取适当的防范措施，防止操作过程中人员或器械造成疫病蔓延和传播。

（二）建立免疫带

免疫带指某地区发生急性、烈性传染病时，根据该病的流行特点对疫区及其周围一定区域内所有易感动物进行的免疫接种。建立免疫带的目的主要是包围疫区，防止疫病扩散，就地扑灭。免疫带的大小视疫病的性质而定。某些流行性强大的传染病如口蹄疫等，免疫带应在疫区周围 5～10 km。建立免疫带这一措施必须与疫区的封锁、隔离、消毒等综合措施相配合才能取得较好的效果。

• 操作准备

一、目的

通过本任务使学生掌握兽用生物制品的使用和动物免疫接种的方法。

二、设备材料

待免动物：鸡、猪、牛、羊和其他动物。

免疫用疫苗：鸡、猪、牛、羊和其他动物常用弱毒疫苗及灭活疫苗。

器材：金属注射器、玻璃注射器、连续注射器、兽用皮下注射针头、肌内注射针头、滴瓶（或乳头滴管）、气雾免疫发生器、带盖搪瓷盘、体温计、消毒锅、镊子、盛装和稀释疫苗的容器等。

消毒药品：70% 酒精棉球、5% 碘酊棉球、来苏尔或新洁尔灭。

三、内容及方法

（一）免疫接种用生物制品的保存、运送和用前检查

1. 疫苗保存

不同的生物制品需要不同的保存温度和方法，活疫苗一般要求在 -15℃ 以下保存，温度越低，保存时间越长；灭活疫苗、类毒素、免疫血清等一般要求在 2～8℃ 条件下保存，不能低于 0℃，更不能冻结，否则将失去效果。

2. 疫苗运送

要求包装完善，尽快运送，运送过程严防日光暴晒。凡需低温保存的活疫苗，可将疫苗放入冷藏箱或装有冰块的保温瓶内运送，要求 2～8℃ 保存的疫苗，宜在同样温度下运送。若在严冬运输液体疫苗，须采取防冻措施，避免疫苗的冻结。

3. 疫苗使用方法

（1）疫苗用前检查。使用生物制品时，应严格遵守说明书及瓶签上的各项规定，疫苗的有效期、物理性状与说明是否相符。凡发现疫苗瓶破损、瓶盖或瓶塞密封不严或松动、无标签或标签不完整（包括疫苗名称、批准文号、生产批号、出厂日期、有效期、生产厂家等）、超过有效期、色泽改变、发生沉淀、破乳或超过规定量的分层、有异物、有霉变、有摇不散凝块、无真空等，一律不得使用。

（2）疫苗的稀释。按疫苗使用说明书注明的头（只）份，用规定的稀释液，按规定的稀释倍数和稀释方法稀释疫苗，无特殊规定可用注射用水或生理盐水。稀释时先除去稀释液和疫苗瓶封口的石蜡，用 70% 酒精棉球擦拭消毒稀释液和疫

苗瓶塞，然后用带有针头的灭菌注射器吸取少量稀释液注入疫苗瓶内，充分振荡，使疫苗溶解，再加入全量的稀释液，摇匀即可。用活疫苗饮水免疫时，不得使用含氯等消毒剂的水稀释疫苗。稀释后的疫苗必须在规定的时间内用完。使用由细菌制成的活疫苗时，动物在接种前 7 d 和接种后 10 d，不应饲喂或注射任何抗生素类药物。

（3）动物健康检查。凡患病或疑似患病动物，买回或引进饲养不到半个月，体质瘦弱、幼小、年老，临产前 1 个月和产后半月内的均应不予接种或暂缓接种。

（二）免疫接种

1. 免疫接种方法

免疫接种的方法很多，主要有肌内注射法、皮下注射法、滴鼻点眼法、饮水免疫法、皮内注射法、气雾免疫法等。

（1）肌内注射法。该法接种药液吸收快，注射方法也较简便。但一个部位不能大量注射，同时臀部接种如部位不当，易引起跛行。

注射部位：牛、猪、羊一律采用臀部和颈部肌内接种；鸡宜在翅膀基部或胸部肌内接种。

注射方法：左手固定注射部位，右手持注射器，针头垂直刺入肌内，然后左手固定注射器，右手将针芯回抽一下，如无回血，将疫苗缓慢注入。若发现回血，应变更位置。注射时将针头留有 1/4 在皮肤外面，以防折针后不易拔出。

家禽胸肌注射时，以 8～9 号针头与胸肌成 45° 斜向刺入，避免垂直刺入，且进针不宜过深，雏鸡的刺入深度为 0.5～1 cm，日龄较大的为 1～2 cm，以防误伤内脏。

（2）皮下注射法。该方法操作简单，吸收较皮内注射为快，但使用剂量多，而且同一疫苗，应用皮下接种时，其反应较皮内注射大。

注射部位：对马、牛等大家畜皮下接种时，一律采用颈侧部位，猪在耳根后方，家禽在颈部或大腿内侧，羊、犬宜在股内侧。

注射方法：左手拇指与食指捏取皮肤成皱褶，右手持注射针管在皱褶底部稍倾斜快速刺入皮肤与肌肉间，左手放开皮肤（如果针头刺入皮下，则可较自由地拨动），缓缓推药。注射完毕，将针拔出，立即以药棉揉擦，使药液散开。

（3）滴鼻点眼法。左手握住幼禽，食指和拇指固定住幼禽头部，左手握住幼禽，食指和拇指固定住幼禽头部，幼禽眼或一侧鼻孔向上。滴头与眼或鼻保持 1 cm 左右距离，轻捏滴管，滴 1～2 滴疫苗于鸡眼或鼻中，稍等片刻，待疫苗完全吸收后再放开鸡。

（4）饮水免疫法。疫苗饮水免疫时，应按家禽只数和每只家禽平均饮水量，准确计算需用的疫苗剂量。免疫前，应停水半天，夏季停水时间可以缩短，以保证饮喂疫苗时，每只家禽都能饮入一定量的水。饮水免疫时，一定要增加饮水器，让每只家禽同时都能饮到足够量的水。稀释疫苗应当用清洁的水，禁用含漂白粉的自来水，已稀释的疫苗应迅速饮喂。

该法具有省时、省力的优点，适用规模化养禽场的免疫。缺点是由于家禽的饮水量有多有少，因此进入每只家禽体内的疫苗量不同，出现免疫后家的抗体水平不均匀，较离散，不像其他免疫方法产生整齐一致的抗体。

（5）皮内注射法。该方法使用药液少，同样的疫苗皮内注射较之于皮下注射反应小，同量药液皮内注射时所产生的免疫力较皮下注射为高。

注射部位：马的皮内接种宜在颈侧；牛及羊除颈侧外，可在尾根或肩胛中央部位；猪大多在耳根后；鸡在肉髯部位。

注射方法：用左手捏起皮肤成皱褶，右手从皱褶顶部与之呈 20°～30° 向下刺入皮肤，缓慢注入疫苗，也可用左手的拇指与食指捏起皮肤呈皱褶进针。如针头确在皮内，则注射时感觉有较大的阻力，同时注射处形成一个圆丘，突起于皮肤表面。

（6）气雾免疫法。此法具有省时、省力的优点，适于大群动物的免疫，缺点是需要的疫（菌）苗数量较多。

室内气雾免疫法：此法需有一定的房舍设备。免疫时，疫（菌）苗用量主要根据房舍大小而定，可按下式计算。

$$疫（菌）苗用量 = (D \times A) / (T \times V)$$

式中，D——计划免疫剂量；A——免疫室容积（L）；T——免疫时间（min）；V——呼吸常数，即动物每分钟吸入的空气量（L），如对绵羊免疫，即为 3～6。

具体方法如下。将动物赶入室内，关闭门窗和通风设备，减少空气流动。操作者将喷头由门窗缝伸入室内，使喷头保持与动物头部同高，向室内四面均匀喷射。喷射完毕后，让动物在室内停留 20～30 min，因为一般较小的喷雾雾粒大约要 20 min 才会降至地面。

操作人员要注意自身防护，戴上大而厚的口罩，如出现症状，应及时就医。

野外气雾免疫法：疫（菌）苗用量主要以动物数量而定。以羊为例，如为 1 000 只，每羊免疫剂量为 50 亿个活菌，则需 50 000 亿个，如果每瓶疫苗含活菌 4 000 亿个，则需 12.5 瓶，用 500 mL 灭菌生理盐水稀释。实际应用时，要比实际用量略高一些。

具体方法如下。将动物群赶入四周有矮墙的圈内，操作人员手持喷头，站在畜群中，喷头与动物头部同高，朝动物头部方向喷射。操作人员要随时走动，使每一动物都有吸入机会。如遇微风，操作者应站在上风向，以免雾化粒子被风吹走。喷射完毕，让动物在圈内停留数分钟即可放出。野外气雾免疫时，操作者更应注意自身防护。

（三）免疫接种后不良反应的急救措施

（1）免疫接种后如产生严重不良反应，应根据不同的反应及时救治，常用的急救措施有抗休克、抗过敏、抗炎症、抗感染、强心补液、镇静解痉等。

（2）局部处理常用的措施有消炎、消肿、止痒，对神经、肌肉、血管损伤等病例采用理疗、药疗和手术的方法治疗。

（3）对合并感染的病例用抗生素治疗。

• 工具准备

阐述免疫接种和预防接种所需的各种工具。

注射器（1 mL、2 mL、5 mL 酌量选取，通常选用一次性注射器）、酒精棉球、干棉球、温度计、动物保定器。

• 人员准备

人员分组，每组 5 人，明确职责分工（表 1-2-1）。

表 1-2-1　任务分配

任务角色	任务内容
组长	前期材料准备，工具清洗，场地选取，保定任务分配，做好记录
组员 1	选取合适的疫苗、工具对 1 号动物进行皮下注射，并观察反应
组员 2	选取合适的疫苗、工具对 2 号动物进行点眼注射，并观察反应
组员 3	选取合适的疫苗、工具对 3 号动物进行滴鼻注射，并观察反应
组员 4	选取合适的疫苗、工具对 4 号动物进行气雾免疫，并观察反应

任务筹划

一、内容筹划

（1）完成接种注射 1 次。
（2）完成点眼滴鼻 1 次。
（3）完成气雾免疫 1 次。

二、方法筹划

自行分组（每组 5 人），任选两项内容完成，对动物进行后续观察及机体内抗体水平监测，制备免疫记录表。

三、流程筹划

前期准备（材料、工具、动物、场地、人员）—进行注射前处理—免疫注射—动物状态观察—抗体水平监测。

任务实施

根据任务筹划完成表 1-2-2 的任务实施步骤。

表 1-2-2　任务实施步骤

步骤	任务实施情况
步骤一	
步骤二	
步骤三	
步骤四	
步骤五	
步骤六	

任务检测

请扫描二维码 1-2-1 进行答题。

二维码 1-2-1
项目一任务二检测

任务评价

根据任务完成情况完成任务评价（表 1-2-3）。

表 1-2-3　工作任务完成过程评价

班级：	组别：		姓名：	
项目	评分标准	自我评价	小组评价	教师评价
前期准备	材料准备是否完整（5 分）			
	动物种类、疫苗选取是否正确（3 分）			
	场地是否合适（2 分）			
注射前处理	保定方法是否正确（5 分）			
	疫苗抽取是否正确（5 分）			
	消毒过程是否正确（5 分）			
免疫注射	注射方法是否正确（5 分）			
	是否出现液体外漏现象（5 分）			
	动物保定是否稳定（5 分）			

续表

班级：		组别：		姓名：
项目	评分标准	自我评价	小组评价	教师评价
免疫注射	废弃物处理是否正确（5 分）			
后期观察	是否正确进行观察（时间、方式）（5 分）			
合计				
自我评价与总结				
教师点评				

任务三　消毒、杀虫和灭鼠

任务导入

以小组为单位，前期思考如何对学院牧场的猪、牛、羊、犬、猫等圈舍进行消毒、杀虫、灭鼠工作，制订初步实施计划。将完成视频上传至学习平台。

任务准备

- **知识准备**

一、消毒

消毒是贯彻“预防为主”方针的一项重要措施。消毒的目的是消灭被传染源散播在外界环境中的病原体，切断传播途径，阻止疫病继续蔓延扩散。

（一）消毒的种类

根据消毒的目的和进行的时机不同，分为以下 3 种情况。

1. 预防性消毒

为了预防一般传染病的发生，在平时的饲养管理中，定期对畜舍、场地、道路、用具、车辆及畜群等进行消毒。

2. 临时消毒

在发生传染病时，为了及时消灭刚从传染源排出的病原体而进行的不定期的消毒。消毒的对象包括病畜所在的圈舍、隔离场地以及被其分泌物和排泄物污染的和可能被污染的场所、用具和物品，通常在解除封锁之前，需要进行定期的多次消毒，患病动物隔离舍应每天和随时进行消毒。

3. 终末消毒

当患病动物解除隔离、痊愈或死亡之后，或在疫区解除封锁之前，为了消灭疫区内可能残留的病原微生物而进行全面彻底的大消毒。在全进全出的生产体系中，当全群全部出栏后对场区、圈舍也应进行终末消毒。

（二）消毒的方法

1. 机械清除法

用清扫、洗刷、通风、过滤等机械方法清除病原微生物。机械清除不能彻底杀灭病原微生物，故需配合其他消毒方法。

2. 物理消毒法

用高温、阳光、紫外线和干燥等物理方法杀灭病原微生物。

3. 化学消毒法

用化学药物杀灭病原微生物。用于杀灭病原微生物的化学药物称消毒剂。各种消毒剂对病原微生物具有广泛的杀伤作用，但有些也可破坏宿主细胞，因此该法通常多用于环境的消毒。化学消毒的效果取决于消毒剂的性质、浓度、酸碱度、作用温度及时间、微生物种类和环境中有机物的存在等诸多因素。消毒剂种类很多，常用化学消毒剂主要有以下几种。

（1）氢氧化钠（NaOH，又称苛性钠、烧碱）。对细菌和病毒均有强大的杀灭力。常配成1%～2%的热水溶液，用于被细菌或病毒污染的畜舍、地面和用具等的消毒。该品对金属物品有腐蚀性，消毒完毕要用清水冲洗干净。对皮肤和黏膜有刺激性，消毒畜舍时，应驱出家畜，隔半天用水冲洗饲槽和地面后，方可让家畜进圈。

（2）草木灰。20%草木灰热水溶液可用于畜舍和地面的消毒。

（3）石灰乳（生石灰、氧化钙）。10%～20%石灰乳常适用于粉刷墙壁、圈栏以及消毒地面、渠沟和粪尿等。熟石灰存放过久，吸收了空气中的CO_2变成$CaCO_3$，则失去消毒作用，因此在配制石灰乳时，应现用现配。如直接将生石灰粉撒布在干燥的地面上，不但没有消毒作用，反而会使动物蹄部干裂。

（4）漂白粉。主要成分是次氯酸钙，其消毒作用与有效氯含量有关。常用浓度1%～20%不等，5%浓度可杀死一般病原菌，10%～20%溶液可杀死芽孢。一般用于畜禽舍、地面、水沟、粪便、运输车船、水井等消毒。使用时应注意该品对金属、衣物、纺织品有破坏力，且有轻度的毒性，使用浓溶液时应注意人和动物安全。

（5）过氧乙酸（过醋酸）。成品为40%水溶液，性质不稳定，必须密闭避光、低温贮放。高浓度加热（70℃以上）能引起爆炸，低浓度水溶液易分解，应现用现配。一般用0.01%～0.5%溶液浸泡和喷洒，0.2%溶液用于浸泡污染的各种耐腐蚀的物品，0.5%溶液用于喷洒消毒地面、墙壁、食槽等，5%溶液喷雾消毒密闭的实验室、无菌室、仓库、加工车间等，0.2%～0.3%溶液可带鸡喷雾消毒鸡舍。

（6）福尔马林。粗制的福尔马林为含36%甲醛的水溶液。2%～4%水溶液用于喷洒墙壁、地面、食槽等，1% 水溶液可作为动物体表消毒，也可用作圈舍、橱柜、孵化器等熏蒸消毒，或加入高锰酸钾即可产生高热蒸汽。

（7）来苏尔。又称煤酚皂溶液（或甲酚液），应含有不少于 47% 甲酚，对一般病原菌具有良好的杀菌作用，但对芽孢和结核分枝杆菌的作用小。常用浓度为 3%～5%，用于畜禽舍、日常器械和洗手消毒等。

（8）新洁尔灭。为季铵盐类阳离子表面活性剂，毒性低、无腐蚀、性质稳定、效力强、速度快、消毒对象范围广。0.1% 水溶液可用于浸泡器械、衣物、橡胶制品等或皮肤消毒。

（9）氨水。常用 5% 氨水（用含氨量 18% 的农用氨水 2.5 kg 加水 6.5 kg 配制）喷洒消毒，于 8～9℃ 下 3 h 内杀灭猪瘟病毒，在 6 h 内可杀灭巴氏杆菌及猪水疱病病毒等，消毒人员应戴用 2% 硼酸湿润的口罩和风镜，以减少对黏膜的刺激。

4. 生物热消毒法

该法主要用于污染粪便、垃圾等的无害化处理。在粪便堆沤过程中，利用粪便中微生物发酵产热，可使温度高达 70℃ 以上，经过一定时间，可以杀死病毒、细菌（芽孢菌除外）、寄生虫虫卵等病原微生物，既达到了消毒的目的，又保持了粪便的良好肥效。

二、杀虫

多种节肢动物（虻、蝇、蚊、蜱等）是动物传染病的重要传播媒介，因此，杀灭这些媒介昆虫，在预防和扑灭动物传染病方面有重要的意义。常用的杀虫方法主要有 3 种。

1. 物理杀虫法

应用机械拍打捕捉、喷灯火焰喷烧、沸水或热蒸汽等方法杀虫。

2. 生物杀虫法

利用昆虫的天敌或病菌及雄虫绝育技术等方法杀灭昆虫。

3. 药物杀虫法

应用化学杀虫剂来杀虫。根据化学杀虫剂对节肢动物的毒杀作用可分为胃毒作用药剂、触杀作用药剂、熏蒸作用药剂、内吸作用药剂等。常用的杀虫剂有有机磷类杀虫剂、拟除虫菊酯类杀虫剂、昆虫生长调节剂和驱避剂等。

三、灭鼠

鼠类是很多人兽共患传染病的传播媒介和传染源。灭鼠具有保护人和动物健康、促进国民经济建设的重大意义。

灭鼠应从两个方面进行：一方面从动物栏舍建筑和卫生措施方面着手，防止鼠类的滋生和活动；另一方面采取机械和药物方法直接杀灭鼠类。

四、疫情报告

为了使动物防疫部门及时掌握动物传染病的流行情况，制定有效的防疫措施以便迅速准确地控制疫情，按照《中华人民共和国动物防疫法》规定，任何与动物及动物性产品生产、经营、屠宰、加工、运输等相关的单位和个人，在发现患有传染病或疑似传染病的动物时，特别是可疑为口蹄疫、炭疽、狂犬病、牛瘟、猪瘟、新城疫、高致病性禽流感、牛流行热等重要传染病时，应迅速将发病动物的种类、发病时间、地点、发病及死亡动物数量、临床症状、剖检变化、怀疑病名和防疫情况等以口头、书面、电话或电子邮件等方式详细向当地动物防疫监督机构报告。任何单位和个人不得瞒报、谎报、阻碍他人报告动物疫情。

有关部门接到疫情报告后，应及时派人深入现场进行疫病诊断和疫情紧急处理，并根据具体情况逐级上报，同时通知邻近单位和有关部门做好防疫工作。

（一）疫病的分类

根据其对生产和人民健康的危害程度，《中华人民共和国动物防疫法》将动物疫病分为三类。一类疫病，对人类危害严重，需要采取紧急严厉的预防、控制、扑灭措施；二类疫病，可造成重大经济损失，需要采取严格控制、扑灭等措施，防止扩散；三类疫病，常见多发，可能造成重大经济损失，需要控制和净化。中华人民共和国农业农村部公告　第 573 号《一、二、三类动物疫病病种名录》（2022 年 6 月 23 日）将疫病名录分为三类，共 174 种，其中一类 11 种，二类疫病 37 种，三类为 126 种。

（二）疫情发生现场处理

当动物突然死亡或怀疑发生传染病时，在兽医人员未到现场做出诊断之前，应将患病动物隔离，并派专人看管，对患病动物污染的环境和用具进行严格消毒，患病动物尸体保留完整，未经兽医允许不得私自急宰、剖检或销售，患病动物的皮、肉、内脏未经兽医检验，不得食用。

二维码 1-3-1
知识拓展：检疫

知识拓展：检疫（二维码 1-3-1）。

• 操作准备

一、目的

通过本任务，使学生掌握消毒剂的配制和养殖场的常用消毒方法。

二、设备材料

1. 常用的消毒药品

新鲜生石灰、粗制 NaOH、福尔马林、高锰酸钾等。

2. 消毒器械和用具

量筒、天平或台秤、搪瓷桶、搅拌棒、橡胶手套、喷雾器、喷枪、清扫工具、工作服等。

三、内容及方法

（一）消毒器械

1. 喷雾器

用于喷洒消毒液的器具称为喷雾器，是最常用的消毒器械。喷雾器有两种，一种是手动喷雾器，常用于小面积消毒；另一种是机动喷雾器，常用于大面积消毒。消毒液在装入喷雾器之前，应先充分溶解过滤，以免可能存在的残渣堵塞喷雾器的喷嘴。

2. 火焰喷灯

利用汽油或煤油作为燃料的一种工业用喷灯，喷出的火焰具有很高的温度。常用来消毒被病原体污染的各种耐高温的金属制品，如饲养笼具等。

（二）消毒剂的选择

利用消毒剂给畜禽养殖场消毒时，应根据消毒剂特性及消毒对象选用合适的消毒剂。现将畜禽养殖场常用的消毒剂及其特性介绍如下。

1. 碱类消毒剂

包括 NaOH、草木灰及生石灰等。此类消毒剂对病原微生物呈现强大的杀灭力，对病毒、细菌及其芽孢等都具有极好的杀灭力。但由于碱类能腐蚀有机组织，对人和动物、木材和金属也具有腐蚀力，极大地限制了这些消毒剂的使用范围，一般用于环境和空栏消毒。

（1）NaOH。对纺织品及金属制品有腐蚀性，故不宜对以上物品进行消毒，而且对于其他设备、用具，在用烧碱消毒半天后要用清水洗净，以免烧伤畜禽的蹄部或皮肤。

（2）草木灰。新鲜的草木灰中含有氢氧化钾，3 kg 草木灰加水 1 kg 煮沸过滤或直接撒于地面，常用于畜禽场地的消毒，特别是对野外放养场地的消毒。

（3）生石灰（氧化钙）。溶于水后会变成氢氧化钙，同时会产生热量。通常将生石灰配成 10%～20% 溶液，用于畜禽养殖场的地板或墙壁消毒。另外，生石灰也可用于病死畜禽的无害化处理，其方法是在掩埋病死畜禽时，先撒上生石灰粉，然后盖上泥土，这样就能有效杀灭病原菌。

2. 卤素类消毒剂（含氯和含碘消毒剂）

包括消杀灵、菌素净、漂白粉、爱国者、宝碘、消特灵、氯杀宁等。它们能够杀灭细菌、芽孢、病毒及真菌，杀菌作用强，但药效持续时间不长，主要用于畜禽栏舍、栏槽及车辆等的消毒。

（1）含氯消毒剂。溶于水后形成次氯酸而呈现较强的杀菌作用。消毒效果与 pH 值有关，且在保存中遇空气中水分分解而有效氯含量不断下降、下降至 16% 以下时即不能用于消毒，故应注意密封保存。

（2）碘。在水中逐渐释放，保持较长时间的消毒作用，其中表面活性剂还具有清洁作用，对各种病原均有强大的杀灭作用，但单纯的碘制剂由于碘不稳定而影响消毒效果的稳定性，目前效果较好的有聚维酮碘等。

3. 醛类消毒剂

对病原微生物具有强大广谱杀菌作用，对细菌的繁殖体、芽孢、真菌、病毒均有效。

40% 甲醛为福尔马林，主要用于熏蒸消毒，甲醛气体对畜禽和人类均有极强的毒性，仅用于空舍消毒，应注意安全。

4. 强氧化剂型消毒剂

常用的消毒药物有过氧乙酸及高锰酸钾等，它们对细菌、芽孢和真菌有强烈的杀灭作用。

（1）过氧乙酸。可配成 0.2%～0.5% 的浓度，对畜禽栏舍、饲料槽、用具、车辆、食品车间地面及墙壁进行喷雾消毒，也可进行带畜禽消毒。但要注意现配现用，因为其容易氧化。

（2）高锰酸钾。一种强氧化剂，遇到有机物即起氧化作用，不仅可以消毒，还可以除臭，常配成 0.1% 水溶液供畜禽饮用，来治疗畜禽胃肠道疾病。0.5% 溶液可以消毒皮肤、黏膜和创口，用于洗胃可以促使毒物氧化分解。4% 溶液通常用于消毒饲料槽及用具，杀菌效果比较显著。高锰酸钾高浓度水溶液对畜禽组织有刺激性和腐蚀性，使用时应注意。

5. 季铵盐类消毒剂

此类产品安全性好、无色无味、无毒，应用广泛，对各种病原均有较强的杀灭作用，为表面活性剂。

（1）新洁尔灭。一种阳离子表面活性剂型的消毒药，既有清洁作用，又有抗菌消毒效果，其特点是对畜禽组织无刺激性、作用快、毒性小，对金属及橡胶均无腐蚀性，但价格较高。0.1% 溶液可用于器械用具的消毒，0.5%～1% 溶液可用于手术时的局部消毒，但要避免与阴离子活性剂（如肥皂等）共用，否则会降低消毒杀菌效果。

（2）百毒杀。它是一种新型消毒药，具有性质稳定、安全性好、无刺激性和腐蚀性等特点，能够迅速杀灭各种致病微生物，药效持续时间约为 10 d。适用于饲养场地、栏舍、用具、饮水器、车辆、孵化器、种蛋的消毒，也可用于对存有活畜禽场地的消毒。

6. 酚类消毒剂

主要有苯酚、来苏尔、复合酚等，对病毒、细菌等作用强，但毒性较大易污染环境。复合酚其商品名又称消毒灵、农乐等，可以杀灭细菌、病毒和霉菌，对多种寄生虫卵也有杀灭效果。主要用于畜禽栏舍、设备器械、场地的消毒，杀菌作用强，通常施药 1 次后，药效可维持 5～7 d。但要注意不能与碱性药物或其他消毒药混合使用。

（三）带体消毒

1. 常用的带体消毒药

（1）百毒杀。广谱、速效、长效消毒剂，能杀死细菌、霉菌、病毒、芽孢和球虫等，效力可维持 10～14 d。0.015% 百毒杀用于日常预防带体消毒，0.025% 百毒杀用于发病季节的带体消毒。

（2）新洁尔灭。具有较强的除污和消毒作用，可在几分钟内杀死多数细菌。0.1% 新洁尔灭溶液用于带体消毒，使用时应避免与阳离子活性剂（如肥皂等）混合，否则会降低消毒效果。

（3）过氧乙酸。广谱杀菌剂，消毒效果好，能杀死细菌、病毒、芽孢和真菌。0.3%～0.5% 溶液带体消毒，还可用于水果、蔬菜和其他食品表面消毒。本品稀释后不能久贮，应现配现用，以免失效。

（4）强力消毒灵。一种强力、速效、广谱，对人兽无害、无刺激性和腐蚀性的消毒剂，易于储运，使用方便，成本低廉，不使衣物着色是其最突出的优点。它对细菌、病毒、霉菌均有强大的杀灭作用。按比例配制的消毒液，不仅可用于畜禽带体消毒，还可进行浸泡、熏蒸消毒。带体消毒浓度为 0.5%～1%。

（5）其他。爱迪伏、百菌毒净、1210 消毒液、抗毒威等。

2. 使用带体消毒药的注意事项

（1）要正确配制消毒药物，严格按药物使用说明书的规定与要求配制消毒溶液。药量与水量的比例要准确，不可随意增高或降低药物浓度。

（2）不得任意将两种不同的消毒药混合使用，两种消毒药合用时，常因物理、化学的配伍禁忌而失效。

（3）根据不同消毒药物的作用、特性、成分、原理，按一定的时间交替使用，以防病原微生物产生耐药性。

（4）畜禽接种疫苗前后 3 d 内禁止带体消毒以防破坏免疫效果。

（5）消毒药应现配现用，并尽可能在短时间内一次用完。若配好的消毒药放置时间过长，会导致药液浓度降低或完全失效。

（6）严防应激反应发生。可固定喷药时间，或在下午、晚上等时间，在暗光下进行喷雾消毒。也可在消毒前 12 h 内给鸡群饮用 0.1% 维生素 C 或水溶性多维溶液。

（7）严格操作规程，喷雾雾滴应细而均匀，不要喷得太多太湿。

（8）消毒后应加强通风换气，便于畜禽体表和圈舍干燥。

3. 带体消毒程序

（1）消毒前的准备。首先将畜禽圈舍、环境及畜禽体表彻底清扫干净，打开门窗，让空气流通，然后用高压水枪对地面沉积物及污物进行彻底清洗。

（2）消毒药的选择及配制。针对不同畜禽场地，根据畜禽的日龄、体质状况、季节和传染病流行特点等因素，有针对性地选用不同的带体消毒药，并参照说明书，准确用药。配药最好选用深井水，含有杂质的水会降低药效。还要根据畜禽的日龄和季节确定水温，低龄畜禽用温水，一般畜禽夏季用凉水，冬季用温水，水温一般控制在 30～45℃。在夏季，尤其是炎热的夏伏天，可选在最热的时候消毒，以便消毒的同时起到防暑降温的作用。

（3）消毒器的选择。一般选用高压动力喷雾器、背负或手摇喷雾器，喷嘴直径以 80～120 μm 为佳。雾粒过大在空气中下降速度太快，起不到消毒空气的作用。这会导致喷雾不均匀和圈舍潮湿；雾粒过细则易被畜禽吸入，引起肺水肿、呼吸困难等呼吸道疾病。有条件的还可选用电动喷雾器，压力为 0.2～0.3 MPa，可以随时调节雾粒大小及流量。

（4）消毒方法。先将喷雾器清洗干净，配好药液，即可由畜禽圈舍一端开始消毒，边喷雾边向另一边慢慢移动。喷雾时要将喷头举高，喷嘴向上喷出雾粒。雾粒可在空气中缓缓下降，除与空气中的病原微生物接触外，还可与空气中的尘埃结合，起到杀菌、除尘、净化空气、减少臭味的作用。地面、墙壁、顶棚都要喷上药液，以距畜体 60～80 cm 喷雾为佳。喷雾药量可按每立方米空间 10～50 mL 计算，一般情况下每周消毒 2～3 次。

4. 畜禽舍、用具的消毒

畜禽舍和用具的消毒分两个步骤进行，第一步先进行机械清扫，第二步是化学消毒液消毒。

（1）机械清除法。搞好畜禽舍环境卫生最基本的一种方法。①清扫舍内卫生，清除污物和粪便清扫时先扫顶棚、墙壁，再清除水槽、网床、栅栏、笼架等。为避免尘土飞扬可洒适量清水，片刻后再清扫干净。清扫出的废弃物在指定地方消毒处理。②洗刷舍内设施，冲洗门窗、墙壁、地面、粪沟和清粪工具。

（2）化学消毒法。

喷洒消毒：消毒时，先喷洒地面，然后墙壁，先由离门窗远处开始，喷完墙壁后再天花板，后消毒畜舍外面，然后再开门窗通风，用清水刷洗饲槽，将消毒药味除去。在进行畜禽舍消毒时也应将附近场院以及患病畜禽污染的地方和物品同时进行消毒。

熏蒸消毒：方法是按畜、禽舍体积计算所需用的药品量。一般每立方米空间用福尔马林 25 mL，水 12.5 mL，高锰酸钾 25 g。计算好用量以后将水与福尔马林混合。畜禽舍的室温不应低于正常的室温（15～18℃）。将舍内畜禽赶出，然后将门窗紧闭，舍内的管理用具、工作服等适当地打开，箱子与柜橱的门开放，再在舍内放置几个金属容器，然后把福尔马林与水的混合液倒入容器内，最后将高锰酸钾倒入，用木棒搅拌，经几秒钟即见有浅蓝色刺激眼鼻的气体蒸发出来，此时应迅速离开畜舍，将门关闭。经过 12～24 h 方可将门窗打开通风。倘若急需使用，则需用氨气来中和甲醛气体。按畜禽舍每立方米取 5 g 氯化铵，10 g 生石灰及 7.5 mL 的水（加热到 75℃）。将此混合液装于小桶内放入舍内。或者用氨水来代替，即按每立方米空间用 25% 氨水 12.5 mL，中和 20～30 min，打开门窗通风 20～30 min，此后即可饲养畜禽。

5. 地面土壤的消毒

被患病畜禽的排泄物和分泌物污染的地面土壤，常含有病原微生物，因此应进行严格消毒，以防止传染病继续发生和蔓延。土壤表面的消毒可用 5%～10% 漂白粉溶液或 10% NaOH 溶液消毒。停放过芽孢菌所致传染病（如炭疽、气肿疽等）病畜尸体的场所，或者是此种病畜倒毙的地方，更应严格加以消毒，首先用 10%～20% 漂白粉乳剂喷洒地面，然后将表层土壤掘起 30 cm 左右，撒上干漂白粉并与土混合，将此表土运出掩埋。在运输时应用不漏土的车以免沿途遗漏撒出，如无条件将表土运出，则应加大干漂白粉的用量（1 m^2 面积加漂白粉 5 kg），将漂白粉与土混合，加水湿润后原地压平。

6. 粪便的消毒

患传染病的畜禽粪便消毒有多种方法，如焚烧法、化学药品消毒法、掩埋法和生物热消毒法等。实践中最常用的是生物热消毒法，用粪便自身发酵产热杀灭非芽孢菌、病毒及寄生虫虫卵等，此法既能使病原微生物污染的粪便变为无害，而且又不丧失肥料的应用价值。

粪便的生物热消毒法通常有两种，一种为发酵池法，另一种为堆粪法。

（1）发酵池法。此法适用于饲养大量家畜的农牧场，多用于稀薄粪便（如牛、猪粪）的发酵。在距农牧场 200～250 m 无居民、河流、水井的地方挖筑两个或两个以上的发酵池（池的数量与大小取决于每天运出的粪便数量）。池的边缘与池底用砖砌后再抹以水泥，使之不透水。待倒入池内的粪便快满时，在粪便表面铺一层干草，上面盖一层泥土封严，经 1～3 个月即可掏出作肥料用，几个发酵池可依次轮换使用。当前，农村推广的沼气池，既能用作能源又起到了粪便发酵消毒的作用。

（2）堆粪法。此法适用于干固粪便（如马、羊、鸡粪等）的处理。在距农牧场 100～200 m 以外的地方设一堆粪场。堆粪的方法如下：在地面挖一浅沟，深约 20 cm，宽 1.5～2 m，长度不限，随粪便多少而定。先将非传染性的粪便或蒿秆等堆至 25 cm 厚，其上堆放欲消毒的粪便、垫草等，高达 1～1.5 m，然后在粪堆外面再铺上 10 cm 厚的非传染性粪便或谷草，并覆盖 10 cm 厚的沙子或泥土。如此堆放 3 周至 3 个月，即可用以肥田。

7. 消毒的注意事项

（1）生石灰遇水产生高温，应在搪瓷桶、盆或铁锅中配制为宜。

（2）对具有腐蚀性的消毒药品，如 NaOH 在配制时，应戴好橡胶手套操作，严禁用手直接接触，以免灼伤。存放时也应选择塑料或搪瓷桶等，以免损坏容器。

（3）大多数消毒液不易久存，应现用现配，防止失效。

（4）对人兽共患病的病原微生物消毒时，做好个人防护，严防工作人员感染。

（5）消毒完毕后，做好消毒器械及用品的维护与保养。

• 工具准备

扫帚、簸箕、洒水壶、抹布、化学消毒剂、自来水、消毒喷壶、防护服、口罩、手套、鞋套、护目镜、记录本、记号笔。

• 人员准备

人员分组，每组 5 人，明确职责分工（表 1-3-1）。

表 1-3-1　任务分配

任务角色	任务内容
组长	了解场地面积、动物种类，带领组员制订消毒计划，选择合适的消毒方法，安排组员分工完成前期准备工作

续表

任务角色	任务内容
组员 1	对养殖场动物进行处理，对养殖场内部进行物理消毒
组员 2	对养殖场动物进行处理，对养殖场内部进行物理消毒
组员 3	选择并配置合适的化学消毒剂，对圈舍地面、墙壁、空气进行消毒
组员 4	选择并配置合适的化学消毒剂，对圈舍地面、墙壁、空气进行消毒

以小组为单位、选择学院牧场的某种动物圈舍进行消毒，将消毒视频以及消毒前的个人防护视频上传至学习平台。

任务筹划

一、内容筹划

（1）选择某一动物圈舍了解情况并制订消毒计划。
（2）完成某圈舍的消毒、杀虫、灭鼠工作。

二、方法筹划

自行分组（每组 5 人），完成任务。

三、流程筹划

前期准备（材料、工具、动物、场地、人员）—进行现场勘察—制订计划—物理消毒—化学消毒、杀虫、灭鼠—视频上传至学习平台。

任务实施

根据任务筹划完成表 1-3-2 的任务实施步骤。

表 1-3-2　任务实施步骤

步骤	任务实施情况
步骤一	
步骤二	
步骤三	
步骤四	

续表

步骤	任务实施情况
步骤五	
步骤六	

任务检测

请扫描二维码 1-3-2 进行答题。

二维码 1-3-2
项目一任务三检测

任务评价

根据任务完成情况完成任务评价（表 1-3-3）。

表 1-3-3　工作任务完成过程评价

班级：	组别：		姓名：	
项目	评分标准	自我评价	小组评价	教师评价
前期准备	材料准备是否完整（5 分）			
	动物种类、场地勘察是否正确（5 分）			
消毒过程	制订计划是否正确（5 分）			
	记录是否完整（5 分）			
	物理消毒是否正确（5 分）			
	化学消毒剂选择是否正确（5 分）			
	化学消毒方法是否正确（5 分）			
	个人防护是否正确（5 分）			
后期处理	后期圈舍处理是否得当（5 分）			
	后期动物处理是否得当（5 分）			
视频上传	是否完成视频剪辑上传（10 分）			
合计				
自我评价与总结				
教师点评				

任务四 传染病的治疗、隔离封锁和尸体处理

任务导入

查阅了解近年来国内外、当地所出现的一些动物性传染病，整理处理预案、方法，将整理资料上传至学习平台进行分享互评。

任务准备

- **知识准备**

一、隔离

隔离指将患病畜禽和疑似感染畜禽控制在一个有利于防疫和生产管理的环境中单独饲养和防疫处理的方法，是防控传染病的重要措施之一。由于传染源具有持续或间歇性排出病原体的特性，为了控制传染源，便于消毒管理，截断流行过程，防止健康畜禽继续受到传染，将疫情控制在最小范围内加以就地消灭，必须对传染源严格隔离。

在传染病流行时，应首先查明疫病在畜禽群中蔓延的程度，根据诊断和检疫的结果，将全部畜禽分为患病畜禽群、疑似感染群和假定健康群，以便分别对待。

患病畜禽群包括有典型症状或类似症状，或其他特殊检查阳性的畜禽。它们是主要的传染源，应选择远离健康畜禽、消毒处理方便、不易散播病原的地方严格隔离。隔离场所应由专人负责看管，禁止其他人员接近，内部及周围环境严格消毒，内部的用具、饲料、粪便等未经彻底消毒处理不得运出。同时要加强饲养管理和护理工作，患病畜禽及时治疗，没有治疗价值的患病畜禽，严格按照国家有关规定处理。

可疑感染群指外表无任何症状，但与患病畜禽及其污染环境有过明显接触的畜禽，如同圈、同群、同牧、使用共同的水源和用具等。这类畜禽有可能处于潜伏期，有排毒的危险，应另选地方或在原来的圈舍隔离，经诊断后进行紧急接种或药物预防。并观察其临床表现，出现症状时及时隔离并按患病畜禽处理，无症状者经过一个最长的潜伏期后取消限制。

假定健康畜禽无任何症状且未与前两类有过明显接触。应与前两类严格隔离饲养，并进行紧急免疫接种和药物预防，加强防疫卫生消毒和相应的保护性措施，严防疫病传入。

二、封锁

封锁指当发生法定一类疫病和外来疫病时，以行政手段，采取强制性措施，把

疫源地封闭起来，严禁出入疫区，防止疫病向安全区扩散和健康畜禽误入疫区而被传染，把疫病迅速控制在封锁区之内，集中力量就地消灭。

一旦暴发或确诊为一类疫病和外来疫病时，当地县级以上畜牧兽医行政管理部门应立即派人到现场，划定疫点、疫区和受威胁区，采集病料，调查疫情，及时报请同级人民政府发布封锁令，实施封锁，并逐级上报国务院畜牧兽医行政管理部门。疫区范围涉及两个或两个以上行政区域时，应由有关行政区域共同的上一级人民政府或由各有关行政区域的上一级人民政府共同决定对疫区实行封锁。

执行封锁时应掌握“早、快、严、小”的原则，亦即执行封锁应在流行早期，行动果断迅速，封锁严密，范围不宜过大。具体措施如下。

（一）封锁的疫点应采取的措施

（1）禁止人员、车辆出入和动物、动物性产品及可能污染的物品运出；特殊情况下人员必须出入时，需经兽医人员许可并严格消毒后出入。

（2）对病死畜禽及其同群动物采取扑杀、销毁或无害化处理。

（3）疫点内出入口应设立消毒设施，疫点内用具、圈舍、场地等应严格消毒。

（4）疫点内畜禽粪便、垫草、饲料等应在兽医人员监督指导下进行无害化处理。

（二）封锁的疫区应采取的措施

（1）交通要道设立检疫消毒哨卡，监督动物、动物性产品移动和转移，对出入人员、车辆实施消毒。

（2）停止集市贸易和疫区内动物、动物性产品的交易。

（3）对易感动物进行检疫和紧急接种，限制疫区内动物的活动。

（三）受威胁区应采取的措施

（1）受威胁区内的动物应及时进行紧急接种，建立免疫带。

（2）防止受威胁区内的动物出入疫区，避免饮用来自或经过疫区的水源。

（3）禁止购买来自疫区的动物、动物性产品或饲料。

当疫区内最后一个病例被扑杀或痊愈，通过实验室检测或临床观察，经过该病最长潜伏期未发现新的感染或发病动物时，经过彻底的清扫和终末消毒，经兽医行政部门验收合格后，由原发布封锁令的政府部门发布解除封锁令，并通知毗邻地区和有关部门，解除封锁。

三、传染病的治疗与尸体处理

（一）传染病的治疗

动物传染病的治疗，一方面是为了挽救患病动物，最大限度地减少疫病造成的经济损失；另一方面作为综合性防控措施的重要内容，在一定限度内起到消除传染源的作用。当无治疗价值或对周围的人和动物有严重威胁时，尤其是当某地传入一种过去没有发生过的危害性较大的新病时，为了防止疫病蔓延扩散，造成难以收拾的局面，应在严密消毒的情况下将病畜淘汰处理。传染病的治疗必须在严密封锁或隔离的条件下进行，勿使治疗成为散播病原的因素。

1. 传染病的治疗方法

在传染病的治疗工作中，既要考虑帮助机体消灭或抑制病原微生物，消除其致病作用，又要帮助机体增强抵抗力和调整、恢复生理机能，促使机体恢复健康。

（1）针对病原体的疗法。

特异性疗法：应用针对某种传染病的高免血清、痊愈血清（或全血）、卵黄抗体等特异性生物制品进行治疗。因为这些制品只对某种特定的传染病有疗效，而对他种病无效，故称为特异性疗法。例如，破伤风抗毒素血清只能治破伤风，对其他病无效。高免血清主要用于某些急性传染病的治疗，如小鹅瘟、猪瘟、猪丹毒、炭疽、破伤风等。在诊断确实的基础上早期注射足够剂量的高免血清，常能取得良好的疗效。如缺乏高免血清，可用耐过动物或人工免疫动物的血清或全血代替，也可起到一定的作用，但用量需加大。使用血清时，如为异种动物血清，应特别注意防止过敏反应。一般高免血清很少生产，而且并非随时可以购得，因此在兽医实践中的应用远不如抗生素或磺胺类药物广泛。

抗生素疗法：抗生素为急性细菌性传染病的主要治疗药物。合理地应用抗生素，是发挥其疗效的重要前提。应用不合理或滥用，一方面可能使敏感菌株产生耐药性，另一方面可能引起不良反应，甚至中毒。因此，使用时一定要掌握抗生素的适应证，切忌滥用，最好以分离的病原菌进行药物敏感性试验，选择对此菌敏感的药物用于治疗。同时还要考虑到用量、疗程、给药途径、不良反应、经济价值等问题。此外，还应注意药物休药期。抗生素的联合应用应结合临床经验正确使用，不适当的联合使用不仅不能提高疗效，反而可能影响疗效，而且增加了病原菌对多种抗生素的接触机会，更易广泛地产生耐药性。

化学疗法：使用有效的化学药物消灭或抑制病原微生物的治疗方法，称为化学疗法。常用的化学药物有磺胺类药物、抗菌增效剂、喹诺酮类药物（诺氟沙星、环丙沙星、恩诺沙星、沙拉沙星等）以及其他抗菌药（黄连素、大蒜素等）和抗病毒感染的药物（金刚烷胺盐酸盐、金刚乙胺、病毒灵、病毒唑等）。

中草药疗法：目前的研究成果表明，某些中草药具有抗菌、抗病毒、增强机体免疫功能、抗应激、促生长等多重作用，且毒副作用小、残留量低、效果持久，在一些疫病的治疗过程中效果明显。

（2）针对动物机体的疗法。①加强护理。对患病动物护理工作的好坏，直接关系到治疗效果的好坏，是治疗工作的基础。②对症疗法。对症疗法是为了减缓或消除某些严重的症状、增强机体一般抗病能力、调节和恢复机体的生理机能而进行的内外科治疗方法。如使用退热、止痛、止血、镇静、兴奋、强心、利尿、缓泻、止泻、防止酸中毒和碱中毒、调节电解质平衡等药物以及某些急救手术和局部治疗等，都属于对症疗法的范畴。

2. 治疗效果的评价

治疗效果的评价是为了客观地认识现行的治疗方案，以利于在临床实践中选择最佳的药物或治疗方法。评价某种药物或治疗方法的临床疗效常用流行病学试验。常用的评价指标有以下几种。

（1）有效率指经过治疗处理后有效病例数（包括治愈病例数和好转病例数）占接受治疗总病例数的百分比。

（2）治愈率指经过治疗处理后治愈病例数占接受治疗总病例数的百分比。

（3）复发率指某种疫病临床痊愈后，经过一定时间再次复发的畜禽数占全部痊愈畜禽的百分比。

（4）转阴率指经治疗后患病畜禽体内病原体或血清学指标转为阴性者占所有接受治疗畜禽的百分比。

（二）尸体处理

因传染病而死亡的动物尸体内含有大量病原微生物，处理不当会造成外界环境的污染，引起人和动物发病。因此，及时而合理地处理尸体，在防控动物传染病和维护公共卫生方面有重大的意义。尸体处理方法如下。

1. 化制

尸体在特设的加工厂中加工处理，既进行了消毒，又保留了许多有利用价值的东西，如工业用油、骨粉、肉粉、血粉等。

2. 掩埋

该方法简单易行，应用广泛，但不是彻底的处理方法。掩埋尸体时应选择干燥、平坦、远离住宅、道路、水井、牧场及河流的偏僻地区，深度 2 m 以上。

3. 焚烧

此法最彻底。适用于特别危险的传染病尸体处理，如炭疽、气肿疽等。

4. 发酵

将尸体投入专用的直径 3 m、深 6～9 m 发酵深坑中，发酵坑用不透水的材料砌成，有严密的盖子，内有通气管。此法较掩埋方便合理，发酵分解达到消毒目的，取出可作肥料。但此法不适用于炭疽、气肿疽等芽孢菌所致传染病的尸体处理。

• 操作准备

一、目的

通过本任务使学生掌握传染病动物尸体的运送及处理方法。

二、设备材料

铁锹、运尸车、运尸袋、绳子、棉花、工作服、消毒剂、燃料等。

三、内容及方法

（一）尸体的运送

尸体运送前，工作人员应穿戴工作服、口罩、风镜、胶鞋及手套。运送尸体应用特制的运尸车（车的内壁衬钉铁皮，以防漏水）。装车前应将尸体各天然孔用蘸有消毒药液的棉花或湿纱布严密填塞，小动物和禽类可用不渗水塑料袋盛装，以免流出粪便、分泌物和血液等造成周围环境的污染。在放过尸体的地方，应用消毒液喷洒消毒，如为土壤地面，应铲去表层土，连同尸体一起运走。运送过尸体的用具、车辆应严加消毒，工作人员用过的手套、衣物及胶鞋等亦应进行消毒。

（二）尸体处理的方法

病死畜禽尸体的处理根据《病死及病害动物无害化处理技术规范》（农医发〔2017〕25 号）的有关规定，对于病死动物可采用焚烧、深埋或化制的方法处理。

1. 焚烧法

焚烧可在焚烧炉内或焚尸坑内进行，它是销毁尸体，消灭病原体最彻底的方法。如无焚尸炉，则可挖掘焚尸坑。挖一长 2.5 m、宽 1.5 m、深 0.7 m 的坑，将取出的土堵在坑沿的两侧。坑内用木柴架满，坑沿横架数条粗湿木棍，将尸体放在架上，然后在木柴上倒以煤油，并压以砖瓦或铁皮，从下面点火，直到把尸体烧成黑炭为止，并把它掩埋在坑内。

2. 深埋法

这种方法虽不够可靠，但比较简单，所以在实际工作中仍常应用。深埋是选择在远离居民区、牧场、水源、道路、地势高燥的僻静地方，挖深 2 m 的坑，坑底铺 2～5 cm 生石灰，尸体投入后再撒一层生石灰，然后填土掩埋。掩埋时应注意以下几点。

（1）深埋场地应选择在疫区内，平坦、干燥，距离住宅区、交通要道、饮用水源及河流较远的地方，避开公众视野。

（2）坑的深度保证尸体等填埋后，离地面必须有 1.5 m 以上。坑的位置和类型有利于防洪。

（3）掩埋坑底铺 2 cm 厚生石灰；动物尸体、污染物等表面，以及掩埋后的地表环境应使用消毒药品喷洒消毒。

（4）污染的垫料、排泄物和杂物等物品，也应喷洒消毒后与尸体共同深埋。

（5）填土不要太实，以免尸腐产气，填埋泥土时应加固岩石等固体物防止野兽挖出尸体，并设立明显标示。

3. 化制法

这是一种较好的尸体处理方法，它不仅对尸体作到无害化处理，并保留了有价值的畜产品，如工业用油脂及骨、肉粉。此法要求在有一定设备的化制场进行。化制尸体时，对烈性传染病，如鼻疽、炭疽、气肿疽、羊快疫等病死动物尸体可用高压灭菌。

（三）人员防护与场地处理

无害化处理操作人员在工作时，必须着防护服、胶鞋、防护手套、口罩、防护帽。每次无害化处理结束后，必须对使用过的具、工作间、场地环境等进行彻底消毒。

- **工具准备**

铁锹、运尸车、运尸袋、绳子、棉花、工作服、消毒剂、燃料、防护服、口罩、手套、鞋套、护目镜。

- **人员准备**

人员分组，每组 5 人，明确职责分工（表 1-4-1）。

表 1-4-1　任务分配

任务角色	任务内容
组长	整理疫情发生情况、动物种类、数量、发病率、死亡率资料，制订计划，合理安排分工
组员 1	对死亡动物的尸体进行处理、运输
组员 2	对尸体存放的圈舍进行彻底消毒
组员 3	对死亡动物的尸体进行焚烧掩埋
组员 4	对发病动物、未发病动物进行合理封锁处理

任务筹划

一、内容筹划

（1）整合资料，制订实施计划。
（2）完成动物尸体运输、焚烧、掩埋工作，对疫区动物进行合理处置。

二、方法筹划

自行分组（每组 5 人），完成任务。

三、流程筹划

前期准备（材料、工具、动物、场地、人员）—进行现场勘察—制订计划—尸体处理运输—圈舍消毒—尸体焚烧掩埋—区域动物合理处置。

任务实施

根据任务筹划完成表 1-4-2 的任务实施步骤。

表 1-4-2 任务实施步骤

步骤	任务实施情况
步骤一	
步骤二	
步骤三	
步骤四	
步骤五	
步骤六	

任务检测

请扫描二维码 1-4-1 进行答题。

二维码 1-4-1
项目一任务四检测

任务评价

根据任务完成情况完成任务评价（表 1-4-3）。

表 1-4-3 工作任务完成过程评价

班级：	组别：		姓名：	
项目	评分标准	自我评价	小组评价	教师评价
前期准备	材料准备是否完整（5 分）			
	资料整合是否正确（5 分）			
尸体处理过程	制订计划是否正确（5 分）			
	记录是否完整（5 分）			
	尸体处理是否正确（5 分）			
	尸体运输是否正确（5 分）			
	圈舍消毒是否正确（5 分）			
	个人防护是否正确（5 分）			
	尸体焚烧掩埋是否正确（10 分）			

续表

<table>
<tr><td colspan="2">班级：</td><td>组别：</td><td colspan="3">姓名：</td></tr>
<tr><td>项目</td><td colspan="2">评分标准</td><td>自我评价</td><td>小组评价</td><td>教师评价</td></tr>
<tr><td rowspan="2">后期处理</td><td colspan="2">疫区动物处理是否得当（5 分）</td><td></td><td></td><td></td></tr>
<tr><td colspan="2">疫区环境处理是否得当（5 分）</td><td></td><td></td><td></td></tr>
<tr><td>视频上传</td><td colspan="2">是否完成视频剪辑上传（10 分）</td><td></td><td></td><td></td></tr>
<tr><td colspan="3">合计</td><td></td><td></td><td></td></tr>
<tr><td>自我评价与总结</td><td colspan="5"></td></tr>
<tr><td>教师点评</td><td colspan="5"></td></tr>
</table>

项目二 人兽共患传染病

项目介绍

本项目主要介绍常见的细菌性共患病及病毒性共患病，通过学习掌握每种疾病的发病特点，迅速确定病原是控制共患病的前提，采取综合防控及合理的生物安全措施是遏制病情传播发展的手段。本项目的知识学习，可让学生认识常见的人兽共患病，并掌握它们的防控措施。

知识目标

（1）掌握流行性感冒、痘病、炭疽、结核病、沙门菌病、巴氏杆菌病的流行特点、临床症状及防治措施。

（2）掌握流行性感冒、痘病、炭疽、结核病、沙门菌病、巴氏杆菌病基本的鉴别方法。

技能目标

（1）掌握流行性感冒免疫抗体检测。

（2）掌握炭疽杆菌鉴别检测。

（3）掌握牛结核病提纯结核菌素变态反应试验。

素质目标

（1）提升学生重视动物传染病“预防为主，防重于治”的防疫意识。

（2）了解疫苗在共患病中的高效应用，培养学生勤思考、善钻研的能力。

（3）鼓励学生自主学习，通过指导和反馈，帮助学生形成自主学习习惯，提高学习效率。

思政目标

新型冠状病毒感染疫情（简称新冠疫情）自2019年底暴发以来，我国政府采取了一系列有力措施，如实时公布疫情信息、强化社区防控、建立临时医疗设施、研制疫苗等，为全球疫情防控提供了有益经验。在控制本次新冠疫情流行过程中，全体医务工作者作出的巨大贡献，在全体公民共同努力下，才能够控制传染病的流行、保护人类健康，维护公共卫生，实现维护人类健康的大目标。新冠疫情再次证明，加强传染病思政课程教育，提高全民公共卫生素养，是应对未来公共卫生事件的重要保障。

任务一　流行性感冒、痘病的检验与诊断

任务导入

学生分组收集每人每年进入换季时，出现感冒的一些典型症状以及诊断治疗方法和病程时间，从自身着手先了解流行性感冒。

任务准备

- **知识准备**

一、流行性感冒

流行性感冒病毒简称流感病毒。它分为甲（A）、乙（B）、丙（C）三型，近年来新发现的流感病毒将归为丁（D）型。流感病毒可引起人、禽、猪、马、蝙蝠等多种动物感染和发病，是人流感、禽流感、猪流感、马流感等人与动物疫病的病原。

这些疫病典型的临床症状是急性高热、全身疼痛、显著乏力和呼吸道症状。流感病毒主要通过空气中的飞沫、易感者与感染者之间的接触或与被污染物品的接触而传播。一般秋冬季节是其高发期。人流感主要是甲型流感病毒和乙型流感病毒引起的。甲型流感病毒经常发生抗原变异，可以进一步分为H1N1、H3N2、H5N1、H7N9等亚型（其中的H和N分别代表流感病毒两种表面糖蛋白）。流感病毒对外界抵抗力不强。动物流感病毒通常不感染人，人流感病毒通常不感染动物，但是猪例外。猪既可以感染人流感病毒，也可以感染禽流感病毒，但它们主要感染的还是猪流感病毒。少数动物流感病毒适应人后，可以引起人流感大流行。

（一）病原

流行性感冒病毒，是正黏病毒科的代表种，简称流感病毒，包括人流感病毒和动物流感病毒，人流感病毒分为甲（A）、乙（B）、丙（C）三型，是流行性感冒（流感）的病原体。其中甲型流感病毒抗原性易发生变异，多次引起世界性大流行。例如，1918—1919年的大流行中，全世界至少有2 000万～4 000万人死于流感；乙型流感病毒对人类致病性也比较强，但是人们还没有发现乙型流感病毒引起过世

界性大流行；丙型流感病毒只引起人类不明显的或轻微的上呼吸道感染，很少造成流行。甲型流感病毒于1933年分离成功，乙型流感病毒于1940年获得，丙型流感病毒直到1949年才成功分离。

根据流感病毒感染的对象，可以将病毒分为人类流感病毒、猪流感病毒、马流感病毒以及禽流感病毒等类群，其中人类流感病毒根据其核蛋白的抗原性可以分为三类：甲型流感病毒又称A型流感病毒；乙型流感病毒又称B型流感病毒；丙型流感病毒又称C型流感病毒。

感染鸟类、猪等其他动物的流感病毒，其核蛋白的抗原性与人甲型流感病毒相同，但是由于甲型、乙型和丙型流感病毒的分类只是针对人流感病毒的，因此通常不将禽流感病毒等非人类宿主的流感病毒称作甲型流感病毒。

在核蛋白抗原性的基础上，流感病毒还根据血凝素（HA）和神经氨酸酶（NA）的抗原性分为不同的亚型。

（二）流行病学

1. 易感动物

普遍易感，病后有一定的免疫力。三型流感之间、甲型流感不同亚型之间无交叉免疫，可反复发病。

（1）流感病毒对人的致病性。①A、B、C型均致病。②A型为主要致病亚型，常见人源甲型H1N1、H1N2、H3N2，传播力强，曾多次造成世界大流感流行。③B型致病力低，传播力低于甲型。常为局部暴发，不曾大流行。④C型致病力、传播力均低，可以传染，难以流行。主要侵犯婴幼儿。

（2）A型流感病毒对动物的致病性。①对禽致病，所有A型病毒均致病；主要致病亚型有H5N1、H7N7、H7N3。②对猪致病，主要是猪源A型：H1N1、H3N2、HIN2。③对其他动物也致病，马（H7N7、H3N8），犬（H3N8），猫科（H5N1，“猫感染禽流感”）等。

2. 传染源

流感患者及隐性感染者为主要传染源。发病后1～7 d有传染性，病初2～3 d传染性最强。猪、牛、马等动物可能传播流感。

3. 传播途径

带有流感病毒的飞沫，经呼吸道进入体内。少数也可经共用手帕、毛巾等间接接触而感染。

4. 流行特点

（1）人。突然发生，迅速蔓延，2～3周达高峰，发病率高，流行期短，为6～8周，常沿交通线传播四季均可发生，以冬春季为主。南方在夏秋季也可流行。

（2）禽。自然宿主主要是家禽和野禽，宿主范围广。从鸭分离的流感病毒比其他任何禽类都多，各种家禽中火鸡最常发生流感暴发。主要是水平传播，尚无证据表明禽流感可垂直传播。该病多发生于天气骤变的晚秋、早春以及寒冷的冬季。

（3）猪。各种不同年龄、性别和品种的猪对该病有易感性，但幼龄易感性较高，其他家畜不感染；传染源为病猪和带毒猪，主要通过飞沫传染；发生突然，传播迅速，1～2 d内全群发病，病程5～7 d，如无并发症，很快康复；常见于夏末秋初，冬末春初。

（三）临床症状

流感是呼吸道的急性疾病，症状包括发烧、头痛、肌肉疼痛、流鼻水、咳嗽及喉咙痛，通常病情较轻微。

1. 人

一般表现为急性起病，前驱期有乏力症状，很快出现高热（可达39～40℃）、畏寒、寒战、头痛、全身肌肉关节酸痛等全身中毒症状，可伴或不伴鼻塞、流鼻涕、咽喉痛、干咳、胸骨后不适、颜面潮红、眼结膜充血等局部症状。流感病程通常为4～7 d，少数患者咳嗽可能持续数周之久。儿童发热程度通常高于成人，患乙型流感时恶心、呕吐、腹泻等消化道症状较成人多见。新生儿可表现为嗜睡、拒乳、呼吸暂停等。

2. 禽

低致病性毒株引起的禽流感通常体温升高，精神沉郁，饮食欲减少，消瘦，母鸡产蛋率下降；呼吸道症状表现不一，如咳嗽、喷嚏，甚至呼吸困难；病禽流泪，羽毛松乱，身体蜷缩，头和颜面部水肿，皮肤发绀，有的有神经症状及下痢。

高致病性毒株引起的禽流感，潜伏期3～5 d，体温迅速升高达41.5℃以上，拒食，冠与肉髯常有淡色的皮肤坏死区，头、颈常出现水肿。腿部皮下水肿、出血、变色，病鸡很快陷于昏睡状态，常于症状出现后数小时内死亡，病死率接近100%。

3. 猪

发病时，体温升至40～42℃，精神极度委顿，食欲废绝，常堆挤一处；呼吸急迫，腹式呼吸，咳嗽，鼻腔有浆液性或黏液性分泌物，卧地不能起立；病程5～7 d，死亡率1%～4%。

（四）病理变化

1. 人

病理变化主要表现为呼吸道纤毛上皮细胞呈簇状脱落、上皮细胞化生、固有层黏膜细胞充血、水肿伴单核细胞浸润等病理变化。重症肺炎可发生弥漫性肺泡损害。合并脑病时出现脑组织弥漫性充血、水肿、坏死。儿童急性坏死性脑病表现为丘脑为主的对称性坏死性病变，局部无明显炎症反应。合并心脏损害时出现心肌细胞肿胀、间质出血，淋巴细胞浸润、坏死等炎症反应。

2. 禽

低致病性毒株的病例，可能有轻微的窦炎，表现为卡他性、纤维素性、浆液性/纤维素性、脓性或干酪性炎症；气管黏膜有轻度水肿，并伴有数量不等的浆液性或干酪样渗出物；有时气管黏膜出血，含有血凝块；气囊炎，表现囊壁增厚，或有纤维性及干酪样渗出物；蛋鸡的卵泡畸形，萎缩，输卵管也可见到渗出物；有的病禽可见纤维素性腹膜炎及卵黄性腹膜炎或肾肿大，有尿酸盐沉积。

高致病性毒株的病例，头面部水肿，并伴有窦炎，肉髯和冠发绀、充血；内脏变化差异较大，有的毒株引发肝、脾、肾的坏死灶，有的毒株引起脏器浆膜及黏膜面的点状出血，十二指肠和心外膜出血，尤其是肌胃和腺胃交接处的乳头及黏膜出血严重。

3. 猪

鼻腔、气管、支气管黏膜充血，黏膜表面大量黏液，有时混有血液；肺，轻者表面有炎症，重者膨胀不全（突起或气肿）。

（五）诊断

1. 人

有流行病学史（发病前 7 d 内在无有效个人防护的情况下与疑似或确认的流感患者有密切接触，或属于流感样病例聚集发病者之一，或有明确的传染他人的证据）、有典型的流感症状表现，同时排除了其他可引发类似表现的疾病。有流感临床表现，具有以下一种或一种以上检测结果阳性即可确诊流感：①流感病毒核酸检测阳性；②流感抗原检测阳性；③流感病毒培养分离阳性；④急性期和恢复期双份血清的流感病毒特异性免疫球蛋白 G（IgG）抗体水平呈 4 倍或 4 倍以上升高。

2. 禽

（1）病毒分离鉴定。以棉拭子采集气管或泄殖腔样品，或以喉头气管组织作为样品，制成 10% 的悬液，加抗生素并进行低速离心后，尿囊腔接种 9～11 日龄鸡胚，36～120 h 致死鸡胚，如果样品中有病毒存在，初次传代后就足以产生红细胞凝集作用，盲传 3 代仍无血凝作用则作阴性处理。

（2）血凝抑制试验。分离病毒做血凝抑制试验，禽流感抗血清能抑制禽流感病毒的血凝作用，ND 抗血清则不能，反之亦然。在病毒分离和鉴定的同时，还要作病原的致病性试验，以确定所分离毒株是强毒株还是非致病株或低致病株。

（3）ELISA（酶联免疫吸附测定）。

（4）RT-PCR（逆转录聚合酶链式反应）。

3. 猪

病毒分离鉴定：鼻或气管分泌物稀释后，接种鸡胚（6 个 10～12 日龄鸡胚），35℃ 孵育 3 d，鸡胚未死，4℃ 冷却过夜，收获尿囊液，作血凝和血凝抑制试验。

（六）防控

1. 人

每年接种流感疫苗是预防流感最有效的手段，可以显著降低接种者罹患流感和发生严重并发症的风险。对于没有接种疫苗或接种疫苗后尚未获得免疫能力的重症流感高危人群，可以考虑药物预防作为紧急临时预防措施，可使用奥司他韦、扎那米韦等。保持良好的个人卫生习惯，勤洗手，保持生活办公环境整洁、通风良好，流感流行季节减少前往人群密集场所。保持良好的呼吸道卫生习惯，打喷嚏或咳嗽时，用上臂或纸巾遮住口鼻，其后洗手；出现流感样症状时，主动自我隔离，外出公共场所宜戴口罩。

2. 禽

消灭禽流感比较困难。预防上，严格的生物安全措施和健全的管理制度，防止流感病毒的传入；鸡场周围尽量避免饲养水禽；组织灭活苗、油乳剂灭活苗进行疫苗接种。扑灭：借助国外扑灭禽流感的经验；严格的封锁、隔离、消毒、尸体无害处理、紧急接种，建立免疫带；高致病性禽流感发生时，坚决扑杀，未发病鸡舍的鸡紧急接种疫苗，严加隔离和消毒，改善饲养管理，适当使用有抗菌效果的中草药，防止继发细菌感染。

3. 猪

清洁卫生，清除发病诱因；发病后采取一般隔离措施；应用板蓝根、大青叶等进行中草药预防；治疗：解热、镇痛、抗菌。

（七）公共卫生

保持良好的个人卫生习惯是预防流感等呼吸道传染病的重要手段。增强体质和免疫力；勤洗手；保持环境清洁和通风；尽量减少到人群密集场所活动，避免接触呼吸道感染患者；咳嗽或打喷嚏时，用上臂或纸巾、毛巾等遮住口鼻，咳嗽或打喷嚏后洗手，尽量避免触摸眼睛、鼻或口；出现呼吸道感染症状应居家休息，及早就医。

二、痘病

由痘病毒科中的痘病毒引起的急性传染病。以绵羊痘、鸡痘和猪痘较常见，山羊痘、牛痘和马痘较少发生。典型痘疹的共同特点（除犬、猫外）是在皮肤上呈现丘疹、水疱、脓疱和结痂。可能有或无全身反应。禽痘常在禽的头部皮肤或口腔上出现特殊的痘疹。畜禽痊愈后都能获得强免疫力。绵羊痘病原为绵羊痘病毒。山羊痘病原为山羊痘病毒。牛痘由牛痘病毒或痘苗病毒引起。马痘病原与牛痘的病原相同，二者可互相传染，亦可交互免疫。禽痘由禽痘病毒引起的禽类传染病。

（一）病原

痘病毒为痘病毒科双股 DNA 型病毒，是最大型病毒。病毒呈砖形或卵圆形，有囊膜，在感染细胞内可形成包涵体。常用鸡胚分离病毒。虽然各种动物的痘病毒在血清学上有一定的交叉反应，但具有宿主特异性，一般不相互感染，除牛痘病毒。痘病毒耐干燥，如在干燥的痂皮内可存活 6～8 周。

（二）流行病学

（1）易感动物。以绵羊痘、鸡痘和猪痘较常见，山羊痘、牛痘和马痘较少发生。

（2）传染源。患病畜禽与带毒畜禽是主要传染源。

（3）传播途径。痘病毒在动物间的传播途径如下：皮肤的伤口感染，或由污染的环境直接或间接传染。

（4）流行特点。通常一年四季都可发生，饲养管理不当，长途运输，养殖密度过高，营养不良均可促使该病发生和病情加剧。

（三）临床症状

1. 绵羊

病初表现为体温升高到 41～42℃，精神不佳，食欲减退，个别羊只可见黏膜出现卡他性或化脓性炎症，传播迅速；1～4 d 有 30% 的羊只全身先后出现痘疹。先是大腿内侧、尾内，接着眼周围、唇、鼻、阴部以及包皮上出现痘疹。开始为红斑，逐渐扩大，变成灰白色，呈淡红色半球状隆起；2～3 d 变为水疱，此阶段体温略有下降，水疱变为脓疱，再过 1～2 d 形成丘疹，致死率可达到 25%～50%。

2. 牛

主要发生于奶牛，母牛发痘于乳房和乳头，公牛发痘于睾丸皮肤上。多为良性型，一般为 2 周左右痊愈。

3. 马

根据病马的发病部位不同，可分为皮肤型和黏膜型。皮肤型又称传染性脓疱性皮炎，在蹄系部和球节处皮肤上出现痘疹。因局部疼痛，引起跛行。黏膜型又称触染性脓疱性口炎，在唇内面、齿龈、舌背、系带和颊内面等处黏膜上发生痘疹。脓疱破裂后形成溃疡，采食时疼痛。个别严重病例可在鼻腔黏膜上发生痘疹病变。还有引起外阴阴道炎的病例。

4. 禽

分为皮肤型、黏膜型、混合型和败血型。皮肤型主要是在头部皮肤上出现较硬的结节，继而结痂、脱落。黏膜型是在口腔和咽喉黏膜上发生白色不透明的小结节，迅速增大融合而形成黄白色干酪样坏死物，形成假膜，故又称禽白喉，重者可蔓延至眶下窦、眼结膜和角膜引起炎症，使之充满脓性或纤维蛋白性渗出物。两型同时发生形成混合型。败血型很少见，一旦发生，则以严重的全身症状开始，继而发生肠炎，病禽很快死亡。有时由急性转为慢性，常因腹泻而死。

5. 猪

病初体温可上升到 41～42℃，精神不振，食欲减退，耳、鼻端、眼睑、唇、腹下部等被毛稀少和皮肤柔软处出现小红斑，逐渐增大如黄豆粒大小，形成中心硬实的圆形丘疹，2～3 d 变成水疱，以后变为脓疱，继而脓疱渐干燥而形成褐色干痂，脱痂后露出红色斑痕。有的严重病例水疱可结痂后形成溃疡，并流出红色液体。有的可在口、鼻、咽及气管的黏膜上发生水疱，破裂而形成糜烂和溃疡，并有腹泻现象发生。这种恶性猪痘，死亡较多。

6. 人

主要为严重毒血症状（寒战、高热、乏力、头痛、四肢及腰背部酸痛，体温急剧升高时可出现惊厥、昏迷）、皮肤成片依次出现斑疹、丘疹、疱疹、脓疱，最后结痂、脱痂，遗留痘疤。天花来势凶猛，发展迅速，对未免疫人群感染后 15～20 d 内致死率高达 30%。

发病 3～5 d 后，病人的额部、面颊、腕、臂、躯干和下肢出现皮疹。开始为红色斑疹，后变为丘疹，2～3 d 后丘疹变为疱疹，以后疱疹转为脓疱疹。脓疱疹形成后 2～3 d，逐渐干缩结成厚痂，约 1 个月后痂皮开始脱落，遗留下瘢痕，俗称"麻斑"。重型天花病人常伴并发症，如败血症、骨髓炎、脑炎、脑膜炎、肺炎、支气管炎、中耳炎、喉炎、失明、流产等，是天花致人死亡的主要原因。

（四）病理变化

1. 绵羊

前胃和真胃黏膜有圆形或半球形、大小不等的坚实结节，严重的形成糜烂或溃疡。咽部、支气管黏膜也有痘疹，肺部有干酪样结节。

2. 牛

与种痘相似，但表皮坏死较慢，炎症，红斑明显，有较多的出血，表皮基底细胞肥大增生，在表皮下部细胞可见胞质内包涵体，它比天花及种痘的包涵体大。

3. 马

皮肤型于系部和球结处的皮肤上出现丘疹、水疱和脓疱等主要病变；黏膜型在唇内侧、齿龈、舌、舌系带、颊部等黏膜上发生痘疹，也可先发生于丘疹，继而水痘和脓疱，脓疱破裂形成浅的溃疡，很快生出上皮而痊愈；外阴型则发生在阴门皮肤和阴道黏膜，可出现局部水肿、痘疹和溃疡，有时还会波及肛门和直肠黏膜。

4. 禽

皮肤型特征是鸡皮肤表面的无毛或少毛部位，如喙角、肉髯、冠、眼皮、翅膀内侧及泄殖腔等处，形成小米粒至黄豆粒大的痘疹。初期呈灰白色稍隆起的小结节（丘疹），以后逐渐增大，有些相互融合，形成表面粗糙、暗褐色的结节，继而坏死结痂，痂皮脱落后局部皮肤出现疤痕。镜检，表皮细胞增生、角化，棘细胞层可见细胞水泡变性、肿大，细胞质内可见嗜酸性包涵体，又称 Bollinger 氏小体。水泡变性的细胞发生坏死、崩解、融合，局部形成小水疱；真皮血管充血，其周围有淋巴细胞、巨噬细胞和异嗜性粒细胞浸润。痘疹发生坏死后，周围形成分界性炎，坏死物可分离，局部缺损经组织再生而修复。

黏膜型又称"白喉型"禽痘，是发生在口腔、咽喉等处黏膜表面的固膜性炎。初期在黏膜面形成稍隆起的灰白色或灰黄色小结节，以后逐渐增大并相互融合、坏死，形成一层不易剥离的灰黄色假膜。镜检，病变与皮肤型痘疹相似，初期为黏膜上皮的增生和水泡变性，上皮细胞细胞质内可见包涵体，并有小水泡形成；后期病变部位常因继发感染而出现炎性反应和凝固性坏死，炎性渗出物和坏死组织融合形成一层黄白色干酪样假膜，强行剥离假膜则露出出血性溃疡面。严重时在喉头形成的沉积物块堵塞喉咙，俗称"封喉"。病变严重的可蔓延到嗉囊、食管、气管和眶下窦。

混合型兼有皮肤型、黏膜型禽痘的病理变化。

内脏型主要表现为整个胃肠道都有出血点、溃疡灶，黏膜呈痘斑水疱样肿等病理变化。腺胃乳头出血、凹陷、溃疡；十二指肠、小肠黏膜有点状出血和溃疡灶；直肠黏膜的水疱样肿、出血和溃疡病变最为常见和典型。初期在肠黏膜的表面出现水疱样的点状肿，充血红肿，随后出血溃疡，愈合后留下白色疤痕。严重病例的内脏可见出血痘斑，个别病例气囊表面可见出血痘斑，气囊纤维素渗出、混浊。肾内大量尿酸盐沉积而呈“花斑肾”。有的病例全部内脏的表面均有尿酸盐沉积。人工静脉接种禽痘病毒后，病鸡肾内形成与皮肤丘疹相似的粟粒大小的结节，镜检见肾小管上皮细胞肿胀、增生，细胞质内有 Bollinger 氏小体。

• 操作准备

一、目的

掌握禽流感血凝血抑试验的技术。

二、材料准备

（1）器材。96 孔板、微量移液器（配有滴头）。

（2）试剂。配制阿氏液制作红细胞悬液、pH 值 7.2 的 0.01 mol/L 磷酸盐缓冲液（PBS）、高致病性禽流感病毒血凝素分型抗原、标准分型血清、阴性血清。

三、内容及方法

血凝和血凝抑试验：禽流感血凝和血凝抑制试验可用于血清中抗体水平的监测，也可用于判断未使用疫苗群体的感染状态等。

（一）血凝试验操作方法

（1）取 96 孔“V”形酶标板，用微量移液器在第 1～5 排的 1～12 孔每孔加 25 μL 的 PBS 溶液。

（2）吸取 25 μL 标准禽流感抗原加入第 1 排第 1 孔中充分混匀。

（3）从第 1 孔吸取 25 μL 混匀后的抗原液加到第 2 孔中，混匀后吸取 25 μL 加入第 3 孔中，依次进行倍比稀释至第 2 排最后 1 孔即第 24 孔，最后弃去 25 μL。第 3～4 排同上操作。

（4）依次向第 1～5 排的每孔中加入 25 μL 1% 鸡红细胞悬液。

（5）将酶标板置于微量振荡器上振荡 10 s，室温（20～25℃）静置 30 min 观察结果（如果环境温度太高，可置 4℃ 环境下）。

（6）结果判定。将酶标板作 45° 倾斜，观察红细胞是否呈泪滴状流淌。以完全凝集（不流淌）的抗原或病毒最高稀释倍数为 1 个血凝单位（HAU）。

（二）血凝抑制试验操作方法

（1）根据血凝试验结果配制 4 HAU 抗原（即 1 HAU 抗原除以 4）。

（2）取 96 孔“V”形酶标板，用移液器在第 1～12 孔各加入 25 μL 的 PBS 溶液。

（3）在第 1 孔加入 25 μL 被检血清，充分混匀后移出 25 μL 加至第 2 孔，依次类推，倍比稀释至第 12 孔，弃去 25 μL。

（4）按以上步骤加入阳性血清和阴性血清（各做两份），作对照孔。

（5）在第 1～12 孔各加入 25 μL 4 HAU 抗原，置于微量振荡器上轻轻混匀，室温 20～25℃下静置 30 min。

（6）每孔加入 25 μL 1% 鸡红细胞悬液。置于微量振荡器上轻轻混匀，室温（20～25℃）静置 40 min 后观察结果，若环境温度过高，可于 4℃条件下进行，红细胞将呈明显的纽扣状沉到孔底。

（7）结果判定。只有阴性对照孔血清滴度不大于 2 log2，阳性对照孔误差不超过 1 个滴度，试验结果才有效。将酶标板作 45° 倾斜，以完全抑制红细胞凝集的最大稀释倍数判为该血清的血凝抑制滴度。当被检血清效价大于等于 4 log2，判为禽流感抗体阳性。

- **工具准备**

同本任务操作准备中“材料准备”。

- **人员准备**

人员分组，每组 5 人，明确职责分工（表 2-1-1）。

表 2-1-1 任务分配

任务角色	任务内容
组长	整理试验用品，制订试验计划，合理安排分工，汇总试验结果
组员 1	试剂的配制
组员 2	动物保定
组员 3	血液样本采集、制备
组员 4	血凝抑制试验操作

任务筹划

一、内容筹划

（1）整合资料，制订实施计划。

（2）完成血凝抑制试验操作及结果判定。

二、方法筹划

自行分组（每组 5 人），完成任务。

三、流程筹划

前期准备（材料、工具、动物、场地、人员）—血液采集—红细胞制备—血凝试验—血凝抑制试验—试验结果判定。

任务实施

根据任务筹划完成表 2-1-2 的任务实施步骤。

表 2-1-2　任务实施步骤

步骤	任务实施情况
步骤一	
步骤二	
步骤三	
步骤四	
步骤五	
步骤六	

任务检测

请扫描二维码 2-1-1 进行答题。

二维码 2-1-1
项目二任务一检测

任务评价

根据任务完成情况完成任务评价（表 2-1-3）。

表 2-1-3　工作任务完成过程评价

班级：		组别：		姓名：
项目	评分标准	自我评价	小组评价	教师评价
前期准备	材料准备是否完整（5 分）			
	资料整合是否正确（5 分）			

续表

班级：	组别：		姓名：	
项目	评分标准	自我评价	小组评价	教师评价
尸体处理过程	制订计划是否正确（5 分）			
	记录是否完整（5 分）			
	保定是否正确（5 分）			
	血液采集方法是否正确（5 分）			
	血液采集量是否正确（5 分）			
	红细胞制备是否正确（5 分）			
	试验操作是否正确（10 分）			
后期处理	结果观察是否得当（5 分）			
	结果判定是否得当（5 分）			
视频上传	是否完成视频剪辑上传（10 分）			
合计				
自我评价与总结				
教师点评				

任务二　炭疽、结核病的检验与诊断

任务导入

请学生了解炭疽、结核病的发病历史，并整理收集当时的防控措施及处理办法。了解民族历史，激发学生爱国热情，教育学生养成良好的职业道德。

任务准备

- **知识准备**

一、炭疽

炭疽病是由炭疽杆菌引起食草动物的急性传染病。一种人兽共患的急性传染病。人因接触病畜及其产品或食用病畜的肉类而发生感染。临床上主要表现为皮肤坏死溃疡、结痂和周围组织广泛水肿及毒血症症状，偶尔引起肺、肠和脑膜的急性感染，并可伴发败血症。炭疽杆菌有可能作为生物武器被恐怖分子所利用，因而近年来得到国际社会的普遍关注。

（一）病原

炭疽杆菌是形体最大的革兰氏阳性杆菌，长 3～5 μm，宽 1～1.5 μm，两端平截，呈链状排列，镜下形态呈竹节状，链的长短因菌株和细菌所在环境而异。在人体、动物体内或特定环境条件下（于碳酸盐琼脂培养基上于 5%～25% CO_2 下培养），该菌可形成荚膜，印度墨汁染色可见杆菌周围的透明环，碱性亚甲蓝染色荚膜呈红色。在体外环境下可形成芽孢，未游离的芽孢在菌体中央。此菌无鞭毛，不运动。

该菌在普通培养基生长良好，最适培养温度为 35～37℃，普通孵箱培养和 CO_2 孵箱培养均可，在厌氧条件下也能生长。普通营养琼脂平板上形成的菌落为粗糙型，表面湿润，呈狮子头状，有的菌株在菌落一侧形成尾突。于血琼脂平板上培养 15～24 h，分离较好的菌落直径为 2～5 mm，扁平和微突起的菌落呈不规则圆形，边缘为波浪状，表面光滑。培养物为黏性，当用接种环挑取时会形成立起的尾状突起。炭疽杆菌不造成 β 溶血，但在长时间融合的过度生长区可能见到微弱溶血现象，不能与 β 溶血混淆。低倍显微镜下菌落边缘呈卷发样，称为狮头样菌落。该菌在纯培养菌接种肉汤培养的基培养特征为絮状沉淀生长，肉汤培养基不混浊。

（二）流行病学

1. 易感动物

人类主要经接触牲畜的毛皮和肉类获得感染，食肉动物也可从食草动物获得感染，并辗转感染人类。与牲畜接触频繁的人如牧民、兽医和屠宰工人的感染机会较多。

2. 传染源

患病的牛、马、羊、骆驼等食草动物是人类炭疽的主要传染源。猪可因吞食染菌青饲料；犬、狼等食肉动物可因吞食病畜肉类而感染得病，成为次要传染源。炭疽病人的分泌物和排泄物也具传染性。

3. 传播途径

人感染炭疽杆菌主要通过工业和农业两种方式。接触感染是该病流行的主要途径。皮肤直接接触病畜及其皮毛最易受染，吸入带大量炭疽芽孢的尘埃、气溶胶或进食染菌肉类，可分别发生肺炭疽或肠炭疽。应用未消毒的毛刷，或被带菌的昆虫叮咬，偶尔也可致病。

4. 流行特点

炭疽在我国普遍存在，历年来发病数量波动不大，全国的发病数量在数百至千余例范围内。全年均有发病，7—9 月为高峰。吸入型多见于冬春季。

（三）临床症状

1. 人

潜伏期一般为 1～5 d，也有短至 12 h，长至 2 周者。随炭疽杆菌侵入途径及部位的不同，临床上主要分为皮肤炭疽、吸入性（肺型）炭疽和食入性（胃肠型）炭疽。部分患者可发展为败血症、脑膜脑炎等重症，预后不好。

（1）皮肤炭疽。占 95%～98%，病变多见于手、脚、面、颈、肩等裸露部位皮肤。最初为皮肤破损部位（皮肤破损轻微时，可无明显伤口）出现斑疹或丘疹，第 2 天在皮疹顶部出现小水疱而成疱疹，内含淡黄色液体，周围组织变硬而肿胀。第 3～4 天病变中心呈现出血性坏死、组织稍下陷，周围有成群小水疱，水肿区继续扩大。第 5～7 天坏死区溃破成浅溃疡，血样渗出物结成硬而黑似炭块状结痂，痂下有肉芽组织生成。溃疡直径 1～5 cm 不等，其周围皮肤浸润及水肿范围较大，直径可达 5～20 cm。由于局部末梢神经受损而无明显疼感和压痛，有轻微痒感，无脓肿形成，这是皮肤炭疽的特点。以后随水肿消退，结痂在 1～2 周内脱落，肉芽组织增生愈合缓慢。大多数病例为单灶性发病，但个别病例可因抓挠病变部位而出现多处疱疹，致自身感染。病程为 1～6 周。

皮肤炭疽发病同时，多出现发热（38～39℃）、头痛、关节痛、全身不适以及局部淋巴结和脾肿大等中毒症状和体征。

少数病例皮肤局部无水疱和黑痂形成而表现为大块状水肿，患处肿胀透明、微红或苍白，扩展迅速，多见于眼睑、颈、大腿及手部等组织疏松处。全身中毒症状严重，表现为高热、头痛、恶心、呕吐，若贻误治疗，预后不良。

（2）吸入性炭疽。因暴露于芽孢或吸入污染芽孢尘埃所致。急性起病。多在暴露后 2～5 d 出现低热、疲劳和心前区压迫等，持续 2～3 d，症状突然加重，轻者表现为胸闷、胸痛、发热、咳嗽、咯带血黏液痰。重者寒战、高热、由于纵隔淋巴结肿大、出血并压迫支气管造成呼吸窘迫、气急喘鸣、咳嗽、紫绀、血样痰等，并可伴有胸腔积液。肺部体征与病情常不相符。听诊肺部仅可闻及散在的细小湿啰音或有摩擦音、呼吸音降低等胸膜炎体征。X 线检查见纵隔增宽、胸水及肺部浸润性阴影。常并发败血症及脑膜炎，若不能及时诊断、积极抢救，患者多在急性症状出现 1～2 d 内发生感染中毒性休克、呼吸衰竭或循环衰竭而死亡。

（3）消化道炭疽。主要由于食人未煮熟的被炭疽杆菌污染的病畜的肉类食品而引起，偶尔可因饮入被炭疽病菌污染的水或牛乳而患病，与患者一起进食的人可相继发病。临床上可表现为口咽型炭疽和胃肠型炭疽。①口咽型炭疽。表现为严重的咽喉部疼痛，颌下及颈部明显水肿、局部淋巴结肿大，水肿压迫食管引起吞咽困难，压迫气管时可引起呼吸困难。②胃肠型炭疽。症状轻重不一，轻者恶心呕吐、腹痛、腹泻，但便中无血，里急后重不明显，可于数日内恢复。重者可表现为腹痛、腹胀、腹泻、血样便等急腹症症状，易并发败血症和感染中毒性休克。如不及时治疗常可导致死亡。

（4）其他临床表现。

炭疽性败血症：吸入性炭疽、胃肠型炭疽和严重的皮肤炭疽可继发败血症，除局部症状加重外，表现为全身毒血症加重，高热、寒战、衰竭等。

炭疽性脑膜炎：继发于皮肤炭疽的病例小于 5%。极个别病例可继发于吸入性和胃肠型炭疽。临床表现为化脓性脑膜炎，起病急骤，有剧烈头痛、呕吐、昏迷、抽搐，明显脑膜刺激症状，脑脊液多呈血性，少数为黄色，压力增高，白细胞数及中性粒细胞增多。病情发展迅猛，常因误诊得不到及时治疗而在发病后 2～4 d 内死亡。

2. 猪

（1）隐性型。猪对炭疽的抵抗力较强，因此，猪发生炭疽大多数是慢性，无临床症状，多在屠宰后肉品卫生检验时才被发现，这是猪炭疽常见的病型。

（2）亚急性型。猪吃入炭疽杆菌或芽孢，侵入咽部及附近淋巴结以及相邻组织大量繁殖，引起炎症反应。主要表现咽炎，体温升高，精神沉郁，食欲不振，颈部、咽喉部明显肿胀，黏膜发绀，吞咽和呼吸困难，颈部活动不灵活。口、鼻黏膜呈蓝紫色，最后窒息而死。个别病例可治愈。

（3）急性型。少见发生，变化，体温升高到 41.5℃以上，精神沉郁，1 d 死亡，或突然死亡。在国内只少数几次报道，主要是急性败血症，食欲废绝、呼吸困难，可视黏膜发紫，1～2 d 死亡。

（4）肠型。主要表现消化功能紊乱，病猪发生便秘及腹泻，甚至粪中带血，重者可死亡，轻者可恢复健康。

3. 牛

牛多为急性型，病畜发烧 42℃，呼吸困难，可视黏膜蓝紫色、有出血点，瘤胃臌气，腹疼，全身战栗，昏迷，1～2 d 死亡，死前天然孔出血。病程较长时（2～5 d），可见颈，胸、腹部皮肤浮肿。

（四）病理变化

1. 人

根据感染途径不同，人类炭疽分为皮肤炭疽、吸入性炭疽和胃肠道炭疽 3 种主要原发病类型。

（1）皮肤炭疽。主要发生在皮肤暴露部位，如手臂、面颈。当炭疽杆菌或芽孢从损伤的皮肤进入体内后，首先在局部大量繁殖，产生外毒素，致局部皮肤水肿、出血、组织坏死。

皮肤炭疽的潜伏期一般为 2～3 d，首先在局部出现小而痒的丘疹，翌日即见疹中心变成小水疱，周围组织肿胀，继之，中心部坏死，形成无痛性脐形溃疡，直径 1～3 cm，溃疡周围环以水疱，疱内为浆液血性液体，含大量炭疽杆菌。溃疡的坏死组织与血性渗出物形成特征性黑色痂皮，特称结痂。病变部神经纤维变性，故局部无痛感。溃疡周围组织水肿十分明显。镜检可见，局部显著充血，皮肤表层坏死，真皮水肿、坏死、出血，炎细胞反应轻微，或仅见轻度中性粒细胞浸润，或见血管炎，血管周围单核细胞浸润。局部淋巴结肿大、水肿出血、疼痛。头颈部的皮肤炭疽，水肿常很快沿着软组织扩散至颈、胸、肩部，甚者可致呼吸困难，这种广泛水肿称为恶性水肿。一般结痂形成数日后开始缓慢愈合，2 周后水肿可渐吸收，痂皮脱落，80% 可自然愈复。对皮肤炭疽禁忌切除，重症病例可并发败血症或引起炭疽性脑膜炎。

溃疡的渗出物内有大量炭疽杆菌，取渗出物涂片作细菌染色有助于确诊。用 Steiner 染色，炭疽杆菌呈黑色，用革兰氏染色炭疽杆菌呈紫色。抗生素治疗＜55 h，细菌仍较多，治疗超过 72 h，细菌将明显减少，革兰氏染色可能为阴性，此时可做免疫组化染色。如应用抗炭疽杆菌细胞壁抗体、抗炭疽杆菌荚膜抗体做免疫组化染色。免疫组织化学检查除能显示细菌，还能显示细胞内外的细菌碎片或颗粒状抗原，有助于对经过治疗患者的确诊。

（2）吸入性炭疽。由吸入炭疽芽孢引起感染，潜伏期尚未完全确定，估计高剂量吸入潜伏期为 1～6 d，中位数为 4 d。

吸入的炭疽芽孢在肺内立即被肺泡吞噬细胞吞噬，几小时之内，被转运至纵隔淋巴结，肺内不遗留特异性炎症。早期胸部 X 线检查均有异常，主要为纵隔增宽、胸水或有肺部小的浸润灶（水肿）。尸检可见纵隔、肺门和支气管旁淋巴结呈急性充血、出血，淋巴结肿大，大者直径达 4～6 cm，淋巴结周围的脂肪结缔组织高度水肿、充血、大片出血，使整个纵隔呈胶冻样水肿团块。胸膜水肿增厚，胸腔内见有大量浆液血性积液。镜检可见，中性粒细胞浸润和崩解的细胞碎片，并含有大量炭疽杆菌，有的小血管内有透明血栓，肺泡内有不同程度的水肿，局灶性透明膜形成。

吸入性炭疽早期查痰无意义。一般来说，胸膜表面及胸腔积液内含有大量炭疽杆菌，取胸水检测可助于确诊。用抗生素治疗 3 d 以上，革兰氏染色常为阴性，此时可取胸水离心，将细胞制成蜡块，用切片做免疫组化染色（用抗炭疽杆菌荚膜抗体或细胞壁抗体），可见杆菌片段和颗粒状抗原。说明免疫组化染色在确诊中较为重要。此外，聚合酶链反应（PCR）也可证实胸水中的炭疽杆菌。

吸入性炭疽可发生败血症，脾充血肿大，脾髓内含有大量的炭疽杆菌。在肝窦、枯否细胞、肠浆膜面及肠黏膜下血管内均见炭疽杆菌抗原。吸入性炭疽也可发生脑膜播散引起出血性脑膜炎，脑脊液中培养出炭疽杆菌。

（3）胃消化道炭疽。在自然感染中，消化道炭疽较多见，系由于食入炭疽杆菌污染严重的未熟肉类感染。消化道炭疽分为两型，即口咽型及胃肠型（腹型）。

口咽型炭疽：大多为单侧，多数病变位于扁桃体，也见于悬雍垂及软腭。早期病变为局部水肿、充血，第 1 周末黏膜中心坏死，溃疡形成，第 2 周初溃疡上可见假膜。所有患者均有颈部肿胀，75% 为单侧，淋巴结肿直径可达 4 cm。软组织肿胀与淋巴结肿大同时存在可压迫患者的呼吸道。曾有报道，5 例原诊为扁桃体脓肿而行手术探查，但没有发现化脓灶。另有报道，24 例中 3 例死亡（死亡率 13%），此 3 例的潜伏期均小于 24 h，提示感染更为严重，血培养为阴性，咽拭子为阳性，说明咽拭子对口咽炭疽的确诊甚为重要，PCR 及免疫组化染色也有助于诊断。

胃肠型炭疽：因进食被炭疽杆菌污染的食物而发病，肠道病变通常位于回肠及盲肠，肠壁水肿出血、坏死，肠黏膜有溃疡，肠系膜淋巴结肿大，伴或不伴有血性腹水，沾有血的粪便可培养出炭疽杆菌。

2. 猪

炭疽病畜尸体内的炭疽杆菌，暴露在空气中则形成芽孢，抵抗力很强不易彻底消灭，为此，在一般情况下，对病畜禁止剖检。在特定情况下必须进行剖检时，应在专门的剖检室进行，或离开生产场地，准备足够的消毒药剂，工作人员应有安全的防护装备。

（1）急性败血型。由于猪有抵抗力，此型少见，约占猪炭疽的3%，主要是牛、羊、驴、马等。猪发生此型时，可见程度不同的变化。尸僵不全，天然孔流出带泡沫的血液。黏膜呈暗紫色，有出血点，皮下、肌肉及浆膜有红色或黄红色胶样浸润，并有数量不等的出血点。血液黏稠，颜色为黑紫色，不凝固。脾肿大，包膜紧张，黑紫色。淋巴结肿大、出血。肺充血、水肿。心、肝、肾也有变性。胃肠有出血性炎症。

（2）肠型炭疽。肠型炭疽多见于十二指肠及空肠，淋巴组织为中心，在黏膜充血和出血基础上，形成局灶性病变。初为红色圆形隆起，与周围界限明显，表面覆有纤维素，随后发生坏死，坏死可达黏膜下层，形成固膜性灰褐色痂，周围组织及肠系膜出血。肠系膜淋巴结亦见相似病变。腹腔有红色液体，脾肿大、质软，肾充血或出血。有的可见肺部炎症。

（3）咽型炭疽。咽炭疽约占全部猪炭疽的90%。病猪咽喉及颈部皮下炎性水肿，切开肿胀部位，可见广泛的组织液渗出，有黄红色胶冻样液体浸润；颈部及颌下淋巴结肿大、充血、出血，或见中央稍凹下的黑色坏死灶。喉头、会咽、软腭、舌根等部位可见肿胀和出血。扁桃体常见出血或坏死。

（4）慢性型咽炭疽。猪多在宰后检验中发现慢性炭疽。据上海食品公司调查，头颈部检出率占87.2%。其特征变化是咽部发炎，以扁桃体为中心，扁桃体肿大、出血和坏死。咽背及颌下淋巴结肿大、出血和坏死，切面干燥、无光泽，呈黑红或砖红色，有灰色或灰黄色坏死灶。周围组织有大量黄红色胶样浸润。

3. 牛

牛表现为急性败血症，天然孔出血，脾肿大几倍，血不凝固，脾髓及血如煤焦油样（这是由于脾髓极度充血、出血、淋巴组织萎缩所致）；内脏浆膜有出血斑点；皮下胶样浸润；肺充血、水肿；心肌松软，心内外膜出血；全身淋巴结肿胀、出血、水肿等。最急性死亡的病牛常见不到明显的肉眼变化。急性死亡的病牛，主要为内脏器官和肌肉出血，皮下、浆膜下、咽喉及肾周围等结缔组织发生胶样浸润和出血，脾肿大。

（五）诊断

1. 人

外周血象白细胞总数及中性升高，在分泌物、组织液和排泄物等标本中，涂片镜检发现大量、均一、粗大的革兰氏阳性杆菌，为临床诊断最有力的证据。吸入性炭疽时胸部X线表现贫乏，与沉重的临床表现不相称，主要表现为纵隔增宽、胸膜炎症、肋膈角变钝、胸腔积液及胸膜刺激表现等。综合考虑以上三方面因素，可做出该病的临床诊断。

2. 动物

根据症状、病变可疑炭疽时，应慎重剖检。取耳血一滴做涂片，用亚甲蓝和瑞氏染色、镜检，若见大量单个或成对的有荚膜、两端平直的粗大杆菌，可初步诊断。确诊应做细菌分离，接种小白鼠和做炭疽沉淀试验（Ascoli 反应）。

（六）防控

对于炭疽的预防，要从严格管理传染源、切断传播途径、保护易感人群这三个方面去预防，特别是对易感人群要早期筛查，避免疾病的传播。对患有炭疽的患者要积极采取隔离等预防措施防止疾病扩散。

（1）对参与动物屠宰、动物饲养、动物制品加工等人群和在炭疽流行地区的人注射炭疽杆菌活疫苗。

（2）对可疑病人要隔离，尤其是肺炭疽病人。

（3）对炭疽病人使用过的物品、分泌物、敷料等均应销毁。

（4）防止水源污染，严格把控肉类食品、乳制品的食品安全。

（5）对流行地区的动物也要定期接种。

确认炭疽后立即上报有关单位，封锁现场，彻底消毒污染的环境、用具（用20%漂白粉）、毛皮饲料、垫草、粪便焚烧；人员、牲畜、车辆控制流动，严格消毒；工具、衣服煮沸或干热灭菌（工具也可用0.1%氯化汞液浸泡）。种畜用抗炭疽血清和磺胺、青霉素治疗。易感群应每年接种炭疽芽孢苗一次。尸体深埋或焚烧。

（七）公共卫生

1. 个体预防

防止接触可能被病菌污染的兽皮、兽肉、农药、化肥等；注重个人卫生，勤换衣服，勤洗手，勿吃生肉、蛋、乳及未经煮熟的食品等；立即就医，如饮食、接触等情况可疑为炭疽应及时就医，特别是发现皮肤炭疽要及早治疗。

2. 公共卫生措施

严格控制病死畜禽的加工、销售；加强疫苗和药品生产管理，确保疫苗和药品质量；完善炭疽报告制度，严格落实疫情监测和信息报告制度。

二、结核病

结核病是常见并可致命的一种传染病，由结核分枝杆菌导致。结核分枝杆菌通常感染并破坏肺以及淋巴系统，但中枢神经系统、循环系统、泌尿系统、骨骼、关节，甚至皮肤等也可受感染。其他的结核分枝杆菌，如牛结核分枝杆菌、非洲结核分枝杆菌、卡氏结核分枝杆菌、田鼠结核分枝杆菌亦可引起结核病，但通常不感染健康成人。

（一）病原

结核分枝杆菌是结核病的病原菌。一般将结核分枝杆菌分为人型、牛型、非洲型和鼠型四类。人类肺结核的致病菌 90% 以上为人型结核分枝杆菌。少数为牛型和非洲型结核分枝杆菌。多形性、抗酸性、生长缓慢、抵抗力强、菌体结构复杂。

结核分枝杆菌含有脂质、蛋白和多糖类三种成分。

脂质：特别是脂质中的糖脂更为重要。糖脂的衍生物之一称索状因子，能使结核分枝杆菌在培养基上生长时呈蜿蜒索状排列。这种形式生长的结核分枝杆菌在动物体内具有毒力。另一种糖脂为蜡质 D，将其与结核菌体蛋白一起注入动物体内，能引起强烈的变态反应，造成机体的损伤。此外，磷脂还能使炎症灶中的巨噬细胞转变为类上皮细胞，从而形成结核结节。脂质除可能与毒力有关外，还可保护菌体不易被巨噬细胞消化。

蛋白：具有抗原性，与蜡质 D 结合后能使机体发生变态反应，引起组织坏死和全身中毒症状，并在形成结核结节中发挥一定的作用。

多糖类：可引起局部中性粒细胞浸润，并可作为半抗原参与免疫反应。

（二）流行病学

1. 易感动物

该病可侵害人和多种动物，约有 50 种哺乳动物、25 种禽类可感染该病。易感性因动物种类和个体不同而异，家畜中牛最易感，特别是奶牛，其次为黄牛、牦牛、水牛，猪和家禽易感性也很强，羊极少感染该病。

家畜中奶牛最易感染结核病，特别是经过未煮熟的乳可以传染给人。

2. 传染源

包括患结核病、隐性感染及携带结核分枝杆菌的人或动物。

3. 传播途径

结核病主要经呼吸道传染。肺结核（主要是空洞性肺结核）病人在谈话、咳嗽和喷嚏时，从呼吸道排出大量带菌微滴（每滴可含 10～20 个细菌）。吸进这些带菌的微滴即可造成感染。少数病人可因食入带菌的食物经消化道感染。细菌经皮肤伤口感染者极少见。结核病畜是牛结核病主要传染源，结核分枝杆菌在机体中分布于各个器官的病灶内，因病畜能由粪便、乳汁、尿及气管分泌物排出病菌，污染周围环境而散布传染。主要经呼吸道和消化道传染，也可经胎盘传播或交配感染。

4. 流行特点

结核病流行的特点有广泛性，慢性和顽固性。

传染源不容易被发现，结核病起病缓慢而隐秘，早期症状不明显，因而传染源可以长期不被发现，在人群中造成长期传染。

反复流行，不容易被控制，结核病的病程长，多数患者长时间和正常人生活在一起，使其流行难以控制，流行容易反复，全球已经出现过三次结核病疫情回升的现象。

发病不易被预防，结核病从感染到发病的时间长短不定，受多种因素的影响，短则数周，长达数年甚至数十年，使其发病难以预防。

复发不易防止，结核病的临床治愈并非生物学治愈，硬结、钙化灶内残存的结核菌是内源性复发的根源，难以防止，因此结核病的控制，任重而道远。近 20 年来，结核病一直被世界卫生组织和我国政府列为重点控制的传染病之一。

牛结核病一年四季都可发生。一般说来，舍饲的牛发生较多。畜舍拥挤、阴暗、潮湿、污秽不洁，过度使役和挤乳，饲养不良等，均可促进该病的发生和传播。

（三）临床症状

以牛为例介绍结核病的临床症状。

潜伏期一般为 10 ～ 15 d，有时达数月以上。病程呈慢性经过，表现为进行性消瘦，咳嗽、呼吸困难，体温一般正常。因病菌侵入机体后，由于毒力、机体抵抗力和受害器官不同，症状亦不一样。在牛中结核分枝杆菌多侵害肺、乳房、肠和淋巴结等。

肺结核：病牛呈进行性消瘦，病初有短促干咳，渐变为湿性咳嗽。听诊肺区有啰音，胸膜结核时可听到摩擦音。叩诊有实音区并有痛感。

乳房结核：乳量减少或停乳，乳汁稀薄，有时混有脓块。乳房淋巴结硬肿，但无热痛。

淋巴结核：不是一个独立病型，各种结核病的附近淋巴结都可能发生病变。淋巴结肿大，无热痛。常见于下颌、咽、颈及腹股沟等淋巴结。

肠结核：多见于犊牛，以便秘与下痢交替出现或顽固性下痢为特征。

神经结核：中枢神经系统受侵害时，在脑和脑膜等可发生粟粒状或干酪样结核，常引起神经症状，如癫痫样发作、运动障碍等。

（四）病理变化

1. 牛

特征病变是在肺及其他被侵害的组织器官形成白色的结核结节。呈粟粒大至豌豆大灰白色、半透明状，较坚硬，多为散在。在胸膜和腹膜的结节密集状似珍珠，俗称“珍珠病”。病期较久的，结节中心发生干酪样坏死或钙化，或形成脓腔和空洞。病理组织学检查，在结节病灶内见到大量的结核分枝杆菌。

2. 人

包括渗出、增生、变质。渗出是机体内多种细胞浸润，纤维蛋白出现渗出，后续会形成增生改变，如结节、肉芽肿。病变进一步进展可能出现变质，如干酪性坏死或钙化。

（五）诊断

1. 牛

根据临床症状和病理变化可做出初步诊断，确诊需进一步做实验室诊断。

在国际贸易中，指定诊断方法为结核菌素试验，无替代诊断方法。

病原检查：显微镜检查（根据结核分枝杆菌的抗酸性特征，采用萋－尼氏染色或荧光抗酸染色，检查抗酸性杆菌）、病原分离鉴定（用选择性培养基分离，再通过培养和生化试验进行鉴定）、DNA 寡聚核苷酸探针或聚合酶链反应（测定培养分离物或可疑动物组织样品中的牛分枝杆菌 DNA）。

迟发性过敏试验：皮内注射牛结核菌素，三天后测量注射部位的肿胀程度（本法为测定牛结核病的标准方法，也为国际贸易指定的诊断方法）。

血清学反应：淋巴细胞增生试验、γ 干扰素试验和酶联免疫吸附试验。

病料采集：采集病变淋巴结（肺、咽喉、支气管、纵隔、肝、乳房及肠系膜淋巴结）和病变器官（如肝、肺、脾等）。

2. 人

肺结核是呼吸道传染病，与排菌病人的密切接触对感染及发病有重要关系，故要了解与开放性病人的接触病史。了解有无发生过结节性红斑，结核风湿关节炎、泡性角膜结膜炎史。胸膜炎、周围淋巴结结核、肛瘘等。有无使用肾上腺皮质激素、糖尿病史等。

（1）结核分枝杆菌的涂片和培养检查。利用痰或分泌物（脓）、渗出液进行涂片检查可提供结核分枝杆菌存在的依据，目前多采用齐尔－内尔森二氏抗酸染色法。结核分枝杆菌的数量在 10 000 个 /mL 可为阳性，若细菌数量少于此量则呈阴性。还可利用合成培养基，因结核分枝杆菌繁殖缓慢需要 4～8 周方能获得结果。目前多用勒文斯坦－延森二氏改良培养基。培养出结核菌应进行烟酸试验及过氧化氢酶试验，阳性者可与其他非典型抗酸菌杆菌相区别。

（2）X 射线检查。利用胸部 X 射线检查，可了解肺部损害情况。此外，骨、关节结核病 X 射线片对诊断也有重要意义，泌尿生殖器结核病时的上行性及逆行性肾盂造影、肠结核的胃肠钡剂造影也是诊断的重要手段。

（3）结核菌素试验。此检测为是否受过结核分枝杆菌感染的指标。已受过感染者则多呈阳性，未受过感染者则多为阴性。近来用结核菌素试验判断结核病的活动程度有一定参考价值。方法是使用旧结核菌素（OT）1∶2 000 倍 0.1 mL（5 TU）或 PPDRT-23 0.1 mL（结核分枝杆菌纯蛋白衍化物）3 TU 注射于左前臂屈侧中央，经 48～72 h 测量硬结直径（不是发红直径）。但应注意对结核菌素试验反应，会因受测者当时的免疫状态而有所不同。如病毒感染、癌、结节病、应用免疫抑制剂、严重感染以及皮质激素治疗、变态反应前期（感染后 2～8 周，尚未完成细胞免疫时），可呈现暂时性阴性结果。

（六）防控

以牛群为例介绍结核病的防控措施。

奶牛结核病的防控主要采取综合性防控措施，防止疫病传入，净化污染牛群。

防止结核病传入：无结核病健康牛群，每年春秋各进行一次变态反应检疫。补充家畜时，先就地检疫，确认阴性方可引进，运回隔离观察 1 个月以上再行检疫，阴性者才能合群。结核病人不能饲养牲畜。加强饲养管理，确保环境卫生。

净化污染牛群：污染牛群是指多次检疫不断出现阳性家畜的牛群。对污染牛群，每年进行 4 次以上检疫，检出的阳性牛及可疑牛立即分群隔离为阳性牛群与可疑牛群。剔除阳性牛及可疑牛后的牛群，应间隔 1～1.5 个月检疫 1 次，连检 3 次均为阴性者，认为是健康牛的可放入假定健康牛群。对阳性牛，一般不治疗，应及时扑杀，进行无害化处理，对发现的可疑病牛，要加强监控，进行隔离饲养观察，同时复检确诊，并严格按国家有关规程无害化处理可疑病牛在隔离饲养期间生产的牛乳；假定健康群为向健康群过渡的畜群，当无阳性牛出现时，在 1～1.5 年的时间内 3 次检疫，全是阴性时，即改称为健康群。

培养健康犊牛群：病牛群更新为健康牛群的方法是，设置分娩室，分娩前消毒乳房及后躯，产犊后立即与乳牛分开，用 2%～5% 来苏尔消毒犊牛全身，擦干后送预防室，喂健康牛乳或消毒乳。犊牛应在 6 个月隔离饲养中检疫 3 次，阳性牛淘汰，阴性牛且无任何临床症状，放入假定健康牛群。

严格执行兽医防疫制度，每季度进行一次全场消毒，牧场、牛舍入口处应设置消毒池，牛舍、运动场每月消毒 1 次，饲养用具每 10 d 消毒 1 次。如检出阳性牛，必须临时增加消毒，粪便堆积发酵处理。进出车辆与人员要严格消毒。

定期对牛群进行检疫，阳性牛必须予以扑杀，并进行无害化处理；有临床症状的病牛应按《中华人民共和国动物防疫法》及有关规定，采取严格扑杀措施，防止扩散；每年定期大消毒 2～4 次，牧场及牛舍出入口处，设置消毒池，饲养用具每月定期消毒 1 次，检出病牛时，要做临时消毒；粪便经发酵后利用。

（七）公共卫生

1. 做一次彻底的消毒

根据结核分枝杆菌耐寒冷、耐干热、但不耐湿热的特点，将患者使用过的餐具、毛巾、衣物、手帕、口罩等物品煮沸 10～15 min；对书籍、棉被、化纤衣物等不能用水煮的物品，可在阳光下暴晒 4～6 h，或用紫外线灯消毒 2 h。此外，也可用来苏尔等消毒液消毒。对患者居住的房间，可用紫外线灯进行空气消毒。

2. 定时开窗通风、保持室内空气新鲜

据统计，每 10 min 通风换气 1 次，4～5 次后可以去除空气中 99% 的结核分枝杆菌。

3. 培养良好的卫生习惯

如实行分食制、洗漱用具专人专用、勤洗手、勤换衣、定期消毒等。

知识拓展：人结核病（二维码 2-2-1）。

二维码 2-2-1
知识拓展：人结核病

• 操作准备

一、目的（牛结核病提纯结核菌素变态反应试验）

掌握牛结核现场检测牛结核病提纯结核菌素变态反应试验方法。

二、材料准备

器材与试剂：酒精棉、卡尺、1 mL 注射器、针头、牛型提纯结核菌素。

三、内容及方法

1. 注射部位及术前处理

在颈侧中部上 1/3 处剪毛（或提前 1 d 剃毛），3 个月以内的犊牛，也可在肩胛部进行，直径 10 cm，用卡尺测量术部中央皮皱厚度，做好记录。如术部有病变时，应另选部位或在对侧进行。

2. 注射剂量

不论牛的大小，一律皮内注射 1 万 IU。即将牛型提纯结核菌素稀释成每毫升含 10 万 IU 后，皮内注射 0.1 mL。如用 2.5 mL 注射器，应再加等量注射用水皮内注射 0.2 mL。冻干菌素稀释后应当天用完。

3. 注射方法

先以 75% 酒精消毒术部，然后皮内注入定量的生型提纯结核菌素，注射后局部应出现小泡，如注射有疑问时，应另选 15 cm 以外的部位或对侧重作。

4. 注射次数和观察反应

皮内注射后经 72 h 判定，仔细观察局部有无热痛、肿胀等炎性反应，并以卡尺测量皮皱厚度，做好记录。对疑似反应牛应即在另一侧以同一批菌素同一剂量进行第二回皮内注射，72 h 后观察反应。如有可能，对阴性和疑似反应牛，于注射后 96 h 和 120 h 再分别观察 1 次，以防个别牛出现较晚的迟发型变态反应。

5. 结果判定

阳性反应：局部有明显的炎性反应。皮厚差等于或大于 4 mm 以上者，其记录符号为“+”。对进出口牛的检疫，凡皮厚差大于 2 mm 者，均判为阳性。

疑似反应：局部炎性反应不明显，皮厚差在 2.1～3.9 mm 间，其记录符号为“?”。

阴性反应：无炎性反应。皮厚差在 2 mm 以下，其记录符号为“-”。

6. 凡判为疑似反应的牛只，于第 1 次检疫 30 d 后进行复检，其结果仍为可疑反应时，经 30～45 d 再复检，如仍为疑似，应判为阳性。

• 工具准备

器材与试剂：酒精棉、卡尺、1 mL 注射器、针头、牛型提纯结核菌素。

- **人员准备**

人员分组，每组 5 人，明确职责分工（表 2-2-1）。

表 2-2-1 任务分配

任务角色	任务内容
组长	观察实验动物、动物种类、年龄、临床症状，制订计划，合理安排分工，汇总试验结果
组员 1	动物保定
组员 2	前期消毒准备工作
组员 3	结核菌素的注射
组员 4	结果观察、记录

任务筹划

一、内容筹划

（1）整合资料，制订实施计划。
（2）完成牛结核菌素皮内变态反应试验。

二、方法筹划

自行分组（每组 5 人），完成任务。

三、流程筹划

前期准备（材料、工具、动物、场地、人员）—进行动物检查—制订计划—动物前期准备—注射—间隔观察—记录。

任务实施

根据任务筹划完成表 2-2-2 的任务实施步骤。

表 2-2-2 任务实施步骤

步骤	任务实施情况
步骤一	
步骤二	

续表

步骤	任务实施情况
步骤三	
步骤四	
步骤五	
步骤六	

任务检测

请扫描二维码 2-2-2 进行答题。

二维码 2-2-2
项目二任务二检测

任务评价

根据任务完成情况完成任务评价（表 2-2-3）。

表 2-2-3　工作任务完成过程评价

班级：		组别：		姓名：
项目	评分标准	自我评价	小组评价	教师评价
前期准备	材料准备是否完整（5 分）			
	资料整合是否正确（5 分）			
尸体处理过程	制订计划是否正确（5 分）			
	记录是否完整（5 分）			
	动物前期处理是否正确（5 分）			
	药品处理是否正确（5 分）			
	注射方法是否正确（5 分）			
	注射剂量是否正确（5 分）			
	测量方法是否正确（10 分）			
后期处理	结果汇总是否得当（5 分）			
	结果判定是否得当（5 分）			
视频上传	是否完成视频剪辑上传（10 分）			
合计				

续表

班级：		组别：	姓名：
自我评价与总结			
教师点评			

任务三　沙门菌病、巴氏杆菌病的检验与诊断

任务导入

分组以微生物课程为基础，介绍沙门菌、生活中遇到的沙门菌相关事件，以及跟沙门菌相关的病例。

任务准备

- **知识准备**

一、沙门菌病

沙门菌病又名副伤寒，是沙门菌属细菌引起多种动物疾病的统称，多表现为败血症和肠炎，也可使怀孕母畜发生流产。

不同动物的沙门菌病在世界各地广泛流行，对人和动物的健康构成了严重威胁。有些菌株，宿主范围广，除能引起人和动物感染发病外，还能因食物污染而造成人的食物中毒，因此该病具有重要的公共卫生意义。

（一）病原

沙门菌为两端钝圆、中等大小的杆菌，无荚膜，无芽孢，除鸡白痢和鸡伤寒沙门菌外，其余各菌都有周身鞭毛，革兰氏阴性。

该菌为需氧或兼性厌氧菌，在营养琼脂平板和麦康凯琼脂平板上生长良好，形成细小、圆形、光滑、湿润、边缘整齐、半透明、灰白色或无色菌落。在强选择性培养基（SS 琼脂）上形成无色透明，圆形、光滑或略粗糙的菌落。在伊红－亚甲蓝琼脂上形成淡蓝色菌落，不产生金属光泽；在普通肉汤中生长呈均匀混浊。由于该菌对煌绿、胆盐有抵抗力，故常将这类物质加入培养基中以抑制大肠杆菌的生长，有利于该菌的分离。

沙门菌根据其菌体抗原（O）、鞭毛抗原（H）和荚膜抗原（Vi）分为许多血清型，目前已发现有 2 500 种以上的血清型。沙门菌能够产生毒力很强的内毒素，引起动物发热、黏膜出血、白细胞增多和中毒性休克。该菌对干燥、腐败和日光具有一定的抵抗力，在外界条件下可存活数周或数月。对化学消毒剂敏感，常用的化学消毒剂都可以达到消毒目的。

（二）流行病学

1. 易感动物

人和多种动物都有易感性，各种年龄的动物均可感染，但幼龄动物较成年动物易感。

2. 传染源

患病动物和带菌动物是该病的主要传染源。病原菌可由粪、尿、乳及流产胎儿、胎衣和羊水排出，污染水源和饲料，经消化道引起感染，也可经交配或人工授精感染。

3. 传播途径

该病主要是通过污染的饲料和水源经消化道感染健康动物。患病动物和健康动物交配或用患病动物的精液人工授精也可发生感染。特别是鼠伤寒沙门菌，可潜伏于畜禽的消化道、淋巴组织和胆囊内，当外界不良因素使动物机体抵抗力降低时，病菌大量繁殖引起内源性感染。

4. 流行特点

该病一年四季均可发生，猪多发于多雨潮湿季节，成年牛多发于夏季放牧时期，育成期羔羊常于夏季和早秋发病，孕羊主要在晚冬或早春季节发生流产。

二、禽沙门菌病

禽沙门菌病是由沙门菌属中的一种或多种沙门菌所引起的禽类疾病的总称。禽沙门菌病根据病原体抗原结构的不同可分为 3 类：鸡白痢、禽伤寒和禽副伤寒。其中鸡白痢和禽伤寒沙门菌有宿主特异性，主要引起鸡和火鸡发病；而禽副伤寒沙门菌则能广泛感染多种动物和人，受污染的家禽及其产品是人类沙门菌感染和食物中毒的主要来源之一。

（一）鸡白痢

鸡白痢是由鸡白痢沙门菌引起的一种常见的细菌性传染病。主要侵害鸡和火鸡。雏鸡以急性败血症为特征，2～3 周龄以内雏鸡发病率和死亡率最高，4 周龄以后发病率和死亡率显著下降。成年鸡感染呈慢性或隐性经过，是该病垂直传播的主要传染源。近年来，育成阶段的鸡发病也日趋普遍。新发病地区雏鸡的死亡率可高达 100%，老疫区雏鸡的发病率为 20%～40%。火鸡对该病有易感性。

1. 临床症状

雏鸡和成年鸡感染发病后的临床表现有显著差异。

（1）幼雏。如果经蛋内感染，在孵化过程中可出现死胚，孵出的弱雏及病雏常于 1～2 d 内死亡。出壳后感染的雏鸡，常在 5～7 日龄发病并呈急性败血症死亡，7～10 日龄发病逐渐增多，通常在 2～3 周龄时达到死亡最高峰。病雏怕冷寒战，扎堆，翅下垂，精神不振，不食，闭目嗜睡。典型的症状是下痢，排白色、糊状稀粪，肛门周围的绒毛常被粪便所污染，干后结成石灰样硬块，封住肛门，造成排便困难，排便时发出痛苦的尖叫声。有的病鸡关节肿大，跛行。有的呼吸困难。病程一般为 4～10 d。3 周龄以上发病鸡死亡率较低，耐过鸡大多生长缓慢，长期带菌。火鸡的临床症状与鸡相似。

（2）中雏。与幼雏症状相似，腹泻明显，排颜色不一样的粪便，病程比雏鸡白痢长一些，该病在鸡群中可持续 20～30 d，不断地有鸡只零星死亡。

（3）成年鸡。成年鸡不表现临床症状而成为带菌鸡。产蛋量、受精率和孵化率下降。部分病鸡排白色稀便。有的发生卵黄囊性腹膜炎，出现“垂腹”现象。

2. 病理变化

急性死亡的雏鸡没有明显的病理变化。病程长的可见心肌、肺、肝、盲肠、肌胃等有大小不等的灰白色坏死灶或结节，胆囊肿大。输尿管充满尿酸盐。盲肠有干酪样物或混有血液堵塞肠腔，腹膜炎。出血性肺炎，稍大的病雏，肺有灰黄色结节和灰色肝变。

育成阶段的鸡，肝肿大呈暗红色至深紫色，或略带土黄色，质脆易破，表面散在或密布灰白、灰黄色坏死点，有时为红色的出血点。有的肝被膜破裂，破裂处有血凝块，腹腔内有血凝块或血水。

成年母鸡卵泡变形、变色，呈囊状，有腹膜炎或造成卵黄性腹膜炎，并可引起肠管与其他内脏器官粘连，常有心包炎。成年公鸡的睾丸极度萎缩，有小脓肿，输精管管腔增大，充满稠密的渗出物。急性死亡的成年鸡病变与鸡伤寒相似，肝明显肿大，呈黄绿色，胆囊充盈；心包积液；心肌偶见灰白色的小结节；肺淤血、水肿；脾、肾肿大及点状坏死；胰腺有时出现细小坏死灶。

3. 诊断

根据该病的流行病学特点、临床症状和病理变化不难做出初步诊断，确诊则需要通过血清学诊断和细菌的分离鉴定。

血清学诊断主要用于鸡场鸡白痢的检疫。成年鸡多为慢性或隐性感染，可用凝集试验进行诊断。临床上最常用的方法是全血平板凝集试验，亦可用血清、全血或卵黄作琼脂扩散试验或进行 ELISA 等血清学诊断。

禽曲霉菌病的发病日龄、症状及病变与雏鸡白痢相似，这两种病均可能见到肺部的结节性病变。但禽曲霉菌病的肺部结节明显突出于肺表面，质地较硬，有弹性，切面可见有层状结构，中心为干酪样坏死组织，内含绒丝状菌丝体。且肺、气囊等处有霉菌斑。

4. 防治措施

（1）定期检疫，净化种鸡场。鸡白痢主要通过种蛋垂直传播，因此，淘汰种鸡群中的带菌鸡是控制该病最重要措施。种鸡场必须每年在种鸡及后备鸡中用全血或血清凝集试验进行全群定期检疫，特别是对公鸡进行检疫，及时剔除阳性鸡，净化鸡群。必要时，可以在产蛋后期进行一次抽检，检出的阳性鸡应坚决淘汰。

（2）加强饲养管理和消毒工作。采用全进全出和自繁自养的管理措施及生产模式；每次进雏前都要对鸡舍、用具等进行彻底消毒，并至少空置 1 周；育雏室要做好保温及通风工作；保持饲料和饮水的清洁卫生；做好种蛋、孵化器、孵化室、出雏器的消毒工作，孵化用的种蛋必须来自鸡白痢阴性的鸡场，种蛋先用 0.01% 新洁尔灭消毒，然后放入种蛋消毒柜熏蒸消毒。

（3）药物预防。对该病易发年龄及 1 周龄内的雏鸡使用敏感的药物进行预防可收到很好的效果。近年来，根据竞争排斥原理研制的活菌制剂——竞争排斥培养物，在鸡沙门菌病的防控上取得了进展。国内外许多研究已证实，给新生雏鸡口服从成年健康鸡盲肠分离的细菌制成的 CE 培养物，可使沙门菌在盲肠定植的发生率降低。国内自 1986 年以来，一些研究者在不同地区使用促菌生或其他活菌剂来预防雏鸡白痢，也获得了较好的效果。

（4）治疗。鸡群发病后，饲料中添加敏感的药物，同时要加强饲养管理。氨苄青霉素、强力霉素、氟苯尼考、庆大霉素、阿米卡星、链霉素、磺胺类药物等对该病具有很好的治疗效果。应该注意的是，庆大霉素、阿米卡星、链霉素为内服不吸收的药物，使用时不能口服，只能肌内或皮下注射。

中药穿心莲 47 g 与土霉素 0.2 g 混合，每包重 5 g，拌料 500 g，喂鸡，对症状明显、不食的雏鸡，可灌服此散，每包可用 20 只鸡。或用金银花 50 g、黄芩 30 g、连翘 40 g 按 0.1% 与饲料混合投喂 10 d 效果明显。

（二）禽伤寒

禽伤寒是由鸡伤寒沙门菌引起鸡、鸭、火鸡的一种急性或慢性败血性传染病。特征是黄绿色下痢，肝肿大，呈青铜色。1～5 月龄的鸡表现高度敏感，2～4 月龄的鸡最易发生，但野鸡、鹅、鸽不易感。该病多呈散发性或地方性流行。

1. 临床症状

潜伏期 4～5 d。雏鸡和雏鸭发病时，其临床症状与鸡白痢相似。经卵垂直传播，常造成死胚或弱雏，在育雏期感染的，病雏精神沉郁，怕冷聚堆，排白色稀便，当肺受侵害时，出现呼吸困难。青年鸡或成年鸡发病后，腹泻，排黄绿色稀粪，冠与肉髯苍白或皱缩，体温升高 1～3℃，多在感染后 5～10 d 死亡，病死率 10%～50% 或更高些。康复鸡往往成为带菌者。

2. 病理变化

死于禽伤寒的雏鸡（鸭）病理变化与鸡白痢相似，肺和心肌有灰白色结节病灶。成年鸡急性者常见肝、脾、肾充血肿大，亚急性和慢性病例，肝肿大呈青铜色，肝、心肌有灰白色粟粒大坏死灶，卵泡出血、变形和变色，卵泡破裂引起腹膜炎。

3. 诊断

根据流行病学、临床症状和病理变化可以做出初步诊断，但确诊必须进行细菌的分离培养和鉴定以及血清试验。

4. 防治措施

参照鸡白痢。加强饲养管理，搞好环境卫生，减少病原菌的侵入，定期检疫，净化种鸡场，从根本上切断该病的传播途径，使用敏感的药物进行预防和治疗。

（三）禽副伤寒

禽副伤寒是由多种有周身鞭毛的广嗜性沙门菌引起的禽类传染病。除家禽外，许多温血动物，包括人类也能感染，是影响最广泛的人兽共患病之一。特征是下痢和内脏器官的灶性坏死。

1. 临床症状

带菌卵感染或出壳雏禽在孵化器感染病菌，常呈败血症经过，往往不出现临床症状而迅速死亡。年龄较大的幼禽常呈亚急性经过，水样下痢，病程 1～4 d。1 月龄以上的家禽有较强的抵抗力，一般很少死亡。雏鸭感染该病常见颤抖、喘息及眼睑浮肿，水样下痢，喙变成蓝紫色，常猝然倒地而死，故有“猝倒病”之称。成年禽一般为慢性带菌者，常不出现临床症状，有时出现水泻样下痢。

2. 病理变化

死于副伤寒的雏鸡，最急性者多无可见病理变化。成年鸡，肝、脾、肾充血肿胀，有出血性或坏死性肠炎、心包炎及腹膜炎，产蛋鸡的输卵管坏死，卵巢坏死、化脓。病雏鸭肝肿大呈青铜色，并有灰白色坏死灶。北京鸭感染鼠伤寒沙门菌和肠炎沙门菌时，肝显著肿大，有坏死灶，盲肠内有干酪样物。

3. 诊断

根据流行病学、临床症状和病理变化可以做出初步诊断，确诊需做病原的分离与鉴定。该病应注意与鸡白痢、大肠杆菌病、鸭病毒性肝炎、鸭瘟等进行鉴别诊断。

4. 防控措施

严格做好饲养管理、卫生消毒、检疫和隔离工作。种鸡、种蛋应来自无副伤寒鸡群。对种蛋、孵化室、孵化器、出雏器等要严格消毒。病禽要迅速隔离治疗，对死禽及病重濒死的禽应立即淘汰、深埋或焚烧，防止疫情扩散。治愈后的禽往往成为带菌者，不能留作种用。药物治疗可以降低急性禽副伤寒引起的死亡，并有助于控制该病，但不能完全消灭该病。用药时最好通过药敏试验选择敏感药物及中草药制剂等。

5. 公共卫生

许多血清型沙门菌，可使人感染，发生食物中毒和败血症等症状。人沙门菌病的临床症状可分为胃肠炎型、败血型、局部感染化脓型，以胃肠炎型（即食物中毒）为最常见。潜伏期 4～24 h，最短 2 h。患者发病急，畏寒发热，体温为 38～39℃，伴有头痛、食欲不振、恶心、呕吐、腹痛，腹泻，每天排便 3 次至数十次不等，排黄色恶臭水粪，混有黏液或脓血。败血型潜伏期 1～2 周，发病急，畏寒发热，热型不规则或呈间歇热，持续 1～3 周，血中可查到病原，如不及时医治，可发生死亡。局部感染化脓型患者在发热阶段或退热以后出现一处或多处化脓病灶，可见于身体的任何部位。

为防止该病从动物传染给人，患病动物应严格执行无害化处理，加强屠宰检验。肉类一定要充分煮熟，保存食物要防止鼠类窃食，以免被其排泄物污染。与病禽及其产品接触的人员，应做好卫生消毒工作。

三、巴氏杆菌病

巴氏杆菌病是由多杀性巴氏杆菌引起的多种动物传染病的总称，急性型以败血症和炎性出血为特点，故又称出血性败血症。慢性型以皮下、关节以及各脏器的局灶性化脓性炎症为特征。

分布于世界各地，我国广泛存在，是给养殖业带来严重经济损失的重要传染病。

（一）病原

多杀性巴氏杆菌属巴氏杆菌属，是一种卵圆形的短杆菌，革兰氏染色阴性，不形成芽孢，无鞭毛，新分离的强毒菌株有荚膜，人工培养后荚膜不明显或消失。该菌常单个存在，有时成对排列。在组织、血液和新分离的培养物中的菌体用亚甲蓝、瑞氏或吉姆萨染色，可见明显的两极着色。

该菌为需氧兼性厌氧菌，在普通琼脂培养基上生长不良，在麦康凯培养基上不生长，在加有血清或血液的培养基中生长良好，37℃ 培养 18～24 h，菌落为灰白色、光滑湿润、隆起、边缘整齐的中等大小菌落，不溶血，通过 45° 折光观察，可见菌落有荧光。根据菌落荧光的颜色，可将该菌分为三型：菌落呈蓝绿色带金光，边缘有红黄色光带，称为 Fg 型，对猪、牛等家畜致病力较强，对禽类毒力较弱；菌落呈橘红色带金光，边缘有乳白色光带，称为 Fo 型，对禽类致病力较强，对家畜毒力较弱；无荧光的为 Nf 型，对畜禽的毒力都很弱。

多杀性巴氏杆菌存在于病畜各组织、体液、分泌物和排泄物中，健康家畜的上呼吸道也可能带菌。该菌抵抗力不强，一般常用的消毒剂，都可在数分钟杀死该菌，但 10% 克辽林在 1 h 内尚不能杀死此菌，不宜采用。

（二）流行病学

1. 易感动物

多杀性巴氏杆菌对多种动物都有致病性，家畜中以牛（黄牛、牦牛、水牛）和猪发病较多；绵羊也易感；各种家禽和兔易感性强；人也可感染，但病例罕见。

2. 传染源

病畜和带菌家畜是主要的传染源，该病可通过直接接触和间接接触传播。水牛往往因饮用病牛饮过的水或被病牛的尸体污染的河水而感染。该病多由内源性感染引起，据报道，有 30.6% 的健康猪的鼻道深处及喉头带有该菌，有人检查屠宰猪扁桃体带菌率高达 63%，当饲养管理不良、圈舍潮湿、拥挤、通风不良、突然改变饲料、长途运输、初乳摄入不足、气候剧变、寒冷等，致使家畜抵抗力降低时，体内的病原菌被活化，大量增殖，引起机体发病。

3. 传播途径

患病畜禽通过分泌物和排泄物排出毒力增强的病原菌，污染饲料、饮水用具和外界环境，经消化道感染健康畜禽；或由咳嗽、喷嚏排菌，通过飞沫经呼吸道感染。也可通过损伤的皮肤、黏膜或吸血昆虫叮咬而感染。人的感染多因动物咬伤、抓伤所致，也可发生呼吸道感染。

4. 流行特点

该病一年四季都可发生，但以冷热交替、气候剧变、闷热潮湿、多雨时多发。一般为散发性，但水牛、牦牛、猪有时可呈地方流行性。家禽，特别是鸭群发病时，多呈流行性。

四、猪巴氏杆菌病

猪巴氏杆菌病又称猪肺疫或猪出血性败血症，俗称“锁喉风”或“肿脖子瘟”，是由多杀性巴氏杆菌引起猪的一种急性、热性传染病。其特征是最急性型呈败血症和咽喉炎，急性型呈纤维素性胸膜肺炎，慢性型较少见，主要表现慢性肺炎。该病分布广泛，遍布全球，在我国为猪常见传染病之一。

（一）临床症状

潜伏期 1～5 d，分为最急性型、急性型和慢性型。最急性型和急性型多是由 Fg 菌引起，呈地方性流行；慢性型常由急性转化而来，或由 Fo 型菌感染引起，多为散发。

1. 最急性型

呈败血性病症，常不见病症而突然死亡，病死率 100%。

2. 急性型

最常见，主要表现为纤维素性胸膜肺炎。病初体温升高至 40～41℃，发生痉挛性干咳，鼻漏和脓性眼结膜炎；胸部触诊或叩诊有剧烈疼痛，听诊有啰音和摩擦音；随着病势的发展，呼吸困难加重，呈犬坐姿势，可视黏膜发绀；先便秘后腹泻，消瘦无力，卧地不起。最后心脏衰弱，心跳加快，多因窒息死亡。病程 4～6 d，耐过者转为慢性。

3. 慢性型

多见于流行后期，主要表现慢性肺炎和慢性胃肠炎。持续性咳嗽和呼吸困难，鼻孔不断流出黏性或脓性分泌物；有时关节肿胀，皮肤出现湿疹；常发生下痢，进行性营养不良，极度消瘦，如不及时治疗，常于发病 2～3 周后衰竭而死亡。

（二）病理变化

主要病变在肺。

1. 最急性型

呈败血症变化。全身浆膜、黏膜及皮下组织有大量出血点；咽喉部及其周围组织水肿、出血；喉头、气管内有大量白色或淡黄色胶冻样分泌物；全身淋巴结出血，切面呈红色；脾出血，但不肿大；肺充血、水肿。

2. 急性型

除全身浆膜、黏膜和皮下组织出血外，以胸腔病变为主。肺有红色或灰色肝变区，肝变区表面有纤维素絮片，肺切面呈大理石样；胸腔积有含纤维蛋白凝块的混浊液体，胸膜有黄白色纤维素附着。病程稍长的，胸膜与肺发生粘连。气管、支气管内含有大量泡沫状黏液。

3. 慢性型

尸体极度消瘦、贫血；肺有较大的肝变区，并有大面积坏死灶和化脓灶，病灶外有结缔组织包囊，内含干酪样物质，有时形成空洞，与支气管相通；心包与胸腔积液，胸膜增厚，常与肺发生粘连。

（三）诊断

根据流行病学、临床症状和病理变化可做出初步诊断。确诊需作细菌学诊断。

最急性、急性型可采取血液或局部水肿液、呼吸道分泌物、胸腔积液以及肝、肺、淋巴结触片、涂片，用瑞氏或亚甲蓝染色镜检，见大量两极着色的球杆菌，可确诊。必要时进行细菌的分离培养和鉴定。分离病原菌用血液或血清琼脂平板，发现有露珠样并有橘红色带金光的菌落，再做细菌涂片，镜检。

急性猪肺疫易与急性猪瘟、猪丹毒、猪副伤寒、猪链球菌病等相混淆，应注意鉴别。最急性型咽喉部水肿可能疑为猪炭疽，但猪炭疽很少见，多呈慢性经过，且症状不明显。慢性猪肺疫与猪气喘病相似，但猪气喘病体温不高，无败血症变化。猪接触传染性胸膜肺炎的临床症状和胸腔病变更急剧，胸腔积有大量血样液体，可以鉴别诊断。

（四）防控措施

加强饲养管理，消除降低猪抵抗力的外界因素，圈舍定期消毒。发现病猪及可疑感染猪，应立即隔离治疗，被污染的猪舍、运动场进行彻底消毒。

定期免疫接种可以有效预防该病的发生。猪肺疫氢氧化铝菌苗对猪有良好的免疫原性；我国研制的口服弱毒菌苗，使用方便；猪瘟、猪丹毒、猪肺疫三联苗皮下注射 1 mL，免疫期可达 6 个月。每年春秋两季接种可取得良好的预防效果。

该菌对青霉素、链霉素、广谱抗生素、磺胺类药都敏感，可用于该病的药物治疗。

对未发病的猪可用药物进行紧急预防，待疫情稳定后，再注射疫苗。死亡猪的尸体要深埋或焚烧。慢性病猪难以治愈，应及早淘汰。

五、牛巴氏杆菌病

牛巴氏杆菌病又称牛出血性败血病，简称牛出败，是由 Fg 型多杀性巴氏杆菌引起牛的一种急性、败血性传染病，以高热、肺炎、急性胃肠炎以及内脏广泛出血为特征。

（一）临床症状

潜伏期 2～5 d，病死率可达 80% 以上，痊愈牛可产生坚强的免疫力。根据临床表现可分为败血型、浮肿型和肺炎型。

1. 败血型

多见于热带地区，呈季节性流行，发病率和病死率较高。病牛体温升高至 41～42℃，采食和反刍停止；呼吸和脉搏加快，肌肉震颤；泌乳减少或停止；下痢、粪中带血和黏液，有恶臭；下痢后体温随之下降，迅速死亡。病程多为 12～24 h。

2. 浮肿型

多见于水牛、牦牛。病牛除有全身症状外，在头部、咽喉部、颈部及胸前皮下结缔组织出现明显的炎性水肿，舌及周围组织高度肿胀，有时舌伸出口外，呈暗红色，并大量流涎。急性结膜炎，眼红肿、流泪。病牛呼吸极度困难，皮肤和黏膜发绀，往往因窒息而死，病程 12～36 h。

3. 肺炎型

此型最常见。体温 40～41℃，精神沉郁、食欲减退。鼻孔、鼻孔周围和鼻腔有脓性分泌物或有干结的分泌物附着。持续或阵发性湿咳，呼吸急促。哺乳期的患病母牛，泌乳明显减少，多数死亡，病程 3～10 d。

（二）病理变化

败血型可见黏膜、浆膜和内脏器官有出血斑点，胸腔有大量渗出液。水肿型在咽喉部或颈部皮下有浆液浸润，切开水肿部流出深红色透明液体，咽周围组织有黄色胶样浸润；肺炎型主要为纤维素性胸膜肺炎，可见胸腔有大量的絮状渗出物，整个肺有红色和灰色肝变区，肺小叶间质明显水肿，呈大理石样花纹。

（三）诊断

根据流行病学，临床症状和病理变化，可做出初步诊断。确诊需进行细菌学诊断。

（四）防控措施

平时应加强饲养管理，增强机体的抵抗力，改善环境卫生条件，减少或消除降低机体抵抗力的各种致病诱因。定期对牛舍及运动场进行消毒，杀灭环境中可能存在的病原体。在常发地区用牛出血性败血症氢氧化铝灭活苗，定期免疫接种。发生该病后，病牛应立即隔离治疗，并加强对同群牛的观察，暂停牛的移动、放牧。对污染的圈舍、用具和场地进行彻底消毒。

治疗常用的药物有青霉素、链霉素、红霉素、恩诺沙星、林可霉素、壮观霉素及磺胺类药物。对急性病例，可将四环素加入葡萄糖液中静脉注射，效果良好。用5%磺胺甲基嘧啶，按每千克体重40～60 mL静脉注射，再按每千克体重1 g每天口服2次，连用3～5 d。病的初期可用抗巴氏杆菌免疫血清静脉或肌内注射，效果良好。

六、禽巴氏杆菌病

禽巴氏杆菌病又称禽霍乱、禽出血性败血症。主要侵害鸡、鸭、鹅、火鸡等禽类。急性病例主要表现为突然发病、下痢、败血症及高死亡率，慢性病例发生鸡冠、肉髯水肿和关节炎，病程较长，死亡率低。

该病在世界所有养禽国家都有发生，在我国某些地区发病严重，是威胁养禽场的常见病之一。我国学者对禽源多杀性巴氏杆菌的分型研究表明：引起我国鸡霍乱的多杀性巴氏杆菌大部分均为A型，常见的血清型有5:A、8:A、9:A，其中5:A最多。目前引起鸭霍乱的O抗原血清型有1、2、3、7、10等。不同血清型之间无交叉免疫作用。

（一）临床症状

自然感染潜伏期2～9 d，根据病程可分为最急性型、急性型和慢性型。

1. 最急性型

常发生于流行初期，以肥壮、成年高产蛋鸡最容易发生。病鸡常无明显症状，突然倒地，拍翅抽搐，经数分钟死亡。

2. 急性型

最常见。病鸡体温升高至43～44℃以上，精神沉郁，羽毛蓬松，缩颈闭眼，呆立不动；呼吸困难，口鼻流出淡黄色带泡沫的黏液；常有剧烈腹泻，排出绿色或灰黄色稀便；鸡冠、肉髯呈蓝紫色，肉髯常发生水肿，发热和疼痛；发病鸡群产蛋减少或停止。最后衰竭、昏迷死亡，病程1～3 d，病死率高。

3. 慢性型

多见于流行后期，表现为慢性呼吸道炎症和慢性胃肠炎。病鸡消瘦，精神不振，鼻孔流出少量黏液，鼻窦肿大；常有下痢，体渐消瘦；鸡冠、肉髯苍白、肿胀，切开可见脓性或干酪样渗出物；有的病鸡关节发炎、肿胀、疼痛，跛行。病程1个月以上，病死率不高。

鸭霍乱多为急性型，发病急，死亡快，症状不如鸡霍乱明显。鸭两脚麻痹，不愿下水，行动缓慢；张口呼吸，口、鼻流黏液，频频摇头，有“摇头瘟”之称。剧烈下痢，排出灰白色或绿色稀粪，有时混有血液；病程稍长者可见关节炎，两腿酸软、瘫痪，不能走动。病程1～3 d。

成年鹅与病鸭症状相似，仔鹅的发病率和死亡率较成年鹅严重，以急性为主，食欲废绝，喙角及蹼发紫；眼结膜有出血斑点，喉头有黏液性分泌物；下痢，常于发病后 1～2 d 死亡。

（二）病理变化

最急性型常无明显的病变，有时可见冠和肉髯呈紫红色，心外膜有小出血点；肝表面有数个针尖大小的灰黄色或灰白色坏死点。

急性型病变较为典型，病鸡的腹膜、皮下组织及腹部脂肪常见小点出血。心包变厚，心包内积有大量淡黄色含纤维素性絮状的混浊液体，心外膜、心冠脂肪出血明显。肺充血、有出血点。肝的病变具有特征性，肝稍肿，质脆，呈棕红色或棕黄色，表面散布有许多灰白色或灰黄色针头或粟粒大小的坏死点，有时可见点状出血。肠道黏膜充血、出血，尤以十二指肠最严重。

慢性型病例除上述部分病变以外，鼻腔和鼻窦内有大量黏性分泌物，有些病例见肺硬变。有关节炎的病例，主要见关节肿大、变形，有炎性渗出物和干酪样坏死物。公鸡的肉髯肿大，内有干酪样渗出物。母鸡卵巢出血，卵黄破裂，腹腔内脏器官的表面附着卵黄样物质。

鸭、鹅的病变与鸡基本相似。心包内充满透明的橙黄色渗出液，心冠脂肪、心包膜及心肌出血；肝肿大，发生脂肪变性，表面有针头大小灰白色坏死点。发生关节炎的雏鸭，关节面粗糙，附着黄色的干酪样物质或红色的肉芽组织；关节囊增厚，内含有红色浆液或灰黄色、混浊的黏稠液体。

（三）诊断

根据该病有呼吸困难，黄绿色下痢，冠髯蓝紫，肉髯水肿，剖检内脏有广泛出血，肝有弥漫性针尖大小的灰白色坏死点可做出初步诊断。确诊要进行细菌学检查。

采集病死鸡的心血、心包液、肝等涂片，用瑞氏或亚甲蓝染色镜检，见两极浓染的小球杆菌可确诊。还可进一步作细菌分离培养和动物接种试验。用病料悬液给家兔皮下注射 1 mL 或小鼠皮下注射 0.2 mL，接种后 24～48 h 死亡，取心血、肝涂片，染色镜检，发现巴氏杆菌即可确诊。仅根据临床症状不易确诊，但通过剖检，结合流行病学及防治效果进行综合分析，可诊断，必要时可进行细菌学检查。

鸡霍乱与新城疫、鸭霍乱症状相似，应注意鉴别。新城疫是由新城疫病毒引起的，抗菌药物治疗无效，且只发生于鸡，鸭、鹅一般不发病，临床上有明显的神经症状，剖检腺胃乳头出血，盲肠扁桃体出血、坏死，肝无坏死病变；鸭瘟又叫大头瘟，头颈肿大，流泪，食道、泄殖腔黏膜有灰黄色假膜，抗菌药治疗无效。

（四）防控措施

养禽场做好平时饲养管理，严格执行卫生消毒制度，新引进的鸡、鸭要隔离饲养半个月，观察无病才能混群饲养。

常发地区可用禽霍乱菌苗进行预防接种或定期投喂有效的药物。目前国内使用的有弱毒苗和灭活苗，弱毒菌苗有禽霍乱 731 弱毒菌苗、禽霍乱 $G_{190}E_{40}$ 弱毒等，免疫期 3～3.5 个月；灭活菌苗有禽霍乱氢氧化铝菌苗、禽霍乱油乳剂灭活菌苗和蜂胶菌苗，免疫期 3～6 个月。有条件的地方可制备自家苗，即从发病禽分离菌株，制备灭活菌苗；或用急性死亡病鸡的肝，经研磨、过滤、稀释，加甲醛灭活制成，检验合格后使用。

禽群发病后，对禽舍、饲养环境和饲养管理用具进行彻底消毒；粪便及时清除，堆积发酵；病死禽烧毁或深埋。尚未发病的家禽，可在饲料中投喂中草药添加剂或磺胺类药物。

治疗早期使用青霉素、链霉素、土霉素、金霉素、磺胺类药物对该病均有较好的疗效，如配合抗血清疗效更好。

• 操作准备

一、鸡白痢的实验室检验

（一）鸡白痢的血清学检测设备材料

（1）器材。洁净的玻璃板、干燥的灭菌试管、注射针头、移液器、移液吸头、记号笔等。

（2）诊断液。鸡白痢全血平板凝集抗原、试管凝集反应抗原、鸡白痢阳性血清和阴性血清。

（二）全血平板凝集反应

1. 操作方法

先将鸡白痢全血平板凝集抗原充分摇匀，用移液器吸取抗原 50 μL 于玻片上，然后用注射针头刺破鸡的翅静脉或冠尖，换一支移液吸头，再用移液器吸取血液 50 μL，混入抗原内，随即用火柴棍或牙签搅拌均匀，使散开至直径约 2 cm 为宜。

2. 结果判断

（1）抗原与血液混合后在 2 min 内发生明显颗粒状或块状凝集者为阳性。

（2）2 min 内不出现凝集，或出现均匀一致的极微小颗粒，或在边缘处由于干燥出现絮状者判为阴性反应。

（3）除上述情况之外，不易判断为阳性或阴性者，判为可疑反应。

3. 注意事项

（1）抗原应在 2～15℃ 冷暗处保存，有效期内使用。

（2）本抗原适用于产卵母鸡及 1 年以上公鸡，幼龄鸡敏感度较差。

（3）本试验应在 20℃ 以上室温中进行。

（三）血清凝集反应

1. 血清试管凝集反应

（1）被检血清制备。于鸡翅静脉采血约 2 mL，放置于干燥的灭菌试管，将试管斜放，血液凝固分离出血清后，置 4℃ 冰箱待检。

（2）抗原。试管凝集反应抗原，稀释的抗原当天用完。

（3）操作方法。在试管架上摆 3 支试管，吸取稀释抗原 2 mL 于第 1 管，再分别吸取 1 mL 置第 2、3 管。吸取被检血清 0.08 mL 注入第 1 管，充分混合后从第 1 管吸取 1 mL 移入第 2 管，充分混合后再从第 2 管吸取 1 mL 移入第 3 管，混合后从第 3 管吸出 1 mL 弃去，最后将 3 只试管摇振数次，使抗原与血清充分混合，在 37℃ 温箱中孵育 20 h 后观察结果。

（4）结果判断。试管 1、2、3 的血清稀释倍数依次为 1∶25、1∶50、1∶100，凝集阳性者，抗原显著凝集于管底，上清液透明；阴性者，试管呈均匀混浊；可疑者介于前两者之间。在鸡 1∶50 以上凝集者为阳性。在火鸡 1∶25 以上凝集者为阳性。

2. 血清平板凝集反应

（1）抗原。与试管凝集反应相同，但浓度比试管法的大 50 倍，悬浮于含 0.5% 石炭酸的 12% 氯化钠溶液中。

（2）操作方法。用一块玻板以记号笔按约 3 cm^2 画成若干方格，每个方格加被检血清和抗原各 1 滴，用牙签充分混合。

（3）结果判定。观察 30～60 s，凝集者为阳性，不凝集者为阴性。试验应在室温下进行。

二、巴氏杆菌病的实验室诊断

（一）设备材料

显微镜、外科刀、剪、镊子、玻片、注射器、组织研磨器、消毒的平皿及试管、亚甲蓝染色液、革兰氏染色液、瑞氏染色液、吉姆萨染色液、鲜血琼脂培养基、血清肉汤培养基、糖微量发酵管、小鼠等。

（二）内容及方法

1. 病料采取

根据实际情况选择疑为猪肺疫、禽霍乱或兔巴氏杆菌病的病例或尸体，应用病理剖检技术进行剖检，无菌采取新鲜的实质器官心、肝、脾、肾、肺等、另做心血和实质器官的涂片数张，观察病理变化。

2. 染色镜检

将病料组织涂片分别用亚甲蓝染色和革兰氏染色，血液涂片分别用瑞氏染色或吉姆萨染色。镜检，如见菌体革兰氏染色呈红色、卵圆形，亚甲蓝染色有明显的两极浓染，血液涂片用瑞氏或吉姆萨染色，菌体呈蓝色或淡青色，红细胞染成淡红色，则可初步诊断为多杀性巴氏杆菌。

3. 分离培养

将病料分别接种于鲜血琼脂和普通肉汤，37℃培养，18 h后观察结果。多杀性巴氏杆菌在鲜血琼脂上呈较平坦、半透明的露滴样菌落，不溶血；在血清中呈均匀混浊，管底有沉淀，振摇时沉淀物呈絮状升起。取菌落或肉汤培养物做细菌涂片，染色，镜检，根据菌体形态和染色特性进行诊断，如需进一步鉴定可作生化试验。

4. 动物接种试验

将病料研磨成糊状，用灭菌生理盐水稀释成1∶（5～10）乳剂，或用细菌的肉汤培养物接种于实验动物皮下或肌内，剂量为0.2～0.5 mL。猪、牛、羊等家畜的病料可用小鼠或家兔；家禽的病料可用鸽、鸡或小鼠。实验动物如于接种后18～24 h死亡，则采取心血及实质脏器作涂片镜检和接种培养基进行分离培养。根据病原菌的形态、染色、培养、生化等特性加以鉴定。在采取材料进行培养、镜检完毕后，尚须对实验动物尸体进行剖检观察病理变化。在接种局部可见到肌肉及皮下组织发生水肿；胸腔和心包有浆液性纤维素性渗出物；心外膜有多数出血点；淋巴结肿大；肝淤血（如用鸡接种，尚可见到肝表面密布的小坏死灶）。

• 工具准备

同本任务操作准备中“鸡血痢的血清学检测设备材料”。

• 人员准备

人员分组，每组5人，明确职责分工（表2-3-1）。

表2-3-1 任务分配

任务角色	任务内容
组长	进行前期准备，合理安排分工
组员1	动物准备、样品准备
组员2	鸡白痢全血平板凝集
组员3	试管凝集
组员4	结果观察、记录

任务筹划

一、内容筹划

（1）整合资料，制订实施计划。

（2）完成试验操作。

二、方法筹划

自行分组（每组 5 人），完成任务。

三、流程筹划

前期准备（材料、工具、动物、场地、人员）—制订计划—动物准备—凝集试验—观察、记录。

任务实施

根据任务筹划完成表 2-3-2 的任务实施步骤。

表 2-3-2　任务实施步骤

步骤	任务实施情况
步骤一	
步骤二	
步骤三	
步骤四	
步骤五	
步骤六	

任务检测

请扫描二维码 2-3-1 进行答题。

二维码 2-3-1
项目二任务三检测

任务评价

根据任务完成情况完成任务评价（表 2-3-3）。

表 2-3-3　工作任务完成过程评价

<table>
<tr><td colspan="2">班级：</td><td>组别：</td><td colspan="2">姓名：</td></tr>
<tr><td>项目</td><td>评分标准</td><td>自我评价</td><td>小组评价</td><td>教师评价</td></tr>
<tr><td rowspan="2">前期准备</td><td>材料准备是否完整（5 分）</td><td></td><td></td><td></td></tr>
<tr><td>资料整合是否正确（5 分）</td><td></td><td></td><td></td></tr>
<tr><td rowspan="7">试验操作过程</td><td>制订计划是否正确（5 分）</td><td></td><td></td><td></td></tr>
<tr><td>记录是否完整（5 分）</td><td></td><td></td><td></td></tr>
<tr><td>动物前期处理是否正确（5 分）</td><td></td><td></td><td></td></tr>
<tr><td>药品处理是否正确（5 分）</td><td></td><td></td><td></td></tr>
<tr><td>平板凝集是否正确（5 分）</td><td></td><td></td><td></td></tr>
<tr><td>试管凝集是否正确（5 分）</td><td></td><td></td><td></td></tr>
<tr><td>操作方法是否正确（10 分）</td><td></td><td></td><td></td></tr>
<tr><td rowspan="2">后期处理</td><td>结果汇总是否得当（5 分）</td><td></td><td></td><td></td></tr>
<tr><td>结果判定是否得当（5 分）</td><td></td><td></td><td></td></tr>
<tr><td>视频上传</td><td>是否完成视频剪辑上传（10 分）</td><td></td><td></td><td></td></tr>
<tr><td colspan="2">合计</td><td></td><td></td><td></td></tr>
<tr><td>自我评价与总结</td><td colspan="4"></td></tr>
<tr><td>教师点评</td><td colspan="4"></td></tr>
</table>

项目三 猪 病

项目介绍

本项目主要介绍细菌性、病毒性、其他微生物性猪传染病。猪病的传播途径多样，包括空气传播、食物传播、直接接触传播等多种途径。因此，猪病的传播具有较强的不确定性和多样性，给养猪业带来了巨大的风险。猪病的传播不仅危害猪只的健康，还可能对人类健康和经济造成严重影响。加强生物安全意识，严格控制猪病的传播，对于维护畜牧业的稳定发展，保障人类健康和国家经济安全具有重要意义。

知识目标

（1）掌握猪细小病毒病、猪圆环病毒、猪传染性胃肠炎、猪流行性腹泻、猪丹毒、猪链球菌病、猪支原体肺炎、猪传染性胸膜肺炎、猪传染性萎缩性鼻炎、猪附红细胞体病、猪梭菌性肠炎、猪痢疾的流行特点、临床症状及防治措施。

（2）掌握不同猪病的典型鉴别方法。

技能目标

（1）掌握猪细小病毒、猪圆环病毒、传染性胃肠炎、猪流行性腹泻、细小病毒的诊断与免疫检测。

（2）掌握猪支原体肺炎、传染性胸膜肺炎、猪传染性萎缩性鼻炎、附红细胞体、猪梭菌性肠炎、猪痢疾的诊断与免疫检测。

（3）学会猪剖检诊断流程、病料的采集、包装、保存和运送技术。

素质目标

（1）培养学生吃苦耐劳、不畏苦难的素养，提高学生善于归纳及辩证思维的能力。

（2）培养学生勤思考、善观察及爱动手的能力。

思政目标

通过专业实践和生产实习，学生总结学习内容，撰写病例报告，上传到学习平台，校企双导师对病例报告进行评价。让学生树立正确的劳动价值观，充分认识到“劳动最光荣、劳动最伟大、劳动最崇高、劳动最美丽”，培养学生“知牧、爱牧、兴牧”“服务乡村振兴”情怀。

任务一　猪细小病毒病、猪圆环病毒感染、猪传染性胃肠炎、猪流行性腹泻的检验与诊断

任务导入

观看猪场养殖视频，让学生通过观察总结养殖场内所存在的隐患，并与相关疾病建立联系。

任务准备

- **知识准备**

一、猪细小病毒病

猪细小病毒病（PPI）又称猪繁殖障碍病，三类传染病、寄生虫病。是由猪细小病毒引起的一种猪的繁殖障碍病。以怀孕母猪发生流产、死产、产木乃伊为特征。

猪细小病毒病是由猪细小病毒（PPV）引起的一种猪繁殖障碍病，该病主要表现为胚胎和胎儿的感染和死亡，特别是初产母猪发生死胎、畸形胎和木乃伊胎，但母猪本身无明显的症状。

（一）病原

猪细小病毒为细小病毒科细小病毒属成员。病毒粒子无囊膜，直径约 20 nm，基因组为单股 DNA，约 5.2 kb。病毒对热具有较强抵抗力，56℃、48 h 或 70℃、2 h 病毒的感染性和血凝性均无明显改变，但 80℃、5 min 可使感染性和血凝活性均丧失。病毒在 40℃ 极为稳定，对酸碱有较强的抵抗力，在 pH 值 3.0～9.0 稳定，能抵抗乙醚、氯仿等脂溶剂，但 0.5% 漂白粉、1%～1.5% NaOH 溶液 5 min 能杀灭病毒，2% 戊二醛需 20 min，甲醛蒸气和紫外线需要相当长的时间才能杀死该病毒。短时间胰酶处理对病毒悬液感染性不仅没有影响，反而能提高其感染效价。在 pH 值 9.0 的甘油缓冲盐水中或在 -20℃ 以下能保存 1 年以上毒力不会下降。

（二）流行病学

猪是唯一的已知宿主；病猪和带毒猪是主要的传染源。

PPV 可水平传播和垂直传播，经口鼻交配、胎盘感染是最主要的传播途径；感染母猪所产的木乃伊胎、死胎和活仔猪中一般病毒含量很高。

该病呈现明显的胎次差异，主要见于初产母猪。

（三）临床症状

猪群暴发此病时常与木乃伊、窝仔数减少、母猪难产和重复配种等临床表现有关。在怀孕早期 30～50 d 感染，胚胎死亡或被吸收，使母猪不孕和不规则地反复发情。

怀孕中期 50～60 d 感染，胎儿死亡之后，形成木乃伊胎，怀孕后期 60～70 d 以上的胎儿有自免疫能力，能够抵抗病毒感染，则大多数胎儿能存活下来，但可长期带毒。

（四）病理变化

母猪流产时，肉眼可见轻度子宫内膜炎和胎盘部分钙化，胎儿在子宫内有被溶解和吸收的现象。大多数死胎、死仔或弱仔皮下充血或水肿胸腹腔积有淡红色或淡黄色渗出液，有的肝、脾、肾肿大质脆或萎缩发暗。

（五）诊断

根据流行病学、临床症状和病理变化可做出初步诊断，确诊需进一步做实验室诊断。实验室诊断包括以下几项。

1. 病原分离

取流产胎儿、死产仔猪的肾等材料处理后接种细胞进行病毒分离。

2. 病原鉴定

免疫荧光试验、PCR 诊断试验、分子杂交试验。

3. 病毒抗原的检查

（1）PPV 荧光抗体直接染色法，在荧光显微镜下观察，若发现接种的细胞片中细胞核不着染，即可确诊。

（2）PPV 酶标抗体直接染色法，在普通生物显微镜下观察染色情况，若未接种 PPV 的正常对照细胞片中细胞核无棕色着染现象，而接种的 PPV 的细胞片中细胞核着染，即可确诊。

（3）PPV 血凝试验，若发现稀释后的样品有凝集红细胞的现象，而正常 PBS 红细胞对照无自凝现象，则可认为样品可疑还需用特异性的 PPV 标准阳性血清作血凝抑制试验，如能抑制样品的血凝现象，即可确诊为 PPV。

4. 血清学检查

血凝和血凝抑制试验（最为常用）。PPV 血清中和试验、酶联免疫吸附试验、免疫荧光试验。

5. 病料采集

取流产胎儿、死产仔猪的肾、睾丸、肺、肝、肠系膜淋巴结或母猪胎盘、阴道分泌物，制成无菌悬液，备用。

（六）防控

采取综合性防控措施：PPV 对外界环境的抵抗力很强，要使一个无感染的猪场保持下去，必须采取严格的卫生措施，尽量坚持自繁自养，如需要引进种猪，必须从无 PPV 感染的猪场引进。当 HI 滴度在 1∶256 以下或阴性时，方准许引进。引进后严格隔离 2 周以上，当再次检测 HI 阴性时，方可混群饲养。发病猪场，应特别防止小母猪在第一胎采食时被感染，可把其配种期拖延至 9 月龄时，此时母源抗体已消失（母源抗体可持续平均 21 周），通过人工主动免疫使其产生免疫力后再配种。

疫苗预防公认使用疫苗是预防猪细小病毒病、是提高母猪抗病力和繁殖率的有效方法，已有 10 多个国家研制出了 PPV 疫苗。疫苗包括活疫苗与灭活苗。活疫苗产生的抗体滴度高，而且维持时间较长，而灭活苗的免疫期比较短，一般只有半年。疫苗注射可选在配种前几周进行，以使怀孕母猪于易感期保持坚强的免疫力。为防止母源抗体的干扰可采用两次注射法或通过测定 HI 滴度以确定免疫时间，抗体滴度大于 1∶20 时，不宜注射，抗体效价高于 1∶80 时，即可抵抗 PPV 的感染。在生产上为了给母猪提供坚强的免疫力，最好猪每次配种前都进行免疫，可以通过用灭活油乳剂苗两次注射，以避免体内已存在的被动免疫力的干扰。将猪在断乳时从污染群移到没有 PPV 污染的地方进行隔离饲养，也有助于该病的净化。

要严格引种检疫，做好隔离饲养管理工作，对病死尸体及污物、场地，要严格消毒，做好无害化处理工作。

二、猪圆环病毒病

猪圆环病毒感染，三类传染病、是猪的一种常发病毒性感染疾病，由猪圆环病毒引起的猪的一种新的传染病。该病可导致猪群产生严重的免疫抑制，从而容易导致继发或并发其他传染病。

（一）病原

猪圆环病毒（PCV）属于圆环病毒科、圆环病毒属，为单股负链环状 DNA 病毒。该病毒粒子直径为 14～25 nm，为二十面体对称结构，无囊膜，是兽医学上已知动物病毒中最小的病毒之一。根据 PCV 的致病性、抗原性及核苷酸序列，将其分为 PCV-1 和 PCV-2 两型。

（二）流行病学

断乳幼猪多系统衰竭综合征（PMWS）是最早被认识和确认的由 PCV2 感染所致的疾病。常见的 PMWS 主要发生在 5～16 周龄的猪，最常见于 6～8 周龄的猪，极少感染乳猪。一般于断乳后 2～3 d 或 1 周开始发病，急性发病猪群中，病死率可达 10%，耐过猪后期发育明显受阻。并发或继发细菌或病毒感染可使死亡率大大增加，病死率可达 25% 以上。血清学调查表明，PCV 在世界范围内流行。

在德国和加拿大，猪群中 PCV 抗体阳性率分别高达 95% 和 55%，在英国和爱尔兰，猪群中 PCV 抗体阳性率分别高达 86% 和 92%，但不一定表现 PMWS 症状。在中国对部分省市猪群检测，20 日龄未断乳仔猪阳性率为 0，1～2 月断乳仔猪阳性率为 16.5%，后备母猪阳性率为 42.3%，经产母猪阳性率为 85.6%，肥育猪阳性率为 51%，总阳性率为 42.9%。临床症状可能在几个月内持续存在，在 6～12 个月达到高峰，接着下降。一群与另一群之间的感染有很大差别，因为乳猪体内母源的 PCV 抗体在其出生后 8～9 周龄时消失，而小猪转移到育肥圈时（11～13 周龄）又接触了 PCV，PCV 抗体又出现了。

（三）临床症状

多发于 2～4 月龄猪，发病率在 5%～40%，病猪主要表现为生长发育不良，渐进性消瘦，皮肤苍白，被毛粗乱，精神不振，呼吸困难，腹泻、黄疸等，皮下淋巴结肿大，肝肿大或萎缩，颜色发白。

1. 猪呼吸道疾病综合征

好发于生长育肥猪，是由 PCV-2 型与其他病原混合感染引起，主要表现为咳嗽、气喘、流鼻液、鼻塞、口鼻发绀，呼吸困难、嗜睡、厌食和生长缓慢等，初发阶段伴有体温升高。

2. 猪皮炎与肾病综合征

多发于 8～18 周的猪，发病率一般小于 1%，多呈散发性，病猪主要表现为后肢及会阴区皮肤出现不规则红紫斑和丘疹，随着病程迁延，红紫斑和丘疹的中央出现黑色坏死灶，病猪精神萎靡食欲减退，喜卧、不愿走动。

3. 仔猪先天性震颤

多发于仔猪，主要表现是仔猪的头部、四肢和尾部出现不同程度的持续性或阵发性震颤，严重的并发共济失调，病猪多数站立不稳，趴伏在地，影响采食和活动，睡觉时可缓解，外界刺激时可加重病情。

4. 母猪繁殖障碍

多发于初产母猪，母猪感染 PCV-2 型后，主要表现为母猪发生流产、死胎、木乃伊，新生仔猪死亡，PCV-2 型可经胎盘垂直传染给仔猪。

（四）病理变化

1. 断乳仔猪多系统衰竭综合征

病理变化可见猪颌下淋巴结、腹股沟淋巴结、肺门淋巴结、肠系膜淋巴结和支气管淋巴结显著增大。肺呈现间质性肺炎变化，脾肿大或萎缩，肾皮质和髓质呈现白色坏死灶，肝呈现不同程度的萎缩、纤维化，肠系膜水肿，胃黏膜溃疡，肠黏膜出血。

2. 猪呼吸道疾病综合征

病理变化可见弥漫性间质性肺炎和纤维素性支气管炎，颜色暗红色，肺泡中出现坏死细胞及蛋白样物质。

3. 猪皮炎与肾病综合征

病理变化表现为皮肤出血、坏死，动脉充血，肾呈现肾小球肾炎和间质性肾炎，肾肿大、苍白，肾表面有出血点，有时可见腹股沟淋巴结肿大，胸腔积水和心包积液。

4. 仔猪先天性震颤

病理变化可见病毒性脑炎和非化脓性脑炎，主要表现为中枢神经系统髓鞘形成不全或缺少。母猪繁殖障碍病理变化可见胎儿心肌肥大和心肌缺损，主要表现为纤维素性或坏死性心肌炎。

（五）诊断

根据流行病学、临床症状和病理变化可做出初步诊断，确诊需进一步做实验室诊断。

1. 病原分离

取流产胎儿、死产仔猪的肾等材料处理后接种猪肾细胞进行病毒分离。

2. 病原鉴定

免疫荧光试验、PCR 诊断试验、分子杂交试验。

3. 病毒抗原的检查

（1）PPV 荧光抗体直接染色法。在荧光显微镜下观察，若发现接种的细胞片中细胞核不着染，即可确诊。

（2）PPV 酶标抗体直接染色法。光学显微镜下观察染色情况，若未接种 PPV 的正常对照细胞片中细胞核无棕色着染现象，而接种的 PPV 的细胞片中细胞核着染，即可确诊。

（3）PPV 血凝试验。若发现稀释后的样品有凝集红细胞的现象，而正常 PBS 红细胞对照无自凝现象，则可认为样品可疑，还需用特异性的 PPV 标准阳性血清作血凝抑制试验，如能抑制样品的血凝现象，即可确诊为 PPV。

4. 血清学检查

血凝和血凝抑制试验（最为常用）。PPV 血清中和试验、酶联免疫吸附试验、免疫荧光试验。

5. 病料采集

取流产胎儿、死产仔猪的肾、睾丸、肺、肝、肠系膜淋巴结或母猪胎盘、阴道分泌物，制成无菌悬液，备用。

（六）防控

（1）平时只能依靠生物安全措施，检疫、隔离，防止其他动物（鼠和野鸟等）接近猪场，采取全进全出制度。

（2）发病猪场防控措施。降低饲养密度；实行全进全出的饲养制度；禁止不同来源及不同年龄段猪混养；减少环境应激因素的发生，控制并发感染。

要严格引种检疫，做好隔离饲养管理工作，对病死尸体及污物、场地，要严格消毒，做好无害化处理工作。

三、猪传染性胃肠炎

猪传染性胃肠炎（TGE）又称幼猪的胃肠炎，是一种高度接触传染性，以呕吐、严重腹泻、脱水，致两周龄内仔猪高死亡率为特征的病毒性传染病。

（一）病原

TGE 病毒属于冠状病毒科冠状病毒属。电镜负染观察，TGE 病毒粒子呈圆形、椭圆形或多边形。病毒直径为 90～200 nm，有双层膜，外膜覆有花瓣样突起，突起长约 18～24 nm，突起以极小的柄连接于囊膜的表层，其末端呈球状，病毒粒子内部在以磷钨酸负染以后可见一个电子透明中心；也有人描述病毒粒子内部具有一个呈半球样的丝状物。

TGE 病毒核酸为单股 RNA，完整的 TGE 病毒在蔗糖的浮密度为 1.19～1.218 g/mL。病毒粒子由 3 种主要结构蛋白构成，一种是磷蛋白（N，即核蛋白），它包裹着基因组 RNA；另一种是膜结合蛋白（M 或 E1），主要包埋在脂质囊膜中；第三种为大的糖蛋白（S 或 E2），它形成病毒的突起。据推测，E2 在决定宿主细胞亲嗜性方面起作用，还具有膜融合作用，使病毒核蛋白进入细胞质，E2 还携带主要的 B 淋巴细胞抗原决定簇，在提高获得免疫力中可能起关键作用。用单克隆抗体竞争性放射免疫电泳证明：E2 糖蛋白存在三种水平的抗原结构，即抗原位点（SITES）、抗原亚位点（SUBSITES）和抗原决定簇（EPITOES）；抗原分 A、B、C、D 四个位点，A 位点可分为 a、b、c 三个亚位点，这些亚位点又可再分为抗原决定簇。E2 糖蛋白共有 11 个抗原决定簇，其中 8 个是与中和作用相关的重要抗原决定簇。

TGE 病毒对乙醚、氯仿、去氧胆酸钠、次氯酸盐、NaOH、甲醛、碘、碳酸以及季铵化合物等敏感；不耐光照，粪便中的病毒在阳光下 6 h 失去活性，病毒细胞培养物在紫外线照射下 30 min 即可灭活。病毒对胆汁有抵抗力，耐酸，弱毒株在 pH 值 3 时活力不减，强毒在 pH 值 2 时仍然相当稳定；在经过乳酸发酵的肉制品里病毒仍能存活。病毒不能在腐败的组织中存活。胰酶、α- 胰凝乳蛋白酶、胰酶制剂、肽酶、羧基肽酶对 MILLER 毒株活力没有或只有轻度影响，而对弱毒株（如 Purdue 毒株和弱毒疫苗毒株）的活力则影响很大。病毒对热敏感，56℃、30 min 能很快灭活，37℃、4 d 丧失毒力，但在低温下可长期保存，液氮中存放 3 年毒力无明显下降。TGE 病毒能凝集鸡、豚鼠和牛的红细胞，不凝集人、小鼠和鹅的红细胞。

TGE 病毒只有一个血清型，各毒株之间有密切的抗原关系，但也存在广泛的抗原异质性。TGE 病毒与猪血凝性脑脊髓炎病毒和猪流行性腹泻病毒无抗原相关性，但与猪呼吸道冠状病毒有交叉保护。TGE 病毒与犬冠状病毒（CCV）和猫冠状病毒

（FIPV）之间都有抗原相关性。通过血清中和试验和间接免疫荧光法证明，TGE病毒与CCV、TGE病毒与FIPV之间存在双相交叉反应，只是同源病毒的中和滴度高于异源病毒。因此，这三种病毒在流行病学、诊断和免疫方面有一定的关系。

（二）流行病学

猪对TGE病毒最为易感。各种年龄的猪均可感染，而猪以外的动物如犬、猫、狐狸、燕八哥等不致病，但它们能带毒、排毒。血清学调查表明，TGE的阳性率在不同的国家和地区猪群中存在差异，加拿大8%的猪和19%猪群，德国21%猪群，荷兰17%猪群，美国50%～54%猪群和31%～54%的猪呈血清学阳性。

TGE病毒的贮存宿主至少有四种，第一种是病毒扩散呈亚临床症状的猪场，如育肥猪场或不断有新生仔猪的猪场，TGE病毒可持续存在于这些猪场，一旦到了发病的适应季节，即可引起该病的暴发。第二种是犬、猫、狐狸、燕八哥、苍蝇等带毒、排毒，机械性传播该病；第三种是带毒猪或发病猪通过鼻内分泌物、粪便、乳汁排毒；第四种是感染TGE病毒的动物尸体。已证明，血液和屠宰后的废弃物可将TGE病毒传入猪群。在病毒毒血症期一些组织如肾中TGE病毒滴度高达10TCID50/mL。这些屠宰猪的肉也能传播病毒。

根据不同年龄猪的易感性，TGE可呈三种流行形式。其一呈流行性，对于易感的猪群，当TGE病毒入侵之后，常常会迅速导致各种年龄的猪发病，尤其在冬季，大多数猪表现不同程度的临床症状。其二呈地方流行性，局限于经常有仔猪出生的猪场或不断增加易感猪如肥育猪的猪场中，虽然仔猪能从免疫后或从母猪乳汁中获得被动免疫，但受到时间和免疫能力的限制，当病毒感染力超过猪的免疫力时，猪将会受到感染。所以TGE病毒能长期存在于这些猪群中。其三呈周期性流行，常发生于TGE病毒重新侵入有免疫母猪的猪场，由于前年冬季感染猪在翌年夏天或秋天已被屠宰，新进的架子猪和出栏猪便成为易感猪。

（三）临床症状

一般2周龄以内的仔猪感染后12～24 h会出现呕吐，继而出现严重的水样或糊状腹泻，粪便呈黄色，常夹有未消化的凝乳块，恶臭，体重迅速下降，仔猪明显脱水，发病2～7 d死亡，死亡率达100%。在2～3周龄的仔猪，死亡率在0～10%。断乳猪感染后2～4 d发病，表现水泻，呈喷射状，粪便呈灰色或褐色，个别猪呕吐，在5～8 d后腹泻停止，极少死亡，但体重下降，常表现发育不良，成为僵猪。有些母猪与患病仔猪密切接触反复感染，症状较重，体温升高，泌乳停止，呕吐、食欲不振和腹泻，也有些哺乳母猪不表现临床症状。

（四）病理变化

主要的病理变化为急性肠炎，从胃到直肠可见程度不一的卡他性炎症。胃肠充满凝乳块，胃黏膜充血；小肠充满气体。肠壁弹性下降，管壁变薄，呈透明或半透明状；肠内容物呈泡沫状、黄色、透明；肠系膜淋巴结肿胀，淋巴管没有乳糜。

心，肺，肾未见明显的病理肉眼病变。

（五）诊断

特征性的病理变化主要见于小肠。肠管扩张呈半透明状，肠壁弛缓、变薄、缺乏弹性，肠内容物稀薄，呈黄色、泡沫状。部分病例胃底黏膜潮红充血、针尖状或斑状出血，胃内容物呈鲜黄色并混有大量乳白色凝乳块，并有黏液覆盖。

组织学变化，小肠绒毛顶部肿胀，萎缩变短，黏膜上皮细胞变性、坏死脱落，黏膜固有层水肿、增厚，黏膜及其下层出血，多形核白细胞和嗜酸性粒细胞浸润。

荧光抗体检测：可采取发病猪早期的空肠和回肠的黏膜作抹片或这段肠管做冰冻切片，进行荧光抗体染色，在荧光显微镜下观察，发病猪小肠各段发现大量荧光细胞的为阳性。

核酸检测：把发病初期病猪的粪便、病变明显的小肠组织或母猪产后乳汁，送往专业实验室进行核酸检测，可快速确诊该病。

（六）防控

平时注意不从疫区或病猪场引进猪，以免传入该病。当猪群发生该病时，应即隔离病猪，以消毒药对猪舍、环境、用具、运输工具等进行消毒，尚未发病的猪应立即隔离到安全地方饲养。可用下列药物控制继发感染：首先，先注射阿托品，按照每头 2～4 mg 注射；严重病猪可后海穴封闭；最后，肠毒清（国浩）50 kg/ 套，连用 2～3 d，同时口服次硝酸铋 2～6 g 或鞣酸蛋白 2～4 mg，活性炭 2～5 g。中药可选用地榆炭、肉桂、煅龙骨、神曲、煎煮饮或灌服，每天 2 次疗效极佳。

四、猪流行性腹泻

猪流行性腹泻是由病毒引起的仔猪和育肥猪的一种急性肠道传染病。该病与传染性胃肠炎很相似，在我国多发生在每年 12 月至翌年 1—2 月，夏季也有发病的报道。可发生于任何年龄的猪，年龄越小，症状越重，死亡率高。

（一）病原

猪流行腹泻病毒（PEDV），属于冠状病毒科冠状病毒属。到目前为止，还没有发现该病毒有不同的血清型。该病毒对乙醚、氯仿敏感。病毒粒子呈现多形性，倾向圆形，外有囊膜。从患病仔猪的肠灌液中浓缩和纯化的病毒不能凝集家兔、小鼠、猪、豚鼠、绵羊、牛、马、雏鸡和人的红细胞。

（二）流行病学

该病只发生于猪，各种年龄的猪都能感染发病。哺乳猪、架子猪或肥育猪的发病率相对较高，尤以哺乳猪受害最为严重，母猪发病率变动很大，为 15%～90%。病猪是主要传染源。病毒存在于肠绒毛上皮细胞和肠系膜淋巴结，随粪便排出后，污染环境、饲料、饮水、交通工具及用具等而传染。主要感染途径是消化道。如果一个猪场陆续有不同窝仔猪出生或断乳，病毒会不断感染失去母源抗体的断乳仔猪，使该病呈地方流行性，在这种繁殖场内，猪流行性腹泻可造成 5～8 周龄仔猪的断乳期顽固性腹泻。该病多发生于寒冷季节。

（三）临床症状

潜伏期一般为 5～8 d，人工感染潜伏期为 8～24 h。主要的临床症状为水样腹泻，或者在腹泻之间有呕吐。呕吐多发生于吃食或吃乳后。症状的轻重随年龄的大小变化而有差异，年龄越小，症状越重。1 周龄内新生仔猪发生腹泻后 3～4 d，呈现严重脱水而死亡，死亡率可达 50%，最高的死亡率达 100%。病猪体温正常或稍高，精神沉郁，食欲减退或废绝。断乳猪、母猪常呈精神委顿、厌食和持续性腹泻大约 1 周，并逐渐恢复正常。少数猪恢复后生长发育不良。肥育猪在同圈饲养感染后都发生腹泻，1 周后康复，死亡率 1%～3%。成年猪症状较轻，有的仅表现呕吐，重者水样腹泻 3～4 d 可自愈。

（四）病理变化

眼观变化仅限于小肠，小肠扩张，内充满黄色液体，肠系膜充血，肠系膜淋巴结肿胀，小肠绒毛萎缩变短。组织学变化，见空肠段上皮细胞的空泡变性、坏死、脱落，肠绒毛显著萎缩。绒毛长度与肠腺隐窝深度的比值由正常的 7∶1 降到 3∶1。上皮细胞脱落最早发生于腹泻后 2 h。

（五）诊断

该病在流行病学和临床症状方面猪流行性腹泻发生于寒冷季节，各种年龄都可感染，年与猪传染性胃肠炎无显著差别，只是病死率比猪传染性胃肠炎稍低，在猪群中传播的速度也较缓慢些。年龄越小，发病率和病死率越高，伴随呕吐，水样腹泻和严重脱水，进一步确诊需依靠实验室诊断。

（六）防控

加强营养，控制霉菌毒素中毒，可以在饲料中添加一定比例的脱霉剂，同时加入多种维生素。

提高温度，特别是配怀舍、产房、保育舍。大环境温度配怀舍不低于 15℃、产房产前第 1 周为 23℃、分娩第 1 周为 25℃，以后每周降 2℃，保育舍第 1 周 28℃，以后每周降 2℃，至 22℃ 止；产房小环境温度用红外灯和电热板，第 1 周为 32℃，以后每周降 2℃。猪的饮水温度不低于 20℃。将产前 2 周以上的母猪赶入产房，产房提前加温。

定期做猪场保健，全场猪群每月 1 次同步保健，控制细菌性疾病的滋生。

母猪分娩后的 3 d 保健和对仔猪的 3 针保健，可选用高热金针先注射液，母猪产仔当天注射 10～20 mL/ 头，若有感染者，产后 3 d 再注射 10～20 mL/ 头，仔猪 3 针保健即出生后的 3 d、7 d、21 d，分别肌内注射 0.5 mL、0.5 mL、1 mL。

种猪群紧急接种猪传染性胃肠炎－猪流行性腹泻二联苗或猪传染性胃肠炎－猪流行性腹泻－猪轮状病毒病三联苗。

发生呕吐腹泻后立即封锁发病区和产房，尽量做到全部封锁。扑杀 10 日龄之内呕吐且水样腹泻的仔猪，这是切断传染源、保护易感猪群的做法。

• 操作准备

一、猪细小病毒的诊断与免疫检测

（一）设备材料

（1）器材。高压蒸汽灭菌锅、组织匀浆机或研磨皿、-20℃冰箱、高速冷冻离心机、天平、微量移液器（200～1 000 μL）、生物安全柜、5 mL 灭菌离心管、灭菌剪、灭菌刀、镊子、棉拭子。

（2）试剂。所用试剂均为分析纯，试验用水符合 GB/T 6682 的规定。磷酸盐缓冲液 0.01 mol/L，pH 值 7.2。

（二）内容及方法

1. 临床诊断

怀孕母猪感染后未见明显病变或仅见轻度子宫内膜炎，有的胎盘部分钙化。胚胎的病变是死后液化、组织软化而被吸收，有时早期死亡的胚胎并未排出，而是存在于子宫内，随着水分的吸收而变成褐色木乃伊胎。剖检可见，子宫体积稍大，内含许多黑褐色肿块。

切开子宫，见黑褐色的块状物实为木乃伊化的死胎。含有木乃伊胎的子宫黏膜常轻度充血，并发生卡他性炎症。受感染而死亡的胎儿可见充血、水肿、出血、体腔积液、脱水（木乃伊化）等病变。

具有特征性的病理组织学变化是病猪和死胎的多种组织和器官的广泛性细胞坏死、炎性细胞浸润和核内包涵体的形成。大脑的灰质、白质和软脑膜有以增生的血管外膜细胞、组织细胞和少数浆液细胞形成的管套为特征的脑膜炎，但脑质细胞的增生和神经细胞的变性化则较轻。

2. 猪细小病毒的分离鉴定

试剂：除特别说明以外，所用试剂均为分析纯，试验用水符合 GB/T 6682《分析实验室用水规格和试验方法》的规定、胎牛血清、PK-15 传代细胞或 ST 传代细胞、DMEM 细胞培养液、DMEM 细胞维持液、0.25% 胰蛋白酶溶液，青霉素、链霉素双抗溶液（含青霉素、链霉素各 10 000 U/mL）。

样品处理：无菌采集初产母猪 70 日龄以内流产胎儿、木乃伊胎处理液经 0.22 μm 微孔膜过滤除菌备用。（注：以上操作在生物安全柜中进行。）

病毒分离鉴定：将 PK-15 细胞或 ST 细胞用含 10% 胎牛血的 DMEM 细胞培养液置于 37℃的 CO_2 培养箱中培养 2～3 d 长满单层，经 0.25% 胰蛋白酶消化传代。病毒按照 5%～10% 的细胞悬液体积比例将制备的液同步接种于含青霉素和链霉素终浓度为 100 U/mL 的 PK-15 传代细胞或 ST 传代细胞悬液中置于 37℃、5% CO_2 培养箱中培养。

接毒培养后 24 h，更换成含 2% 胎牛血清的 DMEM 维持液，于 37℃ 继续培养，并逐日观察细胞病变，主要的细胞病变：细胞聚集，网状，细胞发生圆缩、溶解，出现弥漫性颗粒样变化，直至细胞破碎等。

如无细胞病变细胞培养 3～5 d 后长满单层为第 1 代毒，按常规细胞传代方法用胰酶消化并连续传代培养，至第 4 代仍无细胞病变判定为阴性。

若细胞聚集、萎缩、变窄，呈网状，待病变达到 80% 左右收获病毒液，冻融 3 次后，无菌分装到 1.5 mL 管中，置于 -20℃ 冰箱冷冻保存。出现以上特异性细胞病变可初步判定为病毒分离阳性，但需要进步用 PCR 或 HA-HI 试验鉴定是否为 PPV。

3. 猪细小病毒的免疫监测

猪细小病毒免疫监测常用的方法是微量血凝抑制试验（HI）。

（1）血凝（HA）试验。①磷酸盐缓冲液（0.01 mol/L，pH 值 7.2）1 L，即为 HA-HI 缓冲液。②在 96 孔“V”形血凝板上，第 1～11 孔用移液器每孔加入磷酸盐缓冲液 25 μL。③用移液器吸取待检样品 25 μL，从第 1 列起，依次做倍比稀释，至第 11 个倍数孔，弃去加液器内 25 μL 液体（稀释倍数依次为 2、4、8、16、32……2048）。④第 1～11 孔每孔加入 25 μL 磷酸盐缓冲液；第 12 孔为红细胞对照入磷酸盐缓冲液 50 μL。⑤每孔加入 0.6% 豚鼠红细胞悬液 50 μL 立即在微量板振荡器上轻微振荡 1 min，室温（18～28℃）放置 1 h 后判定结果。

（2）血凝抑制（HI）试验。① 4 个血凝单位病毒液配制。以病毒 HA 效价为 1∶256，1 个血凝单位 = 256/4 = 64（即 1∶64）。取磷酸盐缓冲液 9 mL，加病毒液 1 mL，即成 1∶10 稀释度将 1∶10 释液混后吸取 1 mL 加磷酸盐缓冲液 5.4 mL 中，使最终浓度为 1∶64。②血清处理。血清先经 56℃、30 min 灭活，吸取 0.1 mL 血清 4 倍稀释，充分摇匀，置于室温 20 min，其间摇动 2～3 次，2 000 r/min 离心 10 min，吸出上清置于另一 1.5 mL 离心管，向上清液加红细胞液 25 μL，充分摇匀，置于室温 1 h，其间摇动数次，2 000 r/min 离心 10 min，上清液用作试验。处理的被检血清置于 4℃ 条件下 2～4 h 内有效。③在 96 孔“V”形微量血凝板上，用固定病毒稀释血清法，第 1～10 孔用移液器每孔加入磷酸盐缓冲液 25 μL，第 11、12 孔分别为 4 单位 PPV 病培养液（即抗原对照）与加 PBS 的红细胞对照。④第 1 列加入 25 μL 处理的血清，混合均匀，并依次进行倍比稀释，至第 10 列最后第 10 列弃去 25 μL 液体；在第 1～11 孔中每孔加入 25 μL 待测病毒液，第 12 孔加入 25 μL PBS 将反应板在微量板振荡器上振荡混匀，封板以防止液体蒸发，置于 4℃、18 h 或 25℃、3 h 或 37℃、2 h。⑤每孔加入 0.6% 豚鼠红细胞悬液 50 μL，将反应板在微量板振荡器上振荡，置于室温（18～28℃）1 h，待 PPV 细胞病毒对照出现红细胞凝集时观察结果。⑥每次测定应设 PPV 抗原对照和红细胞对照，对照及待检样品每个样品重复至少 3 次后确定结果。

二、猪圆环病毒的诊断与免疫检测

（一）设备材料

（1）器材。酶联免疫检测仪、高速台式冷冻离心机、微量移液器（规格 0.5～10 μL、20～200 μL、100～1 000 μL）、12 道可调微量移液器（规格 10～100 μL）、96 孔酶标反应板注射器（5 mL）、微量离心管（1.5 mL）、吸头（可与移液器配套）。

（2）试剂。PCV2 重组核衣壳蛋白（Cap）抗原、辣根过氧化物酶（HRP）标记的 PCV2 单克隆抗体、PCV2 阳性对照血清和阴性对照血清、四甲基联苯胺（TMB）、商品化 PCV2 ELISA 抗体检测试剂盒。

（二）内容及方法

1. 临床诊断

（1）剖检病变。该病主要的病理变化为患猪消瘦，贫血，皮肤苍白，黄疸（疑似 PMWS 的猪有 20% 出现）。淋巴结异常肿胀，内脏和外周淋巴结肿大到正常体积的 3～4 倍，切面为均匀的白色。肺部有灰褐色炎症和肿胀，呈弥漫性病变，比重增加，坚硬似橡皮样。肝发暗，呈浅黄到橘黄色外观，萎缩，肝小叶间结缔组织增生。肾水肿（有的可达正常的 5 倍）苍白，被膜下有坏死灶。脾轻度肿大，质地如肉。胰、小肠和结肠也常有肿大及坏死病变。

（2）组织学病变。病变广泛分布于全身器官、组织，广泛性的病理损伤。肺有轻度多灶性或高度弥漫性间质性肺炎。肝有以肝细胞的单细胞坏死为特征的肝炎；肾有轻度至重度的多灶性间质性肾炎。心脏有多灶性心肌炎。在淋巴结、脾、扁桃体和胸腺常出现多样性肉芽肿炎症。PMWS 病猪主要的病理组织学变化是淋巴细胞缺失。

2. 猪圆环病毒的分离鉴定

将采集的组织样品用 PBS 按 1∶10 的比进行稀释研磨成浆，或取病猪的抗凝血，反复冻融 3 次后，4 500 r/min 离心 15 min，取上清液，经微孔滤膜过除菌，接种在无 PCV 感染的正常 PK-15 细胞单层上，感作 1 h，倾尽接种液，加入含 2% 胎牛血清的 MEM 培养液（含 100 U/mL 的青霉素和 100 g/mL 的链霉素），37℃ 继续培养 24 h，弃上清液，PBS 洗涤，再加入含 2% 胎牛血清的 MEM 培养液，继续培养 24～48 h。

3. 猪圆环病毒的免疫监测

猪圆环病毒免疫监测常用的方法是微量血凝抑制试验（HI）。

（1）抗原包被板的制备。

抗原包被：用抗原包被液（将 PCV2 Cap 蛋白稀释成 2.0 g/mL，加入 96 孔酶标反应板，每孔 100 μL，置 37℃、2 h。

洗涤：倾去孔中液体，用 PBST 洗涤液洗涤，每孔 300 μL，洗涤 3 次，每次 3 min，最后 1 次拍干。

封闭：每孔加入 200 μL 1% BSA（牛血清白蛋白）封闭液，置 37℃ 下孵育加保护剂：弃去孔中液体，洗涤 3 次，加入抗原保护剂（100 μL/ 孔），置 37℃ 下作用 1 h。

密封：置 37℃ 晾干，用锡箔纸真空包装，密封。

（2）血清样品稀释和加样。取出抗原包被板并在记录表上标记待检样品的位置。用血清稀释液在稀释板内将待检血清 1∶1 稀释，即每孔先加 50 μL 样品稀释液，再加 50 μL 待检血清，混后，按记录表中标记的对应于抗原包被板上的位序，依次加入待检样各孔中。吸取每份血清时均应更换吸头。

待检血清样品数量较多时（＞10 份），应先使用血清稀释板释所有待检血清，再将稀释好的血清转移到抗原包被板，以尽可能使反应时间一致。加对照血清：用血清稀释液）将阳性对照血清）、阴性对照血清分别做 1∶1 稀释后，各取 100 μL 阴性对照血清分别加入 A1 孔和 A2 孔，各取 100 μL 阳性对照血清分别加入 B1 孔和 B2 孔。吸取不同血清时需要更换吸头。

（3）孵育和显色。

混合孵育：轻轻振荡微量反应板（孔中样品勿溢出），用封条封闭，置 37℃ 下孵育 2 h。

洗涤：加酶标单抗和孵育每孔加入 100 μL 工作浓度的 HRP 标记的 PCV2 单克隆抗体，37℃ 孵育 30 min。该试剂使用前恢复到室温，使用后放回 2～8℃ 洗涤。

显色：每孔加入 100 μL TMB 底物液显示液，37℃ 避光孵育 10～15 min。至阴性对照显蓝色、阳性对照基本不显色时，每孔加入 50 μL 终止液。在酶联免疫检测仪 450 nm 波长处读取各孔的 OD 值数 15 min 内完成。

三、猪传染性胃肠炎的诊断与免疫检测

（一）设备材料

除特别说明外，试验所用试剂均为分析纯，水为符合 GB/T 6682 规定的灭菌双蒸水或超纯水机、倒置显微镜、冷冻离心机、微孔滤膜、滤器、细胞培养瓶、盖玻片、温箱、荧光显微镜、冷冻切片机、载玻片、滴管、定量加液器、微量吸液器及配套吸头，96 孔或 40 孔聚乙烯微量反应板、单通道、8 通道微量吸液器及配套吸头、CO_2 培养箱、微量振荡器及小培养瓶、酶标检测仪等。仔猪肾原代细胞或 PK15、ST 细胞系。荧光抗体（FA），猪抗 TGE-IgG 及猪抗 TGE-gG-HRP 病毒抗原和标准阴性血清、阳性血清，抗原和酶标抗体。磷酸盐缓冲液（PBS）细胞培养液、病毒培养液、HEPES 液、0.1% 伊文思蓝原液、磷酸盐缓冲甘油、吸液、包被稀释液、样品稀释液、酶标抗体稀释液、底物溶液、终止液。

（二）临床诊断

TGEV 引起的腹泻，尽管症状很严重，但是病理变化较轻微。肉眼可见的病理变化常局限于消化道，特别是胃和小肠。胃膨胀，胃内充满凝乳块，胃黏膜充血或出血，胃大弯部黏膜淤血。小肠壁弛缓、膨胀，肠壁薄呈半透明。小肠内容物呈黄色、透明泡沫状的液体，含有凝乳块。空肠黏膜可见肠绒毛萎缩，哺乳仔猪肠系膜淋巴管的乳糜管消失。组织学变化主要以空肠为主，从胃至直肠呈广泛的卡他

性渗出性炎症变化。其特征是肠绒毛萎缩变短，回肠变化稍轻微。小肠变化有较明显的年龄特征，新生猪变化严重。电子显微镜观察，可见小肠上皮细胞的微绒毛、线粒体、内质网以及其他细胞质内的成分变性。在细胞质空泡内有病毒粒子存在。

（三）猪传染性胃肠炎病毒的分离鉴定

1. 病料处理

将采集的小段空肠剪碎及肠内容物或粪便用含 10 000 U/mL 青霉素和 10 000 μg/mL 链霉素的磷酸盐缓冲液制成 5 倍悬液，在 4℃ 条件下 3 000 r/min 离心 30 min，取上清液，经 0.22 μm 微孔滤膜过滤，分装，−20℃ 保存备用。

2. 接种及观察

将过滤液（病毒培养液的 10%）接种细胞单层上，37℃ 吸附 1 h 后补加病毒培养，每天观察细胞病变，连续 3～4 d，按细胞病变变化情况可盲传 2～3 代。

3. 病毒鉴定

细胞病变变化的特点：细胞颗粒增多，圆缩，呈小堆状或葡萄串样均匀分布，细胞破损，脱落。对不同细胞培养物，细胞病变可能有些差异。分离病毒用细胞瓶中加盖玻片培养，收集病毒时取出盖玻片（包括接毒与不接毒对照）用直接荧光法做鉴定。

（四）猪传染性胃肠炎的免疫监测

猪传染性胃肠炎免疫监测常用的方法是间接 ELISA。

1. 冲洗包被板

向各孔注入无离子水，浸泡 3 min，再注入洗液重复 3 次甩干孔内残液，在纸上吸干。

2. 抗原包被

用包被稀释液稀释抗原至使用浓度，包被量为每孔 100 μL。置于 4℃ 冰箱盒内 24 h，弃掉包被液，用洗液冲洗 3 次，每次 3 min。

3. 加被检及对照血清

将每份被检血清样品用血清稀释液做 1∶100 稀释加入 2 个每个孔 100 μL。每块反应板设阳性血清、阴性血清及稀释液对照各 2 孔每孔 100 μL 盖好包被板置于 37℃ 湿盒内 1 h，冲洗。

4. 加酶标抗体

用酶标抗体稀释液将标抗体释至使用浓度每孔加 100 μL 置于 37℃ 湿盒内 1 h，冲洗。

5. 加底物溶液

每孔加新配制的底物溶液 100 μL，在 37℃ 湿盒内反应 5～10 min。

6. 终止反应

每孔加终止液 50 μL。

7. 结果判定

（1）目测法。阳性对照血清孔呈鲜明的橘黄色，阴性对照血清孔无色或基本无色。被检血清孔凡显色者即判抗体阳性。

（2）比色法。用酶标测试仪，在波长 492 nm 下，测定各孔 OD 值。阳性对照血清的两孔平均 OD 值＞0.7（参考值），阴性对照血清的两孔平均 OD 值＜0.183 为正常反应。OD 值 0.2 为阳性；OD 值＜0.183 时为阴性；OD 值在 0.183～0.2 为疑似。

四、猪流行性腹泻的诊断与免疫检测

（一）设备材料

除特别说明外，试验所用试剂均为分析纯，水为符合 GB/T 6682 规定的灭菌双蒸水或超纯水荧光显微镜、冷冻切片机、载玻片、盖玻片、温箱、滴管等。荧光抗体（FA）、急性期内（5～7 d）病猪空肠中段的黏膜上皮或肠段。磷酸盐缓冲液（PBS）0.1% 伊文思蓝原液、磷酸盐缓冲甘油。

（二）内容及方法

1. 临床诊断

该病的临床症状主要是发病猪群都呈黄色水样腹泻，体温基本正常，少数病猪出现体温升高 1～2℃，并带有恶臭气味的稀便等特征。剖检的病理变化主要为肠管积液，肠系膜充血、水肿，淋巴结水肿等。病猪的组织学变化主要为空肠中后部的小肠绒毛上皮细胞脱落、绒毛变短，但在结肠，未能观察到组织病理学变化。

2. 猪流行性腹泻病毒的分离鉴定

（1）病毒分离。将采集的小段空肠连同肠内容物或粪便用含 1 000 U/mL 青霉素 1 000 g/mL 链霉素的 PBS 制成 5 倍悬液，在 4℃ 条件下 3 000 r/min 离心 30 min，取上清液，经 0.22 μm 微孔滤膜过滤分装，立即使用或置于 -20℃ 保存备用。将过滤液（病毒培养液的 10%）接种于 Vero 细胞单层上，同时加过滤液量 50% 的病毒培养液，37℃ 吸附 1 h。根据组织培养瓶大小添加病毒培养液至病毒培养总量，置 37℃ 培养，逐日观察 3～4 d 按致细胞病变情况，可盲传 2～3 代。

（2）结果判定。细胞病变的特点是细胞面粗糙、颗粒增多，有多核细胞（7～8 个甚至几十个），并可见空斑样小区，细胞逐渐脱落。这是特征性的细胞病变，可与猪传染性胃肠炎病毒的细胞病变相区别。同时，在细胞培养瓶中加盖玻片，收毒后用直接荧光做鉴定试验。有条件时可进行电镜观察，用负染法在阳性样品中电镜观察，可见到冠状病毒粒子。

3. 猪流行性腹泻的免疫监测

猪流行性腹泻免疫监测常用的方法是双体夹心 ELISA。

双体夹心 ELISA 仪器材料与试剂：除特别说明以外，试验所用试剂均为分析纯，水为符合 GB/T 6682 规定的菌双蒸水或超纯水、定量加液器、微量移液器及配套吸头、96 孔或 40 孔聚烯微量反应板、酶标测试仪。猪抗 PED-lgG 猪抗 PED-IgG-HRP（HRP 为辣根过氧化物酶）发病仔猪粪便或肠内容物。洗液、包被稀释液、样品稀释液、酶标抗体稀释液、底物溶液、终止液。

（1）操作方法。将发病仔猪粪便或肠内容物用浓盐水 1：5 释释，3 000 r/min 离心 20 min，取上清液待检。

（2）冲洗包被板。向各孔注入无离子水，浸泡 3 min 甩干，重复 3 次甩干孔内残液在纸上吸干。

（3）包被抗体。用包被稀释液稀释猪抗 PED-IgG 至使用倍数，每孔加 100 μL，置于 4℃ 过夜，弃液，用洗液冲洗 3 次，每次 3 min。

（4）加样品。将被检样品用样品稀释液做 5 倍稀释，加入两孔，每孔 100 μL，每块反应板设阴性抗原、阳性抗原及稀释液对照各两孔。置于 37℃ 作用 2 h，弃样品，冲洗。

（5）加酶标记抗体。每孔加 100 μL 经酶标抗体稀释液稀释至使用浓度的猪抗 PED-IgG-HRP 置于 37℃、2 h，弃液，冲洗。

（6）加底物溶液。每孔加新配置的底物溶液 100 μL 置于 37℃、30 min。

（7）终止反应。每孔加终止液 50 μL 置于室温 15 min。

（8）结果判定。用酶标测试仪在波长 492 nm 下测定吸光度（OD 值）。阳性抗原对照两孔平均 OD 值＞0.8，阴性抗原对照两孔平均 OD 值≤0.2 为正常反应。按以下两个条件判定结果：P/N 值≥2 且被检抗原两孔平均 OD 值≥0.2 判为阳性，否则为阴性。

注：P 为阳性孔的 OD 值，N 为阴性对照孔的 OD 值。

• 工具准备

试验所用试剂均为分析纯，水为符合 GB/T 6682 规定的灭菌双蒸水或超纯水荧光显微镜、冷冻切片机、载玻片、盖玻片、温箱、滴管等。荧光抗体（FA）、急性期内（5～7 d）病猪空肠中段的黏膜上皮或肠段。磷酸盐缓冲液（PBS）0.1% 伊文思蓝原液、磷酸盐缓冲甘油。

• 人员准备

人员分组，每组 5 人，明确职责分工（表 3-1-1）。

表 3-1-1　任务分配

任务角色	任务内容
组长	整理任务流程，制订计划，合理安排分工
组员 1	临床诊断
组员 2	分离鉴定
组员 3	免疫检测
组员 4	结果汇总处理

任务筹划

一、内容筹划

（1）整合资料，制订实施计划。

（2）完成猪流行性腹泻的临床诊断和猪流行性腹泻病毒的分离鉴定及免疫检测试验。

二、流程筹划

前期准备（材料、工具、动物、场地、人员）—进行现场勘察—制订计划—前期处理—临床诊断—分离鉴定—免疫检测—结果汇总记录。

任务实施

根据任务筹划完成表 3-1-2 的任务实施步骤。

表 3-1-2 任务实施步骤

步骤	任务实施情况
步骤一	
步骤二	
步骤三	
步骤四	
步骤五	
步骤六	

任务检测

请扫描二维码 3-1-1 进行答题。

二维码 3-1-1
项目三任务一检测

任务评价

根据任务完成情况完成任务评价（表 3-1-3）。

表 3-1-3　工作任务完成过程评价

班级：	组别：		姓名：	
项目	评分标准	自我评价	小组评价	教师评价
前期准备	材料准备是否完整（5 分）			
	资料整合是否正确（5 分）			
尸体处理过程	制订计划是否正确（5 分）			
	记录是否完整（5 分）			
	动物前期处理是否正确（5 分）			
	临床诊断是否正确（5 分）			
	分离鉴定是否正确（5 分）			
	免疫检测是否正确（5 分）			
	检测方法是否正确（10 分）			
后期处理	结果汇总是否得当（5 分）			
	结果判定是否得当（5 分）			
视频上传	是否完成视频剪辑上传（10 分）			
合计				
自我评价与总结				
教师点评				

任务二　猪丹毒、猪链球菌病、猪支原体肺炎的检疫与诊断

任务导入

通过课前准备工作，请学生讲述了解或者熟悉的皮肤病有哪些？描述它们典型的临床症状，并判定其是否具有传染性。

任务准备

- **知识准备**

一、猪丹毒

猪丹毒是由猪丹毒杆菌引起发生在猪身上的一种急性、热性、败血性人兽共患传染病。急性型呈败血症症状，亚急性型在皮肤上出现紫红色疹块，慢性型为非化脓性关节炎和疣状心内膜炎。

猪丹毒是一种急性传染病，广泛分布于世界各地。急性败血症病死率高达80%左右，不死者转为疹块型或慢性型，危害较大。

（一）病原

猪丹毒杆菌是一种革兰氏阳性菌，具有明显的形成长丝的倾向。该菌为平直或微弯纤细小杆菌，大小为（0.2～0.4）μm×（0.8～2.5）μm。在病料内的细菌，单个、成对或成丛排列，在白细胞内一般成丛存在，在陈旧的肉汤培养物内和慢性病猪的心内膜疣状物中，多呈长丝状，有时很细。该菌对盐腌、火熏、干燥、腐败和日光等自然环境的抵抗力较强。

在病死猪的肝、脾内4℃、159 d，毒力仍然强大。露天放置27 d的病死猪肝，深埋1.5 m、231 d的病猪尸体，12.5%食盐处理并冷藏于4℃、148 d的猪肉中，都可以分离到猪丹毒杆菌。在一般消毒药（如2%福尔马林、1%漂白粉、1% NaOH或5%碳酸）中很快死亡。对热的抵抗力较弱，肉汤培养物于50℃经12～20 min，70℃、5 min即可杀死。猪丹毒杆菌耐酸性较强，猪胃内的酸度不能杀死它，因此可经胃而进入肠道。

（二）流行病学

该病主要发生于架子猪，其他家畜和禽类也有病例报告。人也可以感染该病，称为类丹毒。病猪和带菌猪是该病的传染源。35%～50%健康猪的扁桃体和其他淋

巴组织中存在此菌。病猪、带菌猪以及其他带菌动物（分泌物、排泄物）排出菌体污染饲料、饮水、土壤、用具和场舍等，经消化道传染给易感猪。该病也可以通过损伤皮肤及蚊、蝇、虱、蜱等吸血昆虫传播。屠宰场、加工场的废料、废水，食堂的残羹，动物性蛋白质饲料（如鱼粉、肉粉等）喂猪常常引起发病。猪丹毒一年四季都有发生，有些地方以炎热多雨季节流行得最盛。该病常为散发性或地方流行性传染，有时也呈暴发性流行。

（三）临床症状

潜伏期短的 1 d，长的 7 d。

1. 急性型

此型常见，以突然暴发、急性经过和高死亡为特征。病猪精神不振、高烧不退；不食、呕吐；结膜充血；粪便干硬，附有黏液。小猪后期下痢。耳、颈、背皮肤潮红、发紫。临死前腋下、股内、腹内有不规则鲜红色斑块，指压褪色后而融合一起。常于 3～4 d 内死亡。病死率 80% 左右，不死者转为疹块型或慢性型。哺乳仔猪和刚断乳的小猪发生猪丹毒时，一般突然发病，表现神经症状，抽搐，倒地而死，病程多不超过 1 d。

2. 亚急性型（疹块型）

病变较轻，前 1～2 d 在身体不同部位，尤其胸侧、背部、颈部至全身出现界限明显，圆形、四边形，有热感的疹块，俗称“打火印”，指压褪色。疹块突出皮肤 2～3 mm，大小为一至数厘米，从几个到几十个不等，干枯后形成棕色痂皮。病猪口渴、便秘、呕吐、体温高。疹块发生后，体温开始下降，病势减轻，经数天至十几天，病猪自行康复。也有不少病猪在发病过程中，症状恶化而转变为败血型而死。病程 1～2 周。

3. 慢性型

由急性型或亚急性型转变而来，也有原发性，常见的有慢性关节炎、慢性心内膜炎和皮肤坏死等几种。慢性关节炎型主要表现为四肢关节（腕、跗关节较膝、髋关节最为常见）的炎性肿胀，病腿僵硬、疼痛。以后急性症状消失，而以关节变形为主，呈现一肢或两肢的跛行或卧地不起。病猪食欲正常，但生长缓慢，体质虚弱，消瘦。病程数周或数月。慢性心内膜炎型主要表现消瘦，贫血，全身衰弱，喜卧，厌走动，强使行走，则举止缓慢，全身摇晃。听诊心脏有杂音，心跳加速、亢进，心律不齐，呼吸急促。此种病猪不能治愈，通常由于心脏停搏突然倒地死亡。溃疡性或椰菜样疣状赘生性心内膜炎。心律不齐、呼吸困难、贫血。病程数周至数月。慢性型的猪丹毒有时形成皮肤坏死。常发生于背、肩、耳、蹄和尾等部。局部皮肤肿胀、隆起、坏死、色黑、干硬、似皮革。逐渐与其下层新生组织分离，犹如一层甲壳。坏死区有时范围很大，可以占整个背部皮肤；有时可在部分耳壳、尾巴、末梢、各蹄壳发生坏死。经 2～3 个月坏死皮肤脱落，遗留一片无毛、色淡的疤痕而愈。如有继发感染，则病情复杂，病程延长。

（四）病理变化

1. 急性型

胃底及幽门部薄膜发生弥漫性出血，小点出血；整个肠道都有不同程度的卡他性或出血性炎症。

2. 亚急性型

充血斑中心可因水肿压迫呈苍白色。

3. 慢性型

（1）心内膜炎

在心脏可见到疣状心内膜炎的病变二尖瓣和主动脉瓣出现菜花样增生物。

（2）关节急性型

胃底及幽门部薄膜发生弥漫性出血，小点出血；整个肠道都有不同程度的卡他性或出血性炎症；脾肿大，呈典型的败血脾；肾淤血、肿大，有“大紫肾”之称；淋巴结充血、肿大，切面外翻，多汁，肺淤血、水肿。

（五）诊断

根据临床症状和试验室分离鉴定病原进行诊断。这种病原很容易培养。血清学试验结果只能说明患猪接触过病原，不足以当作确诊依据，必须间隔 14 d 做两次血清学试验，如果结果都是滴度升高，才可以用来辅助诊断。

（六）防控

（1）猪丹毒其实并不可怕，只是复杂，积极治疗，治愈概率较高。将个别发病猪隔离，同群猪拌料用药。在发病后 24～36 h 内治疗，疗效理想。首选药物为青霉素类（阿莫西林）、头孢类（头孢噻呋钠）。对该细菌应一次性给予足够药量，以迅速达到有效血药浓度。发病猪只隔离，注射阿莫西林每 50 kg 体重 2 g + 清开灵注射液每 50 kg 体重 20 mL，每天 1 次，直至体温和食欲恢复正常后 48 h，药量和疗程一定要足够，不宜停药过早，以防复发或转为慢性。同群猪用每吨料清开灵颗粒 1 kg、70% 水溶性阿莫西林 800 g，拌料治疗，连用 3～5 d。

（2）如果生长猪群不断发病，则有必要采取免疫接种，选用二联苗或三联苗，8 周龄一次，10～12 周龄最好加强免疫一次。防母源抗体干扰，一般 8 周龄以前不做免疫接种。

（3）疫病流行期间，预防性投药，全群用清开灵颗粒 1 kg/t 料、70% 水溶性阿莫西林 600 g/t 料，均匀拌料，连用 5 d。

（4）加强饲养管理，保持栏舍清洁卫生和通风干燥，避免高温高湿，加强定期消毒。

（5）加强屠宰场、交通运输、农贸市场检疫工作，对购入新猪隔离观察 21 d，对圈、用具定期消毒。发生疫情隔离治疗、消毒。未发病猪用青霉素注射，每天 2 次，3～4 d 为止，加强免疫。

（6）预防免疫。种公、母猪每年春秋两次进行猪丹毒氢氧化铝甲醛苗免疫。育肥猪 60 日龄时进行一次猪丹毒氢氧化铝甲醛苗或猪三联苗免疫一次即可。

二、猪链球菌病

猪链球菌病是由多种致病性链球菌感染引起的一种人兽共患病，包括猪淋巴结脓肿和猪败血性链球菌病。败血症、化脓性淋巴结炎、脑膜炎以及关节炎是该病的主要特征。猪链球菌 2 型可导致人类的脑膜炎、败血症和心内膜炎，严重时可导致人的死亡。猪链球菌病在养猪业发达的国家都有发生。随着中国规模化养猪业的发展，猪链球菌病已成为养猪生产中的常见病和多发病。

（一）病原

链球菌属的细菌种类繁多，自然界中分布广泛。在健康动物及人呼吸道、生殖道等也有链球菌存在。

（二）流行病学

链球菌种类多，属条件性致病菌，在自然界和猪群中广泛分布，常存在于健康的哺乳动物和人体内。猪、野猪、马属动物、牛、羊、犬、猫、鸟类、兔、水貂和鱼等对猪链球菌均有易感性。对猪则不分年龄，品种和性别均易感，但大多数在 3～12 周龄仔猪中暴发流行，尤其在断乳及混群时易出现发病高峰。其传播方式主要通过口或呼吸道传播，也可垂直传播（有些新生仔猪可在分娩时感染）。猪链球菌定植在猪的上呼吸道（尤其是鼻腔和扁桃体）、生殖道和消化道，4～6 月龄的猪扁桃体带菌率为 32%～50%。病猪和病死猪是主要传染源，亚临床健康带菌猪可排出病菌成为传染源，对青年猪的感染起重要作用。猪群携带该病原的概率在 0～100%，然而，病原携带率和疾病的发病没有明显相关性。

猪链球菌病的流行无明显季节性，一年四季均可发生，但 7—10 月易出现大面积流行。猪链球菌感染人没有明显季节性，但该病的暴发具有地域性。从外地引入带菌猪，混群、免疫接种、高温高湿、气候变化、圈舍卫生条件差等应激因子使动物的抵抗力降低时，均可诱发猪链球菌病。昆虫媒介在疾病的传播中起重要作用，通过在猪场间飞行传播病原菌。在猪链球菌众多血清型中，2 型是猪最主要病原，致病性最强。从表征健康的猪体扁桃体内分离的所有猪链球菌中，2 型多达 50.6%，同时其对人的致病性也最强。

（三）临床症状

在临床上，猪链球菌病主要表现为败血症、脑膜炎、关节炎和淋巴结脓肿。分为以下几型：

败血型主要常见于流行初期的最急性病例，发病急，病程短，往往不见任何异常症状猪突然死亡。或突然减食或停食，精神委顿，体温升高到 41～42℃，呼吸困难，便秘，结膜发绀，卧地不起，口、鼻流出淡红色泡沫样液体，多在 6～24 h 内死亡；急性病例的病猪表现为精神沉郁，体温升高达 43℃，出现稽留热，食欲不振，眼结膜潮红，流泪，流浆液状鼻液，呼吸急促，间有咳嗽，颈部、耳廓、腹下及四肢下端皮肤呈紫红色，有出血点，出现跛行，病程稍长，多在 3～5 d 内死亡。发病率一般为 30% 左右，死亡率可达 80%。

脑膜炎型多发生于哺乳仔猪和断乳小猪，病初体温升高至 40.5～42.5℃，停食，便秘，有浆液性和黏性鼻液，出现神经症状，运动失调、盲目走动、转圈、空嚼、磨牙、仰卧，后躯麻痹，侧卧于地、四肢划动，似游泳状。急性型多在 30～36 h 死亡。亚急性或慢性型病程稍长，主要表现为多发性关节炎，逐渐消瘦衰竭死亡，或康复。

关节炎型主要由前两型转来的，或者从发病起就表现为关节炎。病猪在一肢或多肢关节肿胀、疼痛、跛行，不能站立，病程 2～3 周。

淋巴结脓肿型该型是由猪链球菌经口、鼻及皮肤损伤感染而引起。断乳仔猪和出栏育肥猪多见，传播缓慢，发病率低，但猪群一旦发生，很难清除。主要表现为颌下、咽部、颈部等处的淋巴结化脓，形成脓肿。淋巴结最初出现小脓肿，然后逐渐增大，感染后 3 周局部显著隆起，触诊坚硬、有热痛。病猪采食、咀嚼、吞咽和呼吸均有障碍。脓肿成熟后，表皮坏死，破溃流出脓汁。脓汁排净后，全身症状显著减轻，肉芽组织生长，结疤愈合。病程 3～5 周。

（四）病理变化

急性败血型：血凝不良，皮肤有紫斑，黏膜、浆膜皮下出血。鼻黏膜紫红色，充血及出血。喉头、气管充血，常见大量泡沫。肺充血肿胀。全身淋巴管有不同的肿大、充血和出血。心包积液，淡黄色，少数可见轻度纤维素性心包炎，心内膜有出血点。有的可见轻度的纤维素性胸膜炎。腹腔有少量淡黄色积液，部分有较轻的纤维素性腹膜炎。多数病例脾肿大，少数增大 1～3 倍，呈暗红色或紫蓝色，软而易脆裂。胃和小肠黏膜有不同程度的充血和出血。肾多轻度肿大、充血和出血。脑膜有不同程度的充血，有时出血。

脑膜炎型：脑膜充血、出血，严重者溢血，少数脑膜下充满积液，脑切面可见白质和灰质有明显点状出血，其他与败血型变化相似。

慢性型：心内膜炎时，心瓣增厚，表面粗糙，在瓣上有菜花样赘生物，常见二或三尖瓣，有时还见于心房、心室和血管内。关节炎时，关节囊内外有黄色胶冻样液体或纤维素性脓性渗出物。

（五）诊断

依据该病的流行特点、症状、病理变化，只能做出初步诊断，确诊需依靠实验室诊断。

镜检涂片是比较简便的诊断方法。可取病猪的肝、脾、淋巴结、血液、关节液、脓汁等病料经涂片后染色镜检，观察有无典型链球菌。

细菌的分离培养通过无菌采集肝、脾、淋巴结、血液、关节液、脓汁等病料接种血液琼脂平板，观察菌落生长，有无溶血，以及溶血的类型。若菌落出现 β- 型溶血，进一步做细菌形态和生化鉴定。还可进一步做血清学及分型鉴定。用 PCR 鉴定菌株的毒力因子。

动物接种试验将采集的病料或细菌培养物接种家兔、小鼠和鸽子，观察试验动物发病情况，从死亡动物体内回收、鉴定细菌。

（六）防控

隔离病猪，清除传染源屠宰后发现可疑病猪的猪胴体，经高温处理后方可食用。除去猪舍内的尖锐物体。

免疫预防疫区（场）在 60 日龄首次免疫接种猪链球菌病氢氧化铝胶苗，以后每年春秋各免疫一次，不论大小猪一律肌肉或皮下注射 5 mL，浓缩菌苗注射 3 mL，注射后 21 d 产生免疫力，免疫期约 6 个月。猪链球菌弱毒菌苗，每头猪肌内或皮下注射 1 mL，14 d 产生免疫力，免疫期 6 个月。如果暂时买不到菌苗，可用药物预防以防止该病的蔓延。每吨饲料中加入四环素 125 g，连喂 4～6 周。

三、猪支原体肺炎

猪支原体性肺炎是由猪肺炎支原体引发的一种慢性肺炎，又称猪地方流行性肺炎，其病原最早由 Mare、Switzer（1965）和 Goodwin 等（1965）从患肺炎猪的肺组织中分离出，并试验复制出该病，报道后该病原被命名为猪肺炎支原体。

（一）病原

猪肺炎支原体为该病病原，猪肺炎支原体生长需求极为苛刻，分离相当困难，其在基本肉汤培养物中生长缓慢，经 3～30 d，培养物才产生轻微的混浊，并产酸使颜色发生变化。Ross 和 Whittlestone（1983）归纳总结了分离猪肺炎支原体的各种培养基和方法，以及猪肺炎支原体有关的生物学和生物化学特性及特定的鉴别方法。

支原体一个与潜在致病性和防控有关的重要特征是其具有明显改变表面抗原的倾向，Artiushin 和 Minion（1996）提供了一些猪肺炎支原体分离物中存在异源性抗原的证据。

（二）流行病学

自然条件下，仅感染猪，不同年龄段、品种猪均能感染，但乳猪和断乳仔猪易感性最高，发病率和死亡率较高，其次是怀孕后期和哺乳期的母猪，育肥猪发病较少，病情也较轻。母猪和成年猪多呈慢性和隐性。该病一年四季均可发生，但在寒冷、多雨、潮湿或气候骤变时较为多见。饲养管理和卫生条件是影响该病发病率和死亡率的重要因素，在饲料质量下降、猪舍潮湿和拥挤、通风不良等情况下，影响较大。如继发或并发其他疾病，常引起临诊症状加剧和死亡率升高。该病传染源是病猪和带病猪，主要通过接触或飞沫经呼吸道传染，皮下、静脉、肌内注射或胃管接种病原体均不致病。

（三）临床症状

主要临床症状为气喘和咳嗽。可根据病程经过，分为急性型、慢性型和隐性型。

急性型：主要见于新建猪场及新感染的猪群，以仔猪、妊娠母猪和哺乳仔猪多发。病猪常突然发病，临床表现为精神沉郁，呼吸次数剧增每分钟 60～120 次，有明显的腹式呼吸，咳嗽次数少而低沉，发出喘鸣声（俗称拉风箱）。体温一般正常，如有继发感染则可升高到 40℃ 以上。病程一般为 7～14 d，病死率较高。

慢性型：多发于大猪、半大猪，常发于早晨和晚上，活动及吃食后发生咳嗽。随着病程发展，表现为不同程度的呼吸困难，症状时轻时重，病猪采食量变化不大，但呈现消瘦，生长缓慢，常形成僵猪。病死率与饲养管理关系密切，管理得当，病死率低，死亡病例主要由于并发或继发其他疾病引起，多见于夏末秋初气温骤变时期。

隐性型：多见于老疫区。感染猪临床症状不明显，偶见个别猪发生咳嗽，生长发育正常，解剖后见猪肺尖端有病变。

（四）病理变化

主要病变部位在于肺部及胸腔内淋巴结。病变由肺的心叶开始，逐渐扩展到尖叶、中间叶的前下部，病变部位与健康组织界限明显，两侧肺叶病变分布对称，呈灰红色似新鲜的肌肉样，俗称“肉变”，切面流出微混浊灰白色带泡沫的浆性或黏性液体。病程长或重时，病变部呈淡紫色、深紫色或灰白色、灰黄色，坚韧度增加，俗称“胰变”或“虾肉样变”。支气管淋巴结及纵隔淋巴结出现具有特征性的水肿性肿大，气管、支气管带有泡沫性渗出物。

（五）诊断

根据猪场发病史、流行病学、临床特征及病死猪剖解特征进行诊断，老疫区以咳嗽为主，妊娠期母猪和仔猪有较高死亡率。临床上常根据以上特征进行诊断。

该病还需与流行性感冒、猪肺疫及猪繁殖与呼吸综合征等进行鉴别诊断。该病与流感都有精神不振、呼吸困难、咳嗽等临床症状。但猪流感的病原为猪流感病毒，病猪咽、喉、气管和支气管内有黏稠的黏液肺有下陷的缺氧造成的深紫色区。与猪肺疫的区别在于，后者急性病例呈败血症和纤维素性胸膜炎症状，全身症状较重，病程较短，剖检时见败血症和纤维素性胸膜肺炎变化。慢性病例体温不定，咳嗽重而气喘轻，高度消瘦，剖检时在肝变区可见到大小不一的化脓灶或坏死灶。后者体温和采食变化不明显，无败血和胸膜炎。与猪繁殖与呼吸综合征的区别在于虽都有呼吸症状，但后者病原为病毒，病猪呈多病灶性至弥漫性肺炎，体温升高明显，甚至后期有缺氧体表发绀表现，而妊娠母猪则可能表现为死胎、流产和木乃伊胎。

实验室确诊须从病料中分离到致病性支原体。在成功分离培养病原微生物后，可通过血清学试验、间接血细胞凝集试验、试管凝集试验、血清平板凝集试验、间接免疫荧光试验补体、结合反应试验和微量补体结合试验等或通过液氮粉碎组织，提取总 DNA 进行针对支原体设计特异性引物进行用 PCR 方法进行检测。

（六）防控

在养殖业中，针对任何传染性疾病都要树立“预防为主，防治结合”的观念，该病也不例外。加强饲养管理做好猪场日常的卫生清洁工作，定期消毒，制定并施行科学合理的免疫预防程序。保证猪饲料中营养的均衡，改善猪群的饲养环境包括良好的通风、全进全出的饲养方式，合理的温度控制，同时防止猪群的密度过大并且定期进行驱虫等。猪场尽量减少干湿分离投料，以免造成猪发生呼吸道炎症从而继发该病。一定要在饮水或饲料中添加脂溶性维生素 A 和维生素 E，以增强对呼吸道的保护力。同时根据该病发生特点，在季节变化大时，通过人为调控，减小环境应激。

● 操作准备

一、猪细小病毒的诊断与免疫检测

（一）设备材料

（1）器材。剪刀、骨剪、肠剪、镊子、病理剖检记录表、工作服、胶靴、围裙、橡胶手套、恒温培养箱、照蛋灯、针锥、组织匀浆器、1 mL 注射器、种蛋或鸡胚、96 孔“V”形血凝反应板、微量混合器、25 μL 微量加样器、吸管、烧杯、加样槽。

（2）试剂。标准抗原、标准阳性血清、被检血清、1% 鸡红细胞悬液、pH 值 7.2 的 0.01 mol/L 磷酸盐缓冲液（PBS）。

（二）内容及方法

1. 临床诊断

根据症状观察可做出怀疑性诊断。临床症状一般表现为以下几种类型。

急性败血型：此型最为常见，以突然暴发，急性经过和高的致死率为特征，病猪体温升高达 42～43℃。高烧不退，卧地，不食，病程短，可突然死亡。

亚急性：皮肤疹块型病猪食欲减退体温升高 41～42℃，精神不振，不愿走动发病 2～3 d 后在胸、腹、背、肩、四肢的皮肤上发生疹块，呈方形或菱形，稍突起于皮肤表面，具有特殊诊断意义。

慢性关节炎型：病猪一般由败血型或皮肤疹块型转变而来，也有原发性，主要表现为慢性关节炎，病猪出现皮肤大块坏死，四肢关节肿胀、疼痛、跛行。

青霉素对该病有明显疗效，也有一定诊断意义。

2. 猪丹毒病毒的分离鉴定

（1）所需材料。①培养基。马丁琼脂或马丁肉汤。②定型血清。1～2 型定型血清和 1～2 型阳性抗原。

（2）采集病料。急性病例可采集被检猪的心血、肝、脾、淋巴结等脏器，亚急性疹块病例可采集皮肤疹块病料；慢性病例可采集关节液和心内膜的增生物。

（3）菌体形态。用采集到的心血及脏器制备抹片，染色镜检为革兰氏阳性细小杆菌。

（4）动物试验。用病料制成 1∶10 悬液接种小白鼠 0.2 mL，经 3～5 d 死亡取心血肝、脾等病料进行分离培养。同时接种豚鼠（1 mL）则不死亡。

（5）分离培养。将病料画线接种于加 10% 健康马血清马丁琼脂培养基，培养 36～48 h，肉眼观察，若菌落较小，表面圆整光滑，呈微蓝灰色露珠状，判为可疑菌落，进一步做血清型鉴定。

3. 猪丹毒的免疫监测

猪丹毒免疫监测常用的方法是血清培养凝集试验。

猪丹毒血清培养凝集试验，此试验为测抗体用。

（1）所需材料。①培养基。马丁肉汤。②菌种。猪丹毒杆菌 C43-8 强毒菌种。

（2）操作步骤。①无菌采集被检猪血 5 mL，分离血清。②将被检血清用马丁肉汤分别稀释成 1∶10 和 1∶20。③每个稀释度的血清分别取 5 mL，56℃ 灭活 30 min。判为可疑的血清应重做。④待灭活血清冷至 37℃ 以下时，每管加入猪丹毒 C43-8，经 18 h 培养的马丁肉汤菌液 0.1 mL，置 36～37℃ 静置培养 18 h，再取出放室温 2 h 后判定结果。⑤本试验同时设马丁肉汤和马丁肉汤培养的猪丹毒菌液作为对照管。

（3）判定标准。①被检血清培养物与菌液对照管比较观察，被检管和对照管一样均匀一致且无凝集块者为阴性（-）。②被检管培养物上层液体稍混浊，管底有凝集物沉淀者为阳性（+ 或 ++）。③被检管培养物澄清，无混浊状，管底有大量凝集物沉淀者为阳性（+++ 或 ++++）。④定性判定根据血清 1∶10 和 1∶20 两个稀释度出现的凝集程度综合判定。两个稀释度出现凝集程度的总和 ≥5 个“+”者，判为阳性。两个稀释度出现凝集度的总和为 4 个“+”者判为可疑。两个稀释度出现凝集程度的总和 ≤3 个“+”者，判为阴性。

二、猪支原体肺炎的诊断与免疫检测

（一）设备材料

（1）器材。剪刀、骨剪、肠剪、镊子、病理剖检记录表、工作服、胶靴、围裙、橡胶手套、恒温培养箱、针锥、组织匀浆器、1 mL 注射器、96 孔“V”形血凝反应板、微量混合器、25 μL 微量加样器、吸管、烧杯、加样槽、血琼脂培养基、无菌操作台、CO_2 培养箱、低倍显微镜、移液器、载玻片和微量加样器。

（2）试剂。阳性血清、阴性血清（由指定单位提供）、2% 醛化红细胞悬液，2% 抗原致敏的红细胞悬液、血清稀释液、96 孔（12×8）“V”形有机玻璃血凝板或一次性微量血凝板、微量移液器、微量振荡器。

（3）酶标检测仪、恒温培养箱、酶标板、可调移液器（1～10 μL、20～

200 μL、100～1 000 μL）。猪肺炎支原体抗原（1 mg/mL）、猪肺炎支原体阳性对照血清（阳性对照）、猪肺炎支原体阴性对照血清（阴性对照）、辣根过氧化物酶（HRP）标记的抗猪 IgG 抗体：均由指定单位提供。

（4）洗液。包被液、样品稀释液、酶标抗体稀释液、底物溶液、终止液。

（二）内容及方法

1. 临床诊断

按家畜尸体剖检程序，猪支原体肺炎主要检查肺部病变。

（1）临床症状。主要症状为咳嗽和气喘。

（2）病理症状。剖检可见不同程度肺水肿和肺气肿，可见心叶有半透明状、界限清晰的“肉变”，肺部间叶、心叶和膈叶出现融合性支气管炎。

（3）其他。有时可见肺淤血或水肿。继发其他感染时可引起肺和胸膜的纤维素性、化脓性和坏死性病理变化。

2. 支原体的分离鉴定

（1）病料采集。

新鲜肺组织样本采集和运输：剖检病死猪或发病猪，采集病肺中具有特征病变组织与未见异常组织连接处的肺组织 0.5～1.0 g，置于无菌密封袋或密封容器中，于 2～8℃ 下 24 h 内完成运送工作。如样品不能被及时送到实验室，应置于 −20℃ 以下冰箱中保存。

支气管肺泡灌洗液采集和运输：采集新鲜未破损的猪肺，经气管注入 50～100 mL 灭菌的 0.01 mol/L PBS 溶液，轻揉肺 3～5 min，转移 5～10 mL 灌洗液至无菌容器中。

鼻拭子采集和运输：将猪保定后，采样人员将棉拭子与猪鼻中隔呈 45° 轻轻插入。遇到鼻中隔后，稍作拐弯，绕过骨状瓣膜，与鼻中隔平行方向插入 2～5 cm，轻轻旋转棉拭子。当猪出现喷嚏反射后，轻轻抽出棉拭子，将该鼻拭子样品端置于含有 1 mL 0.01 mol/L PBS 溶液的灭菌离心管中。

（2）分离培养。将采集的肺组织剪成 2 mm 以下的碎块，用 Hank's 液洗涤一次。取 3～5 块浸泡在盛有 2 mL 猪肺炎支原体液体培养基（含 2 000 U/mL 青霉素）的玻璃瓶或试管中，置 37℃ 传代培养。第 1～3 代分离时，每 3～5 d，以 10%～20% 的接种量连续进行盲传；随后，每 5～7 d 连续传代至第 4～5 代，以提高分离率。连续传代过程中，如培养物变色，进行涂片镜检。

（3）染色镜检。瑞氏染色以环形为主，也见球状、两极杆状、新月状、丝状等形态多样、大小不等疑似菌体。

（4）培养鉴定。取 0.2 mL 培养物涂布于猪肺炎支原体固体培养基表面，置 37℃、5%～10% CO_2 环境中培养 3～10 d。若出现圆形、边缘整齐、似露滴状、中央有颗粒且稍隆起的疑似菌落。

（5）结果判定。样品呈现出镜检和培养的疑似特征，且猪肺炎支原体 PCR 检测结果阳性，则判为病猪猪肺炎支原体分离阳性，表述为检出猪肺炎支原体；否则，表述为未检出猪肺炎支原体。

3. 免疫监测

常用的方法是间接血凝试验（IHA）和酶联免疫吸附试验（ELISA）。

（1）间接血凝试验（IHA）。①取被检血清 0.2 mL 于无菌小试管中，56℃水浴 30 min 灭活，冷却后假如 0.3 mL 2% 戊二醛化红细胞悬液，摇匀，置 37℃水浴 30 min，期间不断混匀，室温 1 500 r/min 离心 10 min 后，收集上清供检验用。阳性、阴性血清的处理同被检血清。②用微量移液器先向血凝板拟使用的每孔中加入 25 μL 血清稀释液，再向第 1 孔加入 25 μL 已处理好的被检血清，充分混匀，吸取 25 μL 加入第 2 孔……依次做倍比连续稀释至第 6 孔（血清的稀释倍数为 1∶5、1∶10、1∶20、1∶40、1∶80、1∶160），混匀后从第 6 孔取 25 μL 弃去。③向每个加样孔中加入 25 μL 2% 抗原致敏的红细胞悬液，同时，设阴性血清对照、阳性血清对照及 2% 戊二醛化红细胞空白对照，置微量振荡器上振荡 30 s 后，室温静置 2 h，观察结果。④结果判定。

试验成立的条件：抗原致敏的红细胞对照无自凝现象，阳性对照血清抗体效价＞1∶20（++）；阴性对照血清抗体效价＜1∶5（-）时试验成立。

判定标准如下。“++++”为红细胞 100% 凝集，在孔底凝结浓缩成团，面积较大；“+++”为红细胞 75% 凝集，形成网络状沉积物，面积较大，卷边或锯齿状；“++”为红细胞 50% 凝集，其余不凝集的红细胞在孔底中央集中成较大的圆点；“+”为红细胞 25% 凝集，不完全沉于孔底，周围有散在少量的凝集；“-”为红细胞呈点状沉于孔底，周边光滑。

判定：被检血清抗体效价≥1∶10（+）者，判为阳性，表明样品中存在猪肺炎支原体抗体；被检血清抗体效价＜1∶5（-）者，判为阴性，表明样品中不存在猪肺炎支原体抗体；介于二者之间判为可疑。将可疑猪隔离饲养 1 个月后再作检验，若仍为可疑反应，则判定为阳性。

（2）酶联免疫吸附试验（ELISA）。①操作过程。将猪支原体肺炎抗原用包被液稀释成工作浓度，包被酶标板，每孔 100 μL，加盖后，置 2～8℃过夜。翌日取出酶标板，置 37℃恒温箱或室温 30 min 后，弃去包被液，每孔加入 200 μL 样品稀释液，37℃孵育 1 h。取出酶标板弃去液体后，每孔加入洗液 300 μL 洗板，共 3～5 次。最后 1 次倒置拍干。被检血清用样品稀释液做 1∶40 稀释，每份血清加 2 孔，每孔 100 μL。同时设立同样稀释与加样的阳性对照、阴性对照和直接加样品稀释液的空白对照各 2 孔。室温（18～25℃）下作用 30 min。取出酶标板弃去液体后，每孔加入洗液 300 μL 洗板，共 3～5 次。最后 1 次倒置拍干。加 HPR 标记的抗猪 IgG 抗体。用样品稀释液将酶标抗体稀释成工作浓度，加样孔中每孔加入 100 μL，室温（18～25℃）作用 30 min。取出酶标板弃去液体后，每孔加入洗液 300 μL 洗板，共 3～5 次。最后 1 次倒置拍干。加酶底物溶液于加样孔中，每孔加 100 μL，室温（18～25℃）作用 15 min。取出酶标板，加样孔中每孔加 100 μL 终止液终止反应。酶标板在酶标仪 650 nm 波长下，以空白对照为“0”参照，测定加样孔吸光值（OD）。②结果计算。只有在阳性对照平均值减去阴性对照平均值的差值≥0.15、阴性对照平均值≤0.15 时，检测结果才有效。

计算平均吸光度值：分别计算被检样品和各对照样品的平均值。

• 工具准备

（1）器材。剪刀、骨剪、肠剪、镊子、病理剖检记录表、工作服、胶靴、围裙、橡胶手套、恒温培养箱、针锥、组织匀浆器、1 mL 注射器、96 孔 900 “V” 形血凝反应板、微量混合器、25 μL 微量加样器、吸管、烧杯、加样槽、血琼脂培养基、无菌操作台、CO_2 培养箱、低倍显微镜、移液器、载玻片和微量加样器。

（2）试剂。阳性血清、阴性血清（由指定单位提供）、2% 醛化红细胞悬液，2% 抗原致敏的红细胞悬液、血清稀释液、96 孔（12 × 8）“V” 形有机玻璃血凝板或一次性微量血凝板、微量移液器、微量振荡器。

（3）酶标检测仪、恒温培养箱、酶标板、可调移液器（1～10 μL、20～200 μL、100～1 000 μL）。猪肺炎支原体抗原（1 mg/mL）、猪肺炎支原体阳性对照血清（阳性对照）、猪肺炎支原体阴性对照血清（阴性对照）、辣根过氧化物酶（HRP）标记的抗猪 IgG 抗体均由指定单位提供。

（4）洗液。包被液、样品稀释液、酶标抗体稀释液、底物溶液、终止液。

• 人员准备

人员分组，每组 5 人，明确职责分工（表 3-2-1）。

表 3-2-1　任务分配

任务角色	任务内容
组长	整理任务流程，制订计划，合理安排分工
组员 1	临床诊断
组员 2	分离鉴定
组员 3	免疫检测
组员 4	结果分析，汇总

任务筹划

一、内容筹划

（1）整合资料，制订实施计划。

（2）完成猪支原体肺炎的临床诊断和病毒的分离鉴定及免疫检测试验。

二、方法筹划

自行分组（每组 5 人），完成任务。

三、流程筹划

前期准备（材料、工具、动物、场地、人员）—进行现场勘察—制订计划—临床诊断—分离鉴定—免疫检测—结果分析汇总。

任务实施

根据任务筹划完成表 3-2-2 的任务实施步骤。

表 3-2-2　任务实施步骤

步骤	任务实施情况
步骤一	
步骤二	
步骤三	
步骤四	
步骤五	
步骤六	

任务检测

请扫描二维码 3-2-1 进行答题。

二维码 3-2-1
项目三任务二检测

任务评价

根据任务完成情况完成任务评价（表 3-2-3）。

表 3-2-3　工作任务完成过程评价

<table>
<tr><td colspan="2">班级：</td><td colspan="2">组别：</td><td colspan="2">姓名：</td></tr>
<tr><td>项目</td><td>评分标准</td><td>自我评价</td><td>小组评价</td><td>教师评价</td></tr>
<tr><td rowspan="2">前期准备</td><td>材料准备是否完整（5 分）</td><td></td><td></td><td></td></tr>
<tr><td>资料整合是否正确（5 分）</td><td></td><td></td><td></td></tr>
<tr><td rowspan="7">尸体处理过程</td><td>制订计划是否正确（5 分）</td><td></td><td></td><td></td></tr>
<tr><td>记录是否完整（5 分）</td><td></td><td></td><td></td></tr>
<tr><td>动物前期处理是否正确（5 分）</td><td></td><td></td><td></td></tr>
<tr><td>临床诊断是否正确（5 分）</td><td></td><td></td><td></td></tr>
<tr><td>分离鉴定是否正确（5 分）</td><td></td><td></td><td></td></tr>
<tr><td>免疫检测是否正确（5 分）</td><td></td><td></td><td></td></tr>
<tr><td>检测方法是否正确（10 分）</td><td></td><td></td><td></td></tr>
<tr><td rowspan="2">后期处理</td><td>结果汇总是否得当（5 分）</td><td></td><td></td><td></td></tr>
<tr><td>结果判定是否得当（5 分）</td><td></td><td></td><td></td></tr>
<tr><td>视频上传</td><td>是否完成视频剪辑上传（10 分）</td><td></td><td></td><td></td></tr>
<tr><td colspan="2">合计</td><td></td><td></td><td></td></tr>
<tr><td>自我评价与总结</td><td colspan="4"></td></tr>
<tr><td>教师点评</td><td colspan="4"></td></tr>
</table>

任务三　猪传染性胸膜肺炎、猪传染性萎缩性鼻炎、猪附红细胞体病、猪梭菌性肠炎、猪痢疾的检验与诊断

任务导入

思考猪传染性胸膜肺炎是一类什么样的疾病，会有哪些临床表现，与所学过的哪些疾病相似。

任务准备

• 知识准备

一、猪传染性胸膜肺炎

猪传染性胸膜肺炎是由猪胸膜肺炎放线菌引起猪的一种高度传染性呼吸道疾病，又称为猪接触性传染性胸膜肺炎。以急性出血性纤维素性胸膜肺炎和慢性纤维素性坏死性胸膜肺炎为特征，急性型呈现高死亡率。猪传染性胸膜肺炎是一种世界性疾病，广泛分布于英国、德国、瑞士、丹麦、澳大利亚、加拿大、墨西哥、阿根廷、瑞典、波兰、日本、美国、中国等全世界所有养猪国家，给集约化养猪业造成巨大的经济损失，特别是近十几年来该病的流行呈上升趋势，被国际公认为危害现代养猪业的重要疫病之一。我国于 1987 年首次发现该病，此后流行蔓延开来，危害日趋严重，成为猪细菌性呼吸道疾病的主要疫病之一。

（一）病原

病原体为猪胸膜肺炎放线菌（原名胸膜肺炎嗜血杆菌，亦称副溶血嗜血杆菌），为小到中等大小的球杆状至杆状，具有显著的多形性。菌体有荚膜，不运动，革兰氏阴性。作为兼性厌氧菌，其生长需要血中的生长因子，特别是 V 因子，但不能在鲜血琼脂培养基上生长，可在葡萄球菌周围形成卫星菌落。因此，初次分离该菌时，一定要在血琼脂培养基上画一条葡萄球菌线，37℃ 培养 24 h 后，在葡萄球菌菌落附近的菌落大小为 0.5～1 mm 并呈 β 溶血。在巧克力琼脂（鲜血琼脂加热 80～90℃、5～15 min 而制成）上生长良好，37℃ 培养 24～48 h 后，长成圆形、隆起、表面光滑、边缘整齐的灰白半透明小菌落。在普通琼脂上不生长。根据细菌荚膜多糖及细菌脂多糖（LPS）进行血清定型，该菌已鉴定的有 15 个血清型，其中 5 型又分为 2 个亚型，不同的血清型对猪的毒力不同。该菌对外界的抵抗力不强，干燥的情况下易于死亡，对常用的消毒剂敏感，一般 60℃、5～20 min 内死亡，4℃ 下通常存活 7～10 d。

猪胸膜肺炎放线菌为革兰氏染色阴性的小球杆状菌或纤细的小杆菌，有的呈丝状，并可表现为多形态性和两极着色性。有荚膜，无芽孢，无运动性，有的菌株具有周身性纤细的菌毛。该菌包括两个生物型，生物Ⅰ型为 NAD 依赖型，生物Ⅱ型为 NAD 非依赖型，但需要有特定的吡啶核苷酸或其前体，用于 NAD 的合成。生物Ⅰ型菌株（包括 1～12 型和 15 型）毒力强，危害大。生物Ⅱ型（包括 13 型、14 型）可引起慢性坏死性胸膜肺炎，从猪体内分离到的常为Ⅱ生物型。生物Ⅱ型菌体形态为杆状，比生物Ⅰ型菌株大。根据细菌荚膜多糖和细菌脂多糖对血清的反应，生物Ⅰ型分为 14 个血清型，其中血清 5 型进一步分为 5A 和 5B 两个亚型。但有些血清型有相似的细胞结构，这可能是造成有些血清型间出现交叉反应的原因，如血清 8 型与血清 3 型和 6 型，血清 1 型与 9 型间存在有血清学交叉反应。不同血清型间的毒力有明显的差异。我国流行的主要以血清 1、3、7 型为主，其次为血清 2、4、5、10 型。

研究表明，猪胸膜肺炎放线菌的主要毒力因子包括荚膜、脂多糖、外膜蛋白、黏附素和 Apx 毒素等。其中，Apx 毒素是猪胸膜肺炎放线菌最主要的毒力因子，已知 APP 至少分泌 4 种 Apx 毒素，除新发现的 Apx Ⅳ毒素在所有血清型中都存在外，其他 3 种只被某些血清型合成并分泌，血清型 7 只分泌 Apx Ⅱ。

该菌为兼性厌氧菌，最适生长温度为 37℃。在普通培养基上不生长，需添加 V 因子才能生长。在 10% CO_2 条件下，可生成黏液状菌落，巧克力琼脂上培养 24～48 h，形成不透明淡灰色的菌落，直径 1～2 mm。可形成两种类型的菌落，一种为圆形、坚硬的蜡状菌落，有黏性；另一种为扁平、柔软的闪光菌落；有荚膜的菌株在琼脂平板上可形成带彩虹的菌落。在牛或羊血琼脂平板上通常产生 β 溶血环。该菌产生的溶血素与金黄色葡萄球菌的 β 毒素具有协同作用，即金黄色葡萄球菌可增强该菌的溶血作用，CAMP 反应呈现阳性。

该菌对外界抵抗力不强，对常用消毒剂和温度敏感，一般消毒药即可杀灭，在 60℃下 5～20 min 内可被杀死，4℃下通常存活 7～10 d。不耐干燥，排出到环境中的病原菌生存能力非常弱，而在黏液和有机物中的病原菌可存活数天。对结晶紫、杆菌肽、林可霉素、壮观霉素有一定抵抗力。对土霉素等四环素族抗生素、青霉素、泰乐菌素、磺胺嘧啶、头孢类等药物较敏感。

（二）流行病学

各种年龄的猪对该病均易感，但由于初乳中母源抗体的存在，该病最常发生于育成猪和成年猪。急性期死亡率很高，与毒力及环境因素有关，其发病率和死亡率还与其他疾病的存在有关，如伪狂犬病及猪繁殖和呼吸综合征。另外，转群频繁的大猪群比单独饲养的小猪群更易发病。

主要传播途径是空气、猪与猪之间的接触、污染排泄物或人员传播。猪群的转移或混养，拥挤和恶劣的气候条件（如气温突然改变、潮湿以及通风不畅）均会加速该病的传播和增加发病的危险。

最急性型：突然发病，个别病猪未出现任何临床症状突然死亡。病猪体温达到 41.5℃，倦怠、厌食，并可能出现短期腹泻或呕吐，早期无明显的呼吸症状，只是脉搏增加，后期则出现心衰和循环障碍，鼻、耳、眼及后躯皮肤发绀。晚期出现严重的呼吸困难和体温下降，临死前血性泡沫从嘴、鼻孔流出。病猪于临床症状出现后 24～36 h 内死亡。

急性型：病猪体温可上升到 40.5～41℃，皮肤发红，精神沉郁，不愿站立，厌食，不爱饮水。严重的呼吸困难，咳嗽，有时张口呼吸，呈犬坐姿势，极度痛苦，上述症状在发病初期 24 h 内表现明显。如果不及时治疗，1～2 d 内因窒息死亡。

亚急性型和慢性型：亚急性型和慢性型多在急性期后出现。病程 15～20 d，病猪轻度发热或不发热，有不同程度的自发性或间歇性咳嗽，食欲减退，肉料比降低。病猪不爱活动，驱赶猪群时常常掉队，仅在喂食时勉强爬起。慢性期的猪群症状表现不明显，若无其他疾病并发，一般能自行恢复。同一猪群内可能出现不同程度的病猪。

（三）临床症状

人工感染猪的潜伏期约为 1～7 d 或更长。由于动物的年龄、免疫状态、环境因素以及病原的感染数量的差异，临床上发病猪的病程可分为最急性型、急性型、亚急性型和慢性型。

1. 最急性型

突然发病，病猪体温升高至 41～42℃，心率增加，精神沉郁，废食，出现短期的腹泻和呕吐症状，早期病猪无明显的呼吸道症状。后期心衰，鼻、耳、眼及后躯皮肤发绀，晚期呼吸极度困难，常呆立或呈犬坐式，张口伸舌，咳喘，并有腹式呼吸。临死前体温下降，严重者从口鼻流出泡沫血性分泌物。病猪于出现临诊症状后 24～36 h 内死亡。有的病例见不到任何临床症状而突然死亡。此型的病死率高达 80%～100%。

2. 急性型

病猪体温升高达 40.5～41℃，严重的呼吸困难，咳嗽，心衰。皮肤发红，精神沉郁。由于饲养管理及其他应激条件的差异，病程长短不定，所以在同一猪群中可能会出现病程不同的病猪，如亚急性或慢性型。

3. 亚急性型和慢性型

多于急性期后期出现。病猪轻度发热或不发热，体温为 39.5～40℃，精神不振，食欲减退。不同程度的自发性或间歇性咳嗽，呼吸异常，生长迟缓。病程几天至 1 周不等，或治愈或当有应激条件出现时，症状加重，猪全身肌肉苍白，心跳加快而突然死亡。

（四）病理变化

主要病变存在于肺和呼吸道内，肺呈紫红色，肺炎多是双侧性的，并多在肺的心叶、尖叶和膈叶出现病灶，其与正常组织界线分明。最急性死亡的病猪气管、支气管中充满泡沫状、血性黏液及黏膜渗出物，无纤维素性胸膜炎出现。发病 24 h 以上的病猪肺炎区出现纤维素性物质附于表面，肺出血、间质增宽、有肝变。气管、支气管中充满泡沫状、血性黏液及黏膜渗出物，喉头充满血性液体，肺门淋巴结显著肿大。随着病程的发展，纤维素性胸膜炎蔓延至整个肺，使肺和胸膜粘连。常伴发心包炎，肝、脾肿大，色变暗。病程较长的慢性病例，可见硬实肺炎区，病灶硬化或坏死发病的后期，病猪的鼻、耳、眼及后躯皮肤出现发绀，呈紫斑。

1. 最急性型

病死猪剖检可见气管和支气管内充满泡沫状带血的分泌物。肺充血、出血和血管内有纤维素性血栓形成。肺泡与间质水肿。肺的前下部有炎症、出现。

2. 急性型

急性期死亡的猪可见到明显的剖检病变。喉头充满血样液体，双侧性肺炎，常在心叶、尖叶和膈叶出现病灶，病灶区呈紫红色，坚实，轮廓清晰，肺间质积留血色胶样液体。随着病程的发展，纤维素性胸膜肺炎蔓延至整个肺。

3. 亚急性型

肺可能出现大的干酪样病灶或空洞，空洞内可见坏死碎屑。如继发细菌感染，则肺炎病灶转变为脓肿，致使肺与胸膜发生纤维素性粘连。

4. 慢性型

肺上可见大小不等的结节（结节常发生于膈叶），结节周围包裹有较厚的结缔组织，结节有的在肺内部，有的突出于肺表面，并在其上有纤维素附着而与胸壁或心包粘连，或与肺之间粘连。心包内可见到出血点。

在发病早期可见肺坏死、出血，中性粒细胞浸润，巨噬细胞和血小板激活，血管内有血栓形成等组织病理学变化。肺大面积水肿并有纤维素性渗出物。急性期后则主要以巨噬细胞浸润、坏死灶周围有大量纤维素性渗出物及纤维素性胸膜炎为特征。

（五）诊断

根据该病主要发生于育成猪和架子猪，以及天气变化等诱因的存在，比较特征性的临床症状及病理变化特点，可做出初诊，确诊要对可疑病例进行细菌学检查。实验室诊断包括直接镜检、细菌的分离鉴定和血清学检测。

（六）防控

（1）首先应加强饲养管理，严格卫生消毒措施，注意通风换气，保持舍内空气清新。减少各种应激因素的影响，保持猪群足够均衡的营养水平。

（2）应加强猪场的生物安全措施。从无病猪场引进公猪或后备母猪，防止引进带菌猪；采用“全进全出”饲养方式，出猪后栏舍彻底清洁消毒，空栏 1 周才重新使用。新引进猪或公猪混入一群副猪嗜血杆菌感染的猪群时，应该进行疫苗免疫接种并口服抗菌药物，到达目的地后隔离一段时间再逐渐混入较好。

（3）对已污染该病的猪场应定期进行血清学检查，清除血清学阳性带菌猪，并制订药物防治计划，逐步建立健康猪群。

（4）疫苗免疫接种。目前国内外均已有商品化的灭活疫苗用于该病的免疫接种一般在 5～8 周龄时首免，23 周后二免。母猪在产前 4 周进行免疫接种。可应用包括国内主要流行菌株和本场分离株制成的灭活疫苗预防该病，效果更好。

二、猪传染性萎缩性鼻炎

猪传染性萎缩性鼻炎是一种由支气管败血波氏杆菌（主要是 D 型）和产毒素多杀巴氏杆菌（C 型）引起的猪呼吸道慢性传染病。

（一）病原

支气管败血波氏杆菌 I 相菌和多杀性巴氏杆菌毒素源性菌株联合感染。

研究证明，支气管败血波氏杆菌Ⅰ相菌单独感染不能引起渐进性猪传染性鼻缩性鼻炎发生，但支气管败血波氏杆菌与多杀性巴氏杆菌毒素源菌株荚膜血清型A或D株联合感染SPF猪和无菌猪，能引起鼻甲骨严重损害和鼻吻变短。用多杀性巴氏杆菌D型或A型株毒素，单独给健康猪接种，可以引起猪传染病性萎缩性鼻炎和严重病变。多种应激因素、营养、管理和继发的微生物如铜绿假单胞菌、嗜血杆菌及毛滴虫等，可加重病情。

支气管败血波氏杆菌为革兰氏染色阴性球状杆菌通常散在或成对排列，偶见短链。不能产生芽孢，有周鞭毛，能运动，有两极着色的特点。为需氧菌，最适生长温度35～37℃，培养基中加入血液或血清有助于此菌生长。

在鲜血培养基上生长能产生β溶血，在葡萄糖中性红琼脂平板上呈烟灰色透明的中等大小菌落。在肉汤培养基中呈轻度均匀混浊生长，不形成菌膜，有腐霉气味。在马铃薯培养基上使马铃薯变黑，菌落黄棕而带绿色。不发酵糖类，使石蕊牛乳变碱，但不凝固。甲基红试验、VP试验和吲哚试验阴性。能利用枸橼酸盐、分解尿素。过氧化氢酶、氧化酶试验阳性。

根据毒力、生长特性和抗原性，支气管败血波氏杆菌有3个菌相，Ⅰ相菌病原性较强，具有红细胞凝集性。有荚膜和密集周生菌毛，很少见有鞭毛；球形或球杆状，染色均匀；有表面K抗原（由荚膜抗原和菌毛抗原组成）和细胞质内存在的强皮肤坏死毒素（似内毒素），Ⅱ相菌和Ⅲ相菌无荚膜和菌毛，毒力较弱。Ⅰ相菌在人工培养过程中和不适宜条件下可成为低毒或无毒，向Ⅱ、Ⅲ相菌变异。Ⅱ相菌是Ⅰ相菌向Ⅲ相菌变异的过渡菌型，各种生物学活性介于Ⅰ相菌与Ⅲ相菌之间。Ⅰ相菌感染新生的猪后，在鼻腔中增殖，并可存留1年之久。

引起的猪传染性萎缩性鼻炎的多杀性巴氏杆菌，绝大多数属于D型，能产生一种耐热的外毒素，毒力较强；可致豚鼠皮肤坏死及小鼠死亡。用此毒素接种猪，可复制出典型的猪萎缩性鼻炎（AR）。少数属于A型，多为弱毒株，不同型毒株的毒素有抗原交叉性，其抗毒素也有交叉保护性。

该菌对外界环境的抵抗力不强，一般消毒药均可杀死病菌。在液体中，58℃、15 min可将其杀灭。

（二）流行病学

该病1830年最早在德国发现，其后在英国、法国、美国、加拿大、俄罗斯、日本等国发生，可以说遍布世界养猪发达国家，据报道，世界猪群25%～50%受到感染。我国由于从国外引进种猪，多渠道将该病传入，造成该病广泛传播、流行。

该病在自然条件下只见猪发生，各种年龄的猪都可感染，最常见于2～5月龄的猪。在出生后几天至数周的仔猪感染时，发生鼻炎后多能引起鼻甲骨萎缩；年龄较大的猪感染时，可能不发生或只产生轻微的鼻甲骨萎缩，但是一般表现为鼻炎症状，症状消退后成为带菌猪。病猪和带菌猪是主要传染来源。病菌存在于上呼吸道，主要通过飞沫传播，经呼吸道感染。该病的发生多数是由有病的母猪或带菌猪传染给仔猪的。不同月龄猪只混群，再通过水平传播，扩大到全群。昆虫、污染物品及饲养管理人员，在传播上也起一定作用。所以，健康猪群，如果不从病猪群直接引进猪只，一般不会发生该病。一般来说，被污染的环境和用具，只要停止使用数周，就不会传递该病。该病在猪群中传播速度较慢，多为散发或呈地方流行性。饲养管理条件不好，猪圈潮湿，寒冷，通风不良，猪饲养密度大、拥挤、缺乏运动，饲料单纯及缺乏钙、磷等矿物质等，常易诱发该病，加重病的演变过程。

（三）临床症状

受感染的小猪出现鼻炎症状，打喷嚏，呈连续或断续性发生，呼吸有鼾声。猪常因鼻炎刺激黏膜表现不安定，用前肢搔抓鼻部，或鼻端拱地，或在猪圈墙壁、食槽边缘摩擦鼻部，并可留下血迹；从鼻部流出分泌物，分泌物先是透明黏液样，继之为黏液或脓性物，甚至流出血样分泌物，或引起不同程度的鼻出血。

在出现鼻炎症状的同时，病猪的眼结膜常发炎，从眼角不断流泪。由于泪水与尘土沾积，常在眼眶下部的皮肤上，出现一个半月形的泪痕湿润区，呈褐色或黑色斑痕，故有“黑斑眼”之称，这是具有特征性的症状。

有些病例，在鼻炎症状发生后几周，症状渐渐消失，并不出现鼻甲骨萎缩。大多数病猪，进一步发展引起鼻甲骨萎缩。当鼻腔两侧的损害大致相等时，鼻腔的长度和直径减小，使鼻腔缩小，可见到病猪的鼻缩短，向上翘起，而且鼻背皮肤发生皱褶，下颌伸长，上下门齿错开，不能正常咬合。当一侧鼻腔病变较严重时，可造成鼻子歪向一侧，甚至成45°歪斜。由于鼻甲骨萎缩，致使额窦不能以正常速度发育，以致两眼之间的宽度变小，头部外形发生改变。

病猪体温正常。生长发育迟滞，育肥时间延长。有些病猪由于某些继发细菌通过损伤的筛骨板侵入脑部而引起脑炎，发生鼻甲骨萎缩的猪群往往同时发生肺炎；并出现相应的症状。

（四）病理变化

病变多局限于鼻腔和邻近组织。病的早期可见鼻黏膜及额窦有充血和水肿，有大量黏液性、脓性甚至干酪性渗出物蓄积。病情进一步发展，最特征的病变是鼻腔的软骨和鼻甲骨的软化和萎缩，大多数病例，最常见的是下鼻甲骨的下卷曲受损害，鼻甲骨上下卷曲及鼻中隔失去原有形状，弯曲或萎缩。鼻甲骨严重萎缩时，腔隙增大，上下鼻道界限消失，鼻甲骨结构完全消失，常形成空洞。

（五）诊断

临床症状表现为打喷嚏、流鼻血、颜面变形、鼻部歪斜和生长迟滞，猪饲料转化率降低，给集约化养猪业造成巨大经济损失。同时，由于病原感染猪只后，损害呼吸道的正常结构和功能，使猪体抵抗力降低，极易感染其他病原，引起呼吸系统综合征，增加猪的死淘率。该病常发生于2～5月龄的猪，现在几乎遍及世界养猪业发达的地区，我国许多地区亦有该病发生。

（六）防控

该病的感染途径主要是由哺乳期病母猪，通过呼吸和飞沫传染给仔猪，使其仔猪受到传染。病仔猪串圈或混群时，可传染给其他仔猪，传播范围逐渐扩大。若作为种猪，可以通过引种传到其它猪场。因此，要想有效控制该病，必须执行一套综合性兽医卫生措施。

（1）加强我国进境猪的检验，防止从国外传入。事实表明，我国的猪传染性萎缩性鼻炎，就是某些地区猪场从国外引进种猪将此病传入而引起流行的，应采取坚决的淘汰和净化措施。

（2）无该病的健康猪场防控的主要原则。坚决贯彻自繁自养，加强检疫工作及切实执行兽医卫生措施。必须引进种猪时，要到非疫区购买，并在购入后隔离观察2～3个月，确认无该病后再合群饲养。

（3）淘汰病猪，更新猪群。将有症状的猪全部淘汰育肥，以减少传染机会。当病猪症状不明显时，检出率很低，所以不是彻底清除病猪的方法。比较彻底的措施是将出现过病猪的猪群全部育肥淘汰，不留后患。

（4）隔离饲养。凡曾与病猪或可疑病猪接触过的猪，隔离观察3～6个月；母猪所产仔猪，不与其他猪接触；仔猪断乳后仍隔离饲养1～2个月；再从仔猪群中挑选无病状的仔猪留作种用，以不断培育新的健康猪群。发现病猪立即淘汰，这种方法适合我国养殖现状。剖腹取胎、隔离饲养仔猪，从中选育出健康猪的方法，人力、物力花费太大，难以坚持。

（5）改善饲养管理。断乳网上培育及肥育均应采取全进全出；降低饲养密度，防止拥挤；改善通风条件，减少空气中有害气体；保持猪舍清洁、干燥、防寒保暖；防止各种应激因素的发生；做好清洁卫生工作，严格执行消毒卫生防疫制度。这些都是防止和减少发病的基本办法，应予十分重视。

（6）用支气管败血波氏杆菌（Ⅰ相菌）灭活菌苗和支气管败血波氏杆菌及D型产毒多杀性巴氏杆菌灭活二联苗，在母猪产仔前2个月及1个月接种，通过母源抗体保护仔猪几周内不感染。也可以给1～3周龄仔猪免疫接种，间隔1周进行二免。

三、附红细胞体病

附红细胞体病是由附红细胞体引起的一种人兽共患传染病，以贫血、黄疸、发热为特征。该病最早发现于20世纪20年代，直到1950年确定猪的黄疸性贫血是由附红细胞体引起，才逐渐被人们重视。研究表明，目前，该病已广泛分布于世界许多国家和地区，不仅对人类健康造成影响，也给畜牧业生产带来经济损失。

（一）病原

附红细胞体可以在多种动物身上寄生，在不同动物中寄生各有其名，寄生在猪身上的称为猪附红细胞体和小附红细胞体。光镜下，猪附红细胞体呈环形、球形、卵圆形以及杆状等多种形态，它们多在红细胞表面成团或单独寄生，也有的在血浆中呈游离状态，被附红体寄生后的红细胞呈多种形态。

附红细胞体对苯胺色素易着色，革兰氏染色阴性，吉姆萨染色呈紫红色，瑞氏染色呈淡蓝色。Gulland 等用扫描及透射电子显微镜，观察到感染病猪有附红细胞体寄生的红细胞呈凹陷球状或短杆状。

附红细胞体对干燥和化学药物比较敏感，0.5% 苯酚 37℃ 经过 3 h 即可杀死，一般常用的消毒剂在几分钟内即可致其死亡。但它对低温冷冻的抵抗力较强，可在低温下存活数年之久。附红细胞体是条件性致病菌，有特异性，在机体抵抗力低下或处于某些应激状态时，猪附红细胞体感染率上升，甚至引起发病。

（二）流行病学

各种不同年龄、性别的家猪和野猪均易感。传染源主要来自感染细小病毒的母猪和带毒的公猪，后备母猪比经产母猪易感染，病毒能通过胎盘垂直传播，而带毒猪所产的活猪可能带毒排毒时间很长甚至终生。感染种公猪也是该病最危险的传染源，可在公猪的精液、精索、附睾、性腺中分离到病毒，种公猪通过配种传染给易感母猪，并使该病传播扩散。

（三）临床症状

该病常感染率极高，猪附红体寄生于红细胞或者游离于血浆中，任何年龄段的猪均可发病，并且容易与其他疾病混合感染，多数情况下呈隐性经过，急性黄疸、高热、贫血为该病的主要临床特征，潜伏期不定，平均为 7 d 左右。

不同阶段的猪感染附红细胞体后主要临床症状如下，新生仔猪和断乳仔猪的发病率和死亡率都比较高，早期症状为发热，体温高达 40℃ 以上，皮肤发红，食欲不振或者废绝，精神沉郁，贫血、虚弱、康复后的仔猪常生长发育停滞。育肥猪生长缓慢、严重消瘦，抵抗力下降，容易感染其他疾病。母猪发病后繁殖障碍，生殖能力下降，出现不发情、受胎率降低、流产和死胎等症状。慢性感染的猪极度消瘦，皮肤苍白，呼吸困难，生长缓慢，接近停滞。血液学检查可见红细胞数减少，血红素下降，血浆白蛋白、β 球蛋白、γ 球蛋白均下降，淋巴细胞及单核细胞上升等。病程长短不一，短者几天，长者数月，甚至数年，严重者死亡。

（四）病理变化

主要病变可见皮下黏膜和浆膜苍白、黄染，皮下组织弥漫性黄染。全身淋巴结肿大、潮红、黄染。喉头黏膜、胃黏膜黄染。气管、心包、肺、胸腔等处浆膜黄染。肾肿大、质地脆弱、外观黄染。肝肿大，有脂肪变性，出现实质性炎性变化和坏死。脾肿大，被膜有结节，结构模糊。

（五）诊断

根据临床表现和病理剖检变化可做出初步诊断，注意与猪缺铁性贫血和猪胃溃疡加以鉴别。确诊需要做病原分离鉴定。

（六）防控

（1）加强饲养管理。只要做好猪群的饲养管理，提高生猪抵抗力，最终达到预防附红体病的作用。主要包括饲养、卫生（包括对猪舍、猪用器具的消毒）、温度控制、猪场管理四个方面。

（2）加强对猪体外寄生虫的杀灭（尤其是夏秋季节）。

（3）免疫接种。合理安排，集中免疫，尽量避免出现应激现象。

（4）发现病猪要及时隔离，对其进行对症治疗。同群的健康猪要加强管理，进行免疫。对病死猪进行无害化处理，以免发生感染或污染。

四、猪梭菌性肠炎

猪梭菌性肠炎是由C型产气荚膜梭菌引起的初生仔猪肠毒血症。以腹泻（血痢）、肠坏死、病程短、病死率高为特点。C型产气荚膜梭菌为革兰氏阳性、有荚膜、运动的厌氧大杆菌，在中央或近端形成卵圆形芽孢。主要产生α外毒素和β外毒素，引起肠毒血症和坏死性肠炎。

（一）病原

猪细小病毒为细小病毒科细小病毒属成员。病毒粒子无囊膜，直径约20 nm，基因组为单股DNA，约5.2 kb。病毒对热具有较强抵抗力，56℃、48 h或70℃、2 h病毒的感染性和血凝性均无明显改变，但80℃、5 min可使感染性和血凝活性均丧失。病毒在40℃极为稳定，对酸碱有较强的抵抗力，pH值3.0～9.0稳定，能抵抗乙醚、氯仿等脂溶剂，但0.5%漂白粉、1%～1.5% NaOH溶液5 min能杀灭病毒，2%戊二醛需20 min，甲醛蒸气和紫外线需要相当长的时间才能杀死该病毒。短时间胰酶处理对病毒悬液感染性不仅没有影响，反而提高其感染效价。在pH值9.0的甘油缓冲盐水中或在 -20℃以下能保存一年以上毒力不会下降。

（二）流行病学

该病由于C型产气荚膜梭菌及其芽孢在人畜肠道、粪便、土壤等广泛存在。新生仔猪通过污染的母猪乳头、地面或垫草等吃入该菌芽孢而感染。该病多发于1～3日龄仔猪，1周龄以上的仔猪发病很少。同一猪群内各窝仔猪的发病率不同，最高可达100%，病死率20%～70%。该病一旦传入猪群，病原就会长期存在，如果预防措施不力，该病可连年在产仔季节发生，造成严重危害。

（三）临床症状

1. 最急性型

仔猪初生当天就可出现出血性腹泻（血痢），后躯沾满带血稀粪。精神不振，走路摇晃，迅速进入濒死状态。部分仔猪无血痢而衰竭死亡。

2. 急性型

病程一般2 d左右，排带血的红褐色水样稀粪，其中含有灰色坏死组织碎片，病猪迅速脱水、消瘦，最终衰竭死亡。

3. 亚急性型

发病仔猪在初生后 5～7 d 死亡。病猪开始精神、食欲尚好，持续性的非出血性腹泻，粪便开始为黄软便，后变为清水样，并含有坏死组织碎片，似米粥样。随病程发展，病猪逐渐消瘦、脱水死亡。

4. 慢性型

病程一至数周，呈间歇性或持续性腹泻。粪便为灰黄色黏液状，肛门周围、尾巴及后躯被稀便污染，干燥后形成粪痂或干粪球附着于后躯或尾巴上。病猪精神尚好，但生长停滞，最终死亡或形成僵猪。

（四）病理变化

剖开腹腔，有大量樱桃红色积液，病变主要发生于空肠，有时也可延至回肠，十二指肠一般无病变。

1. 最急性型

空肠呈暗红色，与正常肠段界限分明，肠腔内充满暗红色液体，有时包括结肠在内的后部肠腔也有含血的液体。肠黏膜及黏膜下层广泛出血，肠系膜淋巴结鲜红色。

2. 急性型

出血不十分明显，但肠坏死严重，可见肠壁变厚，弹性消失，色泽变黄。肠黏膜呈黄色或灰色，肠腔内含有稍带血色的坏死组织碎片松散地附着于肠壁。

3. 亚急性型

病变肠段黏膜坏死严重，可形成坏死性假膜，易于剥离。在坏死肠段的浆膜下层和肠系膜淋巴结中有数量不等的小气泡。

4. 慢性型

肠管外观正常，但黏膜上有坏死性假膜牢固附着的坏死区。其他实质器官变性，并有出血点。

（五）诊断

1. 常规诊断

猪梭菌性肠炎的流行特点、症状和病理变化典型，可初步诊断。剖检可见空肠段有出血性炎症及坏死，肠浆膜下有小气泡，肠腔内容物呈红色并混杂小气泡，这些都是猪梭菌性肠炎诊断特征。

2. 实验室诊断

细菌学检查是的可靠依据：①细菌形态检查。用病变明显的肠内容物涂片，革兰氏染色后镜检，常见到大量的形态一致的革兰氏阳性大杆菌，单个、两个或短链，菌端整齐，其中一部分呈芽孢形态出现。②细菌的分离培养。主要从小肠内容物中分离细菌，内脏器官则不一定能分出细菌。少数病例能由肝、脾、心脏、血液、肠淋巴结、胸水、腹水及心包液等分离出细菌。

（六）防控

该病发病急、病程短，一旦出现临床症状，用抗菌药物治疗效果较差。早期可用每千克体重青霉素、链霉素 10 万 U 口服；也可用“迪美唑”制成舔剂，按每千克体重 30 mg 口服，每天 3 次，连用 3～5 d 为 1 个疗程。对急性和亚急性病例有良好的治疗作用。

免疫预防：该病流行的猪场，给母猪注射 C 型魏氏梭菌类毒素 2 次，可产生足够的初乳抗体，保护仔猪免于发病。在怀孕中期进行一免（即第一次免疫），于产前 2～3 周进行二免（即第二次免疫）。以后在每次怀孕时于产前 2～3 周进行加强免疫。

药物预防：没有进行 C 型魏氏梭菌类毒素免疫注射的猪群，一旦发生该病，对所产的仔猪，可用青霉素、链霉素进行预防。初生仔猪产后未哺乳前，每千克体重用青霉素、链霉素各 10 万 U，灌服，能有效预防该病的发生。

五、猪痢疾

猪痢疾又称猪血痢，是由猪痢疾密螺旋体引起的一种严重的肠道传染病，主要临诊症状为严重的黏液性出血性下痢，急性型以出血性下痢为主，亚急性和慢性以黏液性腹泻为期为主。剖检病理特征为大肠黏膜发生卡他性、出血性及坏死性炎症。

（一）病原

猪痢疾的病原为猪痢疾蛇形螺旋体，属于蛇形螺旋体属的成员，大小为（0.3～0.4）μm×（7～9）μm。该菌呈较缓的螺旋形状，多为 2～4 个弯曲，形如双雁翅状，用相差或暗视野显微镜观察，可见活泼的屈曲与旋转蛇形运动。电子显微镜下可见外膜（细胞膜），在细胞壁和外膜之间有 7～9 体轴丝。革兰氏染色阴性，着色力差，也可结晶紫或稀释石炭酸复红等染色，维多利亚蓝或镀银法的效果也很好。

该菌为严格厌氧菌，对培养基要求严格。该菌对消毒药抵抗力不强，普通消毒药克辽林、来苏尔、1% NaOH 溶液在 2～30 min 内均可将其杀死。在密闭猪舍粪尿沟中能存活 30 d，在粪中 5℃ 存活 61 d、25℃ 存活 7 d、37℃ 很快死亡。在土壤中 4℃ 存活 18 d，粪堆中存活 3 d，在潮湿、污秽环境和堆肥中可生存 7 个月或更长。在沼泽或污水池中，可生长繁殖而长期存在。

（二）流行病学

猪疾在自然流行中只发生于猪。各种年龄、品种、性别的猪均易感，保育后期至育肥前期猪（1.5～4 月龄）发生较多，而哺乳仔猪、成年猪发病率低。

该病主要通过粪便污染而经消化道感染。阴雨潮湿、气候多变等各种应激因素，均可促进该病的发生。

该病无明显季节性，流行经过比较缓慢，持续期较长，多数病猪转为慢性，康复后（自然康复或治疗后）可复发或多次复发，很难根除。

（三）临床症状

1. 最急性型

多见于暴发该病之初，表现急性剧烈腹泻，排便失禁，呈高度脱水状态而迅速死亡。病程 12～24 h。

2. 急性型

病初多排软粪或稀粪。随后，粪便中出现大量黏液和血液（凝块）。呈油脂样、蛋清样或胶冻状。粪色为棕色、红色或黑红色不一。病猪迅速消瘦，常转为慢性或死亡。病程 1～2 周。

3. 亚急性或慢性型

黏液出血性下痢时轻时重，生长发育停滞，常呈恶病质状态。部分康复猪经一定时间可复发。病程 4 周以上。

（四）病理变化

主要病变局限于大肠（结肠、盲肠）。急性病猪为大肠黏液性和出血性炎症，黏膜肿胀、充血和出血，肠腔充满黏液和血液；病例稍长的病例，主要为坏死性大肠炎，黏膜上有点状、片状或弥漫性坏死，坏死常限于黏膜表面，肠内混有大量黏液和坏死组织碎片。其他脏器常无明显变化。

（五）诊断

病原学诊断：取病猪新鲜粪便或大肠黏膜涂片，用吉姆萨、草酸铵结晶紫或复红色液染色、镜检，高倍镜下每个视野见 3 个以上具有 3～4 个弯曲的较大螺旋体，即可初步诊断此病。分离培养；需在厌氧条件下进行。

有凝集试验、免疫荧光试验、间接血凝试验、酶联免疫吸附试验等，以凝集试验和酶联免疫吸附试验较好，可作为确诊指标之一。

（六）防控

防止从病场购入带菌种猪，如果引入，猪必须隔离观察和检疫；病猪及时治疗，药物治疗，常有一定效果，如痢菌净（MAQO，3-甲基-乙酰基-喹恶林-1,4-二氧化物）每千克体重 5 mg，口服，每天 2 次，连服 3 d 为一疗程，或按 0.5% 痢菌净溶液每千克体重 0.5 mL，肌内注射；二甲硝基咪啶、硫酸新霉素、林可霉素、四环素族抗生素等多种抗菌药物均有一定疗效。必须指出，该病治后易复发，必须坚持疗程和改善饲养管理相结合，方能收到好的效果。

做好猪舍、环境的清洁卫生和消毒工作；处理好粪便；注意病猪最好淘汰。

坚持药物、管理和卫生相结合的净化措施，可收到较好的净化效果。

六、猪痢疾的诊断与免疫检测

（一）设备材料

（1）器材。厌氧培养装置、厌氧指示剂细菌学试验常规设备、高压灭菌锅培养

M（90 mm）、离心机、剖检用器材。

（2）试剂。除特别规定外，在检测中使用的试剂均为分析纯，试验用水应符合GB/T 6682的规定 0.01 mol/L pH 值 7.2 磷酸盐缓冲液（PBS）或灭菌生理盐水胰蛋白胨大豆琼脂培养基（TSA）、含抗生素的胰蛋白胨大豆琼脂血培养基。

（二）内容及方法

1. 临床诊断

组织病理学检查，早期病例的肠黏膜上皮与固有层分离，微血管外露而发生灶性坏死。当病理变化进一步发展时，肠黏膜表层细胞坏死，黏膜完整性受到不同程度的破坏，并形成伪膜。在固有层内有大量炎性细胞浸润，肠腺上皮细胞不同程度变性、萎缩和坏死。黏膜表面及腺窝内可见数量不一的猪痢疾短螺旋体，但以急性期数量较多，有时密集呈网状。病理变化局限于黏膜层，一般不超过黏膜下层，其他各层保持相对完整性。

2. 猪痢疾病毒的分离鉴定

取粪便、直肠拭子或剖检肠段内容物，以灭菌生理盐水或 PBS 作 1∶5 稀释 2 000 r/min 离心 10 min 弃去沉淀。上清液 6 000～8 000 r/min 离心 20 min，取沉淀物画线以备接种。如污染严重可将沉淀物作 10 倍倍比稀释，取各梯度稀释液分别画线接种。

（1）分离培养和移植纯化。用接种环取 2～3 环样本画线接种含有抗生素的 TSA 血琼脂平板，迅速放置于含厌氧指示剂的厌氧袋（罐）或其他厌氧装置中，充 99% N_2 + 1% O_2 或加入厌产气袋（包）培养。每隔 2 d 打开厌氧装置观察一次，观察有无溶血区或溶血菌落。先做溶血区内物质涂片，染色镜检。如见猪痢疾短螺旋体样菌体，可在无菌落溶血区内移取小块琼脂画线于 TSA 血琼脂平板若干皿。如此每隔 2 d 移植一次，一般 2～4 次后即可纯化保存。

（2）溶血观察。生长于 TSA 血琼脂平板的致病性猪痢疾短螺旋体是完全溶血，一般看不见菌落。当培养条件适宜时，在溶血区可见到云雾状菌苔。

• 操作准备

一、猪传染性胸膜肺炎的诊断与免疫检测

（一）设备材料

（1）器材。生物安全柜、CO_2 恒温培养箱、光学显微镜、微量可调移液器（0.1～10 μL，2～20 μL，10～100 μL 和 100～1 000 μL）、10 mL 无菌试管、吸头、接种环。

（2）试剂。血琼脂（取营养琼脂 100 mL 煮沸溶解，121℃ 高压灭菌 15 min，冷却到约 50℃ 以无菌方式加入脱纤维绵羊血 8 mL，摇匀，倾注无菌平皿）；巧克力琼脂（取营养琼脂 100 mL 煮沸溶解，121℃ 高压灭菌 15 min，冷却到约 60℃ 以无菌方式加入脱纤维绵羊血 8 mL，置于 85℃ 水浴中 10～15 min，摇匀后倾注无

菌平皿）；TSB 培养基（取 30 g TSB，加双蒸水溶解定容至 1 000 mL，121℃高压蒸汽灭菌 15 min，2～8℃条件下保存，使用前加入 100 mL 无菌新生牛血清和 1 mL NAD 储存液）；商品化革兰氏染色试剂；NAD 培养基（取 1 g NAD 溶解于 100 mL 双蒸水中，充分摇解后，0.22 μm 过滤，分装于无菌离心管中，置于 -20℃条件下保存 6 个月）；商品化新生牛血清；尿素琼脂（称取 1 g 蛋白胨、5 g 氯化钠 1 g 葡萄糖、2 g 磷酸二氢钾加双蒸水解后，加入 3 mL 0.4% 酚红溶液混匀，调 pH 值至 7.2 ± 0.1，加双蒸水定容至 1 000 mL，加入 20 g 琼脂后加热混匀，121℃高压灭菌 15 min，冷却至 50～55℃后，加入过滤除菌的 20% 尿素溶液 100 mL，至终浓度 2%，分装于灭菌试管中，置斜面备用）；商品化微量生化鉴定管（D-木糖甘露醇棉子糖、阿拉伯胶糖等）。

（二）内容及方法

1. 临床诊断

剖检后眼观变化主要是纤维素性肺炎，可呈单侧、双侧、大叶性、弥漫性或多灶性，肺炎区色深，有出血点或斑块状出血，中等硬度，略有弹性，急性、亚急性和慢性病例可见肺部纤维素性渗出物。

纤维素性胸膜炎明显，急性和慢性病例均可见胸腔含有带血色的液体，胸膜有粘连区，气管和支气管充满带血色的黏液性泡沫分泌物。

组织学变化以肺组织坏死、出血、中性粒细胞浸润、血管栓塞、广泛水肿和纤维素性渗出为特征，坏死区周围发生巨噬细胞浸润和纤维化。

2. 猪胸膜肺炎放线菌的分离鉴定

（1）分离培养。在生物安全柜中用接种环无菌蘸取采集的样品画线接种于血琼脂表面，再用金黄色葡萄球菌作交叉画线，在 37℃、5%～10% CO_2 条件下培养 24～48 h，形成菌落后分离鉴定。

（2）培养特性。菌落特性猪胸膜肺炎放线菌为黏液型的小菌落，直径 0.5～1 mm。多数菌株可产生稳定的 β 溶血。生物 Ⅰ 型猪胸膜肺炎放线菌依赖 NAD，包括血清 1～12 型、15～19 型，不能在血琼脂上生长，可在含有 NAD 或由共培养的葡萄球菌提供 NAD 的血琼脂上生长，产生“卫星现象”。生物 Ⅱ 型不依赖 NAD，包括血清 13 型和 14 型可在血琼脂上生长，不产生“卫星现象”。

卫星现象：挑取猪胸膜肺炎放线菌菌落接种于血琼脂表面，用金黄色葡萄球菌点种或垂直画线，在 37℃、5%～10% CO_2 条件下培养 24～48 h。距离金黄色葡萄球菌菌落越近的猪胸膜肺炎放线菌菌落越大，越远的越小甚至不见菌落生长，即所谓“卫星现象”也称 V 因子需要试验。

（3）涂片染色镜检。取典型菌落做革兰氏染色，镜检显示为革兰氏阴性小球杆菌，两极着色。

（4）增殖培养。在生物安全柜中挑取 β 溶血或具有“卫星现象”的典型单菌落，在巧克力琼脂上进行再次纯培养，挑取单个菌落接种于添加 10% 新生牛血清和 10 g/mL NAD 的 TSB 液体培养基中，37℃培养 24～48 h 至液体混浊。

（5）生化鉴定。尿素酶试验将分离菌接种于尿素琼脂斜面上，置于37℃的CO_2恒温培养箱中培养3～12 h斜面变粉红色者为尿素酶试验阳性，否则为阴性。

（6）CAMP试验。在血琼脂上用具有溶血的金黄色葡萄球菌画一横线，在此横线下方隔0.3～0.5 cm处画垂直线接种被检菌，置于37℃的CO_2恒温培养箱中培养24 h，横线与垂直线相邻空间的溶血区明显增大者为阳性，否则为阴性。

（7）糖发酵试验。将少量待检菌接种于糖发酵管培养液内，置于37℃的CO_2恒温培养箱中培养48～72 h，能分解某种糖会产酸或产酸产气。产酸时，可使颜色变黄，产气者于倒置小发酵管内出现气泡。发酵D-木糖、甘露醇，不发酵棉子糖、阿拉伯胶糖者为阳性，否则为阴性。

3. 猪传染性胸膜肺炎的免疫监测

猪传染性胸膜肺炎免疫监测常用的方法是酶联免疫吸附试验（ELISA）。

（1）阴性对照血清。阴性对照血清来自未经APP疫苗免疫的健康猪，鼻拭子增菌物经PCR检测为APP抗原阴性，ApxV-ELISA检测的OD值应介于0.13～0.2过滤分装该血清作为试验中的阴性对照血清。

（2）阳性对照血清。选取未免疫健康猪，以纯化Apx Ⅵ重组蛋白1 mg共免疫2次免疫间隔14 d，末次免疫后7 d采血分离猪血清，ApxN-ELISA检测OD值与阴性对照血清OD值的比值应高于2.5，过滤分装该血清作为试验中的阳性对照血清。

（3）抗原包被。用抗原包被液将纯化的ApxN重组抗原稀释至0.25 g/mL，用移液器将稀释好的抗原加入酶标板各孔内，100 μL/孔，加盖于4℃冰箱中放置18～20 h。

（4）洗涤。甩掉酶标板孔内的抗原包被液，加入洗涤液200 μL/孔，室温20～25℃下浸泡5 min，甩去洗涤液，在吸水纸上叩击，尽量排尽洗涤液。再重新加入洗涤液，按同法洗2次。

（5）封闭。用移液器将封闭液加入酶标板各孔中，200 μL/孔，37℃温箱孵育60 min。

（6）洗涤。取出酶标板将其甩干，用洗涤液洗涤3次。

（7）加样。待检血清、阳性对照血清和阴性对照血清用样品稀释液做1∶100稀释，对照血清作复孔100 μL/孔加盖于37℃温箱内孵育90 min。

（8）洗涤。取出酶标板将其甩干，用洗涤液洗涤3次。

（9）加HRP标记羊抗猪lgG抗体。HRP标记的羊抗猪IgG抗体用洗涤液按说明书稀释后使用，100 μL/孔，加盖于37℃温箱内孵育50 min。

（10）洗涤。取出酶标板，将其甩干，洗涤液洗涤3次。

（11）加底物显色液。加入TMB显色液，100 μL/孔，室温避光反应10 min。

（12）终止反应。加入终止液，50 μL/孔。

（13）结果判定。①成立条件。终止反应后，15 min内在酶标仪450 nm波长处测定酶标板的每孔光吸收值。计算对照血清的平均OD值当P/N值＞2.5（P为阳性对照平均OD值，N为阴性对照平OD值）并且0.2＞N＞0.13时则试验成立。②结果判定。计算每份被检血清OD值与阴性对照平均OD值的比值，则得出每份样品的S/N值（S为被检血清OD值，N为阴性对照平均OD值）。判定标准样品S/N值＞2.5，样品判定APP抗体阳性；样品S/N值＜2.5，样品判定APP抗体阴性。也可采用商品化的ApxIV-ELISA试剂盒进行检测。

二、猪传染性萎缩性鼻炎的诊断与免疫检测

（一）设备材料

（1）器材。剪刀、骨剪、肠剪、镊子、病理剖检记录表、工作服、胶靴、围裙、橡胶手套、恒温培养箱、光学显微镜、高压灭菌锅和厌氧培养箱。

（2）试剂。胰胨－亚硫酸盐－环丝氨酸琼脂基础培养基、血琼脂平板、增菌培养基、鲜牛乳、生化鉴定试剂、革兰氏染色液。

（二）内容及方法

1. 临床诊断

发病初期，病猪临床上主要是发生鼻炎，经常打喷嚏，流泪增多，以及严重咳嗽，呼吸困难。病猪体温降低，食欲不振，采食减少，机体日渐消瘦。由于鼻腔内部明显瘙痒，往往会不断来回奔跑，频繁摇头、拱地等，情绪不安，鼻子不断在猪栏上摩擦，或者用前肢搔挠鼻子。

随着症状的日益加重，有些病猪的鼻甲骨会开始发生萎缩，同时有浆液性或者脓性鼻液从鼻腔流出，明显气喘，且呼吸时鼻孔明显张开，伴有明显的打鼾声。呼吸困难，严重时张嘴呼吸。另外，由于经常用力打喷嚏，导致鼻黏膜严重受损，并发生出血，同时还会引起结膜炎。

发病经过2个月，大部分病猪的鼻甲骨发生明显萎缩，同时面部呈现明显变形，此时生长发育停滞，往往会变成僵猪，个别会由于病情严重而发生死亡。

2. 猪传染性萎缩性鼻炎的分离鉴定

所有病料都直接涂抹在已干燥的分离平板上。分离支气管败血波氏杆菌使用血红素呋喃唑酮改良麦康凯琼脂（HFMA）平板。棉拭子应尽量将全部分物浓厚涂抹于平板表面，组织块则将各断面同样浓厚涂抹。重要的检疫，如种猪检疫对每份鼻腔病料应涂抹每种分离平板2个。不同种分离平板不能混涂同一拭子（因抑菌剂不同）。

3. 试管凝集试验

（1）被检血清和阴阳性对照血清同时置于56℃水浴箱中灭活30 min。

（2）血清稀释方法。每份血清用一排小试管（口径8～10 mm），第1管加入缓冲盐水0.8 mL加被检血清0.2 mL，后面每管加0.5 mL缓冲盐水，将第1管稀释血清充分混匀，吸取0.5 mL加入第2管，如此用同一吸管稀释直至最后1管。取出0.5 mL弃去，每管为稀释血清0.5 mL，一般稀释到1∶80。阳性对照血清稀释到1∶（160～320），阴性对照血清至少稀释到1∶10。

（3）向上述各管内添加工作抗原0.5 mL振荡使血清和抗原充分混匀。

（4）放入 37℃ 温箱 18～20 h。然后，取出在室温静置 2 h，记录每管的反应。

（5）每批试验均应设有阴、阳性血清对照和抗原缓冲盐水对照（抗原加缓冲盐水 0.5 mL）

（6）结果判定。“++++”表示 100% 菌体被凝集。液体完全透明，管底覆盖明显的伞状凝集沉淀物。“+++”表示 75% 菌体被凝集。液体略呈混浊，管底伞状凝集沉淀物明显。“++”表示 50% 菌体被凝集。液体呈中等程度混浊，管底有中等量伞状凝集沉淀物。“+”表示 25% 菌体被凝集。液体不透明或透明度不明显，有不太显著的伞状凝集沉淀物。“-”表示菌体无凝集。液体不透明，无任何凝集沉淀物。细菌可能沉于管底，但呈光滑圆坨状，振荡时是均匀混浊。

（7）当抗原缓冲盐水对照管、阴性血清对照管均呈阴性反应，阳性血清对照管反应达到原有滴度时。被检血清稀释度＞10 出现“++”以上，判定为猪支气管败血波氏杆菌阳性反应血清。

三、附红细胞体的诊断与免疫检测

1. 临床诊断

全身肌肉色泽变淡，脂肪及肺、胸腔、胃、肠、膀胱等内脏器官浆膜有不同程度的黄染淋巴结、脾、肝肿大；肾肿大，质地变脆，外观黄染；膀胱蓄积棕红色尿液，黏膜黄染。

2. 猪附红细胞体的涂片、染色镜检

（1）直接涂片镜检。自耳静脉或前腔静脉无菌采血，将采集的新鲜血样加等量生理盐水稀释，吸取一滴于载玻片上，加盖玻片，置 400 倍（10×40）光学显微镜下观察。猪附红细胞体感染猪可见红细胞发生形态学变化，呈锯齿状、菜花状或星芒状等；健康猪红细胞形态规则。

（2）涂片染色镜检。无菌自耳静脉或前腔静脉采血后抹片，经甲醇固定 3～5 min，浸入盛有吉姆萨染色液的染色缸中染色 30 min，取出水洗至干燥，置 400 倍（10×40）光学显微镜下观察。猪附红细胞体感染猪红细胞呈波浪状、星芒状、锯齿状改变，且周围有染成紫红色的小体；健康猪红细胞形态规则，边缘光滑，染色均匀。

四、猪梭菌性肠炎的诊断与免疫检测

（一）设备材料

（1）器材。剪刀、骨剪、肠剪、镊子、病理剖检记录表、工作服、胶靴、围裙、橡胶手套、恒温培养箱、光学显微镜、高压灭菌锅和厌氧培养箱。

（2）试剂。胰胨－亚硫酸盐－环丝氨酸琼脂基础培养基、血琼脂平板、增菌培养基、鲜牛乳、生化鉴定试剂、革兰氏染色液。

（二）内容及方法

1. 临床诊断

（1）最急性型。仔猪初生当天就可出现出血性腹泻（血痢），后躯沾满带血稀粪。精神不振，走路摇晃，迅速进入濒死状态。部分仔猪无血痢而衰竭死亡。

（2）急性型。病程一般可维持 2 d 左右，排带血的红褐色水样稀粪，其中含有灰色坏死组织碎片，病猪迅速脱水、消瘦，最终衰竭死亡。

（3）亚急性型。发病仔猪一般在初生后 5～7 d 死亡。病猪开始精神、食欲尚好，持续性的非出血性腹泻，粪便开始为黄软便，后变为清水样，并含有坏死组织碎片，似米粥样。随病程发展，病猪逐渐消瘦、脱水死亡。

（4）慢性型。病程一至数周，呈间歇性或持续性腹泻。粪便为灰黄色黏液状，肛门周围、尾巴及后躯被稀便污染，干燥后形成粪痂或干粪球附着于后躯或尾巴上。病猪精神尚好，但生长停滞，最终死亡或形成僵猪。主要临床症状为腹泻、粪便呈红褐色，粪便有腥臭味。病理变化为肠黏膜及黏膜下层广泛出血，肠壁呈深红色、部分肠段臌气。肠壁变得薄而透明，空肠与回肠充满胶冻状液体。盲肠内有稀粪且有恶臭气体，胃黏膜脱落。

2. 产气荚膜梭菌的分离鉴定

（1）涂片、镜检。采取清洁玻片在病死畜禽肠道病变部位黏膜进行组织触片，革兰氏染色、镜检。观察到视野中革兰氏染色反应阳性，一般是直径 0.8～1.5 μm，长 5～17 μm 蓝紫色细菌。

（2）样品采集。无菌采集病死家畜的肠内容物或粪便 5 g，加入 45 mL 灭菌营养肉汤培养基中增菌，在厌氧环境下（适宜比例的 N_2、H_2、CO_2）43℃ 培养 2 h。

（3）细菌分离培养。接种环取 3～5 环，接种在胰胨－亚硫酸盐－环丝氨酸琼脂基础（TSC）上，43℃ 厌氧培养 24 h。观察菌落形态，将黑色可疑菌落再接种到血琼脂平板上（血琼脂基础 +5% 羊血 +1% 葡萄糖），43℃ 厌氧培养 24 h 分离培养，血琼脂平板上菌落直径 1～2 mm 双溶血环，平板从培养箱取出后，有异臭味，菌落颜色由灰褐变为绿色。

（4）产气荚膜梭菌纯培养。挑取疑似菌落，涂片镜检。再对疑似菌落纯分离培养，得到纯分离株。

（5）生化鉴定。对葡萄糖、麦芽糖、蔗糖、果糖、乳糖、木糖、甘露醇、水杨苷、吲哚试验、H_2S 试验、MR 试验、还原性硝酸盐试验、明胶液化进行试验。把分离株菌液加入生化反应发酵管中，厌氧培养 24 h，观察生化试验结果。

（6）牛乳培养基进行暴烈发酵试验。该菌能使牛乳培养基“暴烈发酵”。

（7）结果判定。TSC 培养基上可疑菌落为黑色，血平板上可疑菌落双溶血环，平板从培养箱取出后，菌落颜色由灰褐变为绿色。生化反应是葡萄糖（+）、麦芽糖（+）、蔗糖（+）、果糖（−）、乳糖（+）、木糖（−）、甘露醇（−）、水杨苷（−）、吲哚试验（−）、H_2S 试验（+）、MR 试验（+）、还原性硝酸盐试验（+）、明胶液化（+），以及牛乳培养基“暴烈发酵”的分离株可判定为产气荚膜梭菌。

3. 酶联免疫检测方法

（1）仪器。酶标仪、恒温水浴锅、高压灭菌锅、超净工作台、厌氧培养箱、恒温箱、96 孔高吸附性酶标板、洗瓶或洗板机。

（2）材料。抗 α 毒素多克隆抗体、抗 α 毒素单克隆抗体。

（3）样品处理。无菌取病变明显动物的肠内容物，用灭菌生理盐水进行 1∶1 稀释后，4℃、3 000 r/min 离心 30 min，取上清液，再以 4℃、8 000 r/min，离心 15 min，取上清。

无菌取疑似患病动物的血液 3 000 r/min 经过 4℃，15 min 离心，取上清。

（4）双抗体夹心酶联免疫吸附试验的基本操作程序。①包被抗体。用 0.1 mol/L 碳酸盐缓冲液稀释纯化的多抗 3 μL/mL 包被酶标板，100 μL/ 孔 4℃ 过夜。②冲洗。PBST 洗 3 次，每次 4 min。③封闭。每孔 200 μL 封闭液，4℃ 封闭过夜。④加入样品。PBST 洗 3 次，每次 4 min，加入待检样品，并设阴性对照、阳性对照和空白对照，37℃ 孵育 1 h 后，PBST 洗板。⑤单克隆抗体加入。每孔加入 3 μg/mL 单抗 100 μL，37℃ 反应 1 h，PBST 洗板。⑥二抗加入。1∶10 000 的酶标羊抗鼠二抗，37℃ 孵育 1 h，PBST 洗板。⑦显色。每孔加入 50 μL TMB 底物显色液，37℃ 避光显色 15 min。⑧终止。加入终止液终止反应，在波长 450 nm 下，测定 OD 值。⑨结果判定。阴性对照 OD 值为 0.129～0.163；阳性对照 OD 值为 0.197～1.40；样品检测 OD 值范围为 0.120～1.40，该试验成立。检测阴性对照样品计算平均值 X 和标准差 SD，求得 X + 3SD 和 X + 2SD 作为阴性、阳性的临界值。OD 值介于 X + 3SD 和 X + 2SD 之间为可疑样品。

- **工具准备**

（1）器材。剪刀、骨剪、肠剪、镊子、病理剖检记录表、工作服、胶靴、围裙、橡胶手套、恒温培养箱、光学显微镜、高压灭菌锅和厌氧培养箱。

（2）试剂。胰胨 - 亚硫酸盐 - 环丝氨酸琼脂基础培养基、血琼脂平板、增菌培养基、鲜牛乳、生化鉴定试剂、革兰氏染色液。

（3）酶标仪、恒温水浴锅、高压灭菌锅、超净工作台、厌氧培养箱、恒温箱、96 孔高吸附性酶标板、洗瓶或洗板机。

任务准备

- **人员准备**

人员分组，每组 5 人，明确职责分工（表 3-3-1）。

表 3-3-1 任务分配

任务角色	任务内容
组长	整理任务流程，制订计划，合理安排分工
组员 1	临床诊断

续表

任务角色	任务内容
组员 2	分离鉴定
组员 3	免疫检测
组员 4	结果分析，汇总

任务筹划

一、内容筹划

（1）整合资料，制订实施计划。
（2）完成猪梭菌性肠炎的诊断与免疫检测。

二、方法筹划

自行分组（每组 5 人），完成任务。

三、流程筹划

前期准备（材料、工具、动物、场地、人员）—进行现场勘察—制订计划—临床诊断—分离鉴定—免疫检测—结果分析汇总。

任务实施

根据任务筹划完成表 3-3-2 的任务实施步骤。

表 3-3-2　任务实施步骤

步骤	任务实施情况
步骤一	
步骤二	
步骤三	
步骤四	
步骤五	
步骤六	

任务检测

请扫描二维码 3-3-1 进行答题。

二维码 3-3-1
项目三任务三检测

任务评价

根据任务完成情况完成任务评价（表 3-3-3）。

表 3-3-3　工作任务完成过程评价

班级：		组别：		姓名：	
项目	评分标准	自我评价	小组评价	教师评价	
前期准备	材料准备是否完整（5 分）				
	资料整合是否正确（5 分）				
尸体处理过程	制订计划是否正确（5 分）				
	记录是否完整（5 分）				
	动物前期处理是否正确（5 分）				
	药品处理是否正确（5 分）				
	注射方法是否正确（5 分）				
	注射剂量是否正确（5 分）				
	测量方法是否正确（10 分）				
后期处理	结果汇总是否得当（5 分）				
	结果判定是否得当（5 分）				
视频上传	是否完成视频剪辑上传（10 分）				
合计					
自我评价与总结					
教师点评					

项目四 禽 病

项目介绍

本项目主要介绍细菌性、病毒性、其他微生物性禽传染病。禽病防治在现代化家禽养殖中具有重要意义。随着养殖技术不断发展，禽病防治已经成为一个独立的领域，它涉及禽类疾病的预防和治疗。做好禽病防治工作不仅可以保障禽类产品的质量和安全，还可以提高禽类生产的经济效益和社会效益。家禽疾病的发生会导致禽类生长缓慢、生产性能下降，甚至死亡。因此，通过有效的禽传染病防控措施，可以减少疾病的发生和传播，保障禽类产品的质量和安全。

知识目标

（1）掌握新城疫、传染性法氏囊病、马立克病、鸭瘟、小鹅瘟的流行特点、临诊症状及防控措施。

（2）掌握不同禽病的典型鉴别方法。

技能目标

（1）熟练掌握新城疫血凝及血凝抑制试验的操作。

（2）具备鸡传染性法氏囊病检测技能。

（3）掌握马立克病、鸭瘟、小鹅瘟的诊断与免疫检测。

素质目标

（1）培养学生生态环境保护及公共卫生意识。

（2）教育学生养成良好的职业操守。

思政目标

通过讲解禽传染病的危害和防控措施，引导学生认识到生命的可贵和珍贵，树立珍爱生命的意识。以实践操作和临床病例分析，培养学生的实践能力和职业素养，使其具备作为一名合格兽医工作者的基本素质。

任务一 新城疫

任务导入

新城疫是一类什么传染性疾病？主要感染哪些动物？为什么？我国近年来所报道的这类疫病有哪些种类？主要分布于哪些地区？

任务准备

• 知识准备

新城疫也称亚洲鸡瘟或称伪鸡瘟，是由新城疫病毒引起的一种高度接触性传染病。该病常呈败血症经过，其特征是呼吸困难、下痢、神经机能紊乱、黏膜和浆膜出血。该病是鸡病中危害最严重，造成经济损失最大的一种疾病之一，死亡率很高。近年来还出现了“非典型新城疫”。

该病于 1926 年发现于英国新城，根据发现地名而命名为新城疫。1928 年该病在我国已有记载，1935 年在有些地区流行，死亡率很高，造成很大经济损失，世界各国对该病的发生和流行均高度重视。因此，WOAH 将该病定为 A 类传染病，我国定为二类传染病。

（一）病原

病原体是新城疫病毒（NDV），属于副黏病毒科腮腺炎病毒属。

新城疫病毒只有一个血清型，不同毒株的毒力差异很大，根据对鸡的致病性，可将病毒株分为三型：速发型（强毒力型）、中发型（中等毒力型）和缓发型（低毒力型）。

新城疫病毒的囊膜上有特殊的突起结构（血凝素和神经氨酸酶），可与鸡、鸭、鹅等禽类以及人、豚鼠、小白鼠等哺乳类动物的红细胞结合，引起红细胞凝集（HA），这种血凝特性能被抗血清中的抗体特异性抑制（HI）。因此，临床实践中可用 HA 试验来测定疫苗或分离物中病毒的含量，用 HI 试验来鉴定病毒、诊断疾病和免疫监测。

该病毒能在鸡胚内迅速繁殖，也能在其他多种细胞上培养。将该病毒接种于 9～11 日龄鸡胚，可于接种后 30～72 h 死亡。死胚全身出血，以头和四肢末端最为明显。

病毒存在于病禽的所有器官和组织，其中以脑、脾、肺含毒量最高，而骨髓带毒时间最长。

该病毒对 pH 值较稳定，pH 值 3～10 时不被破坏。对低温有很强的抵抗力，在 −10℃可存活 1 年以上，但不耐热，在 60℃、30 min 即被杀死。对消毒药的抵抗力也较弱，常用的消毒药如 2% NaOH、5% 漂白粉、70% 酒精在 20 min 即可将病毒杀死。

（二）流行病学

1. 易感动物

鸡、火鸡、珠鸡和野鸡对该病都有易感性，其中以鸡最易感，其次是野鸡。野禽和笼养鸟（鹦鹉）多为隐性感染。鸭也可感染，但很少或不表现症状，近年也有鸽、鹌鹑及观赏鸟发病死亡的报道。

2. 传染源

该病的主要传染源是病鸡和隐性带毒鸡，其次是其他鸟类，如鹦鹉、鸽、麻雀等。而痊愈鸡排毒和带毒的情况也不能忽视，多数在症状消失后 5～7 d 就停止排毒。

3. 传播途径

该病的传播途径主要是呼吸道，其次是消化道，也可以经蛋发生垂直传播。非易感的野禽、外寄生虫、人畜均可机械地传播病原。

4. 流行特点

新城疫不分鸡的品种、年龄，一年四季均可发生，其中幼雏和中雏的易感性最高。该病在易感鸡群中迅速传播，呈毁灭性流行，发病率和病死率高达 90% 以上。

非典型新城疫多发生于免疫鸡群，以 30～40 日龄的雏鸡和产蛋高峰期的鸡发病较多，成年鸡的发病率与病死率均不高。免疫鸡群发生新城疫的因素很多，主要包括：饲养环境被强毒严重污染；忽视局部免疫；在免疫时漏免；首免时母源抗体过高；疫苗质量不佳和保存不当；免疫方法不正确，免疫程序不合理；多种免疫抑制病的干扰等。

（三）临床症状

在临床上可将新城疫分为典型新城疫和非典型新城疫两种。

1. 典型新城疫

最急性型往往头天不见任何异常现象，也没有任何临床症状，而次晨即已死亡。

急性型病初体温升高，可达 44℃，精神委顿，呈昏睡状；羽毛松乱，冠和肉髯呈暗红色或紫黑色；嗉囊内充满液体内容物及气体，倒提时常有大量酸臭液体从口中流出；呼吸困难，吸气时常伸头颈，张口呼吸，发出“咯咯”声；下痢，排出黄绿色或黄白色的稀粪，有时混有少量血液。一般 2～5 d 死亡。

亚急性型或慢性型初期症状和急性型相似，不久后逐渐减轻，但会出现神经症状，头向后仰或向一侧扭转，常伏地旋转，动作失调；腿或翅麻痹，跛行或站立不稳，终于瘫痪或半瘫痪；病程长达 1～2 个月，绝大多数最终死亡。

2. 非典型新城疫

症状不很典型，仅表现呼吸道症状和神经症状。

雏鸡主要表现为明显的呼吸症状，即张口伸颈呼吸，气喘，发出“呼噜”声，咳嗽，口中有黏液，有摇头和吞咽动作，并出现零星死亡。1 周左右，大部分病鸡趋向好转，而少数鸡出现神经症状，如扭颈、歪头或头向后仰呈“观星状”，共济失调，翅下垂或腿麻痹等。

成年鸡发病轻微，主要表现为产蛋量急剧下降，产蛋下降的幅度一般为 10%～30%，同时软壳蛋和小蛋（鸽蛋）增多，褐壳蛋颜色变淡；有些病鸡排黄白、黄绿色粪便，有时伴有呼吸道症状，但不易见到神经症状，病死率很低。

鸽 I 型副黏病毒病，又称鸽瘟，是鸽的一种急性传染病，临床症状和剖检变化与鸡新城疫十分相似，该病毒是鸡新城疫病毒长期适应鸽体后的一个变种。主要症状是下痢，粪便呈绿色水样；神经机能紊乱，站立不稳，扭头，共济失调，转圈运动。病死率较高，可达 50%～80%。

（四）病理变化

1. 典型新城疫

该病的主要病理变化是全身黏膜和浆膜出血，以消化道最为严重。典型病变是腺胃乳头明显出血；直肠黏膜常呈条纹状出血；小肠黏膜有紫红色的枣核形出血和坏死，病灶表面有黄色和灰绿色纤维素性假膜覆盖，假膜脱落后即成溃疡；盲肠扁桃体肿大、出血和坏死；脑膜充血或出血。肝和脾无明显变化。肺可见淤血或水肿。产蛋母卵泡和输卵管显著充血，卵泡膜极易破裂以致卵黄流入腹腔引起卵黄性腹膜炎。

2. 非典型新城疫

其病变不很典型，仅见喉头和气管黏膜充血，有大量黏液，腺胃乳头出血少见，但剖检数只后，可见有的病鸡腺胃乳头有出血点，剖检的只数越多，直肠黏膜和盲肠扁桃体出血的比例会增大。

鸽新城疫的病变，多见腺胃、肠道和泄殖腔黏膜出血，脑部充血出血、水肿。

（五）诊断

典型新城疫根据该病的流行病学、症状和病理变化进行综合分析，可做出初步诊断，非典型新城疫在现场难以做出诊断，确诊需进一步做实验室检查。

1. 病毒的分离和鉴定

通常在感染 3～5 d 内进行，取病鸡脑、肺、脾含毒量高的组织器官，经研磨器研磨、离心、除菌后，接种于 9～11 日龄 SPF 鸡胚尿囊腔，取死亡鸡胚的尿囊液做血凝（HA）和血凝抑制（HI）试验进行病毒鉴定。对于发病后耐过的鸡可做 HI 试验，如果血清 HI 抗体滴度比发病时有明显增高，或超过 11 log2，即可诊断为该病。如果免疫鸡血清 HI 抗体滴度参差不齐，且有高抗体鸡出现，再结合发病情况，可诊断为非典型新城疫。

2. 血清学诊断

常用的方法有 HA 和 HI 试验、病毒中和试验、ELISA、免疫组化、荧光抗体等。

临床上该病易与禽流感和禽霍乱相混淆，应注意区别。

禽流感呼吸困难和神经症状不如新城疫明显，嗉囊没有大量积液，但黏膜、浆膜和脂肪出血比新城疫广泛而明显。禽霍乱鸡、鸭、鹅均可发病，但无神经症状，肝有灰白色的坏死点，心血涂片或肝触片，亚甲蓝或瑞氏可见两极浓染的巴氏杆菌，抗生素或磺胺类药物治疗有效。

二维码 4-1-1 知识拓展：传染病的诊断

知识拓展：传染病的诊断（二维码 4-1-1）。

（六）防控

新城疫防控需要采取综合措施。在做好鸡场的卫生管理和严格执行消毒措施基础上，科学有效的免疫接种是预防该病的关键。

1. 采取严格的消毒措施，加强饲养管理

严格做好鸡场的人员和车辆出入鸡场时的消毒工作，防止一切带毒动物（特别是鸟类）和污染物品进入鸡群；饲料来源要安全；不从疫区购进种蛋和鸡苗；新购进的鸡必须隔离观察两周以上，证明健康方可混群。同时要做好新城疫疫苗的接种工作。

2. 做好预防接种工作

按照科学的免疫程序，定期预防接种是防控该病的关键。

（1）正确地选择疫苗。新城疫疫苗分为活疫苗和灭活疫苗两大类。灭活苗和活苗同时使用，活苗能促进灭活苗的免疫反应。①国内使用的活疫苗有Ⅰ系苗（Mukteswar 株）、Ⅱ系苗（HB1 株）、Ⅲ系苗（F 株）、Ⅳ系苗（LaSota 株）、克隆-30。Ⅰ系苗是一种中等毒力的活疫苗，优点是产生免疫力快（3～4 d），免疫期长（可达 1 年），缺点是对雏鸡有一定的致病性，所以常用于经过弱毒力的疫苗免疫过的鸡群或 2 月龄以上的鸡群，多采用肌注或刺种的方法接种，在发病地区常用来作紧急接种。Ⅱ、Ⅲ和Ⅳ系苗属弱毒力苗，大小鸡均可使用，多采用滴鼻、点眼、饮水及气雾等方法接种，但为防止诱发慢性呼吸道疾病，气雾免疫最好在 2 月龄以后采用。克隆-30 疫苗是 LaSota 毒株经克隆化而制成的，毒力比 LaSota 毒株低，接种后的反应小，免疫原性高，最适用于 1 日龄以上雏鸡的基础免疫。②灭活苗是采用 LaSota 毒株灭活后加入油佐剂制成的，经肌内或皮下注射接种。灭活疫苗容易保存，对鸡安全可靠，可产生坚强而持久的免疫力。另外不会通过疫苗扩散病原，但是注射后需 10～20 d 才产生免疫力。用鸡新城疫Ⅳ系苗对预防Ⅰ型副黏病毒感染只有低水平保护力，保护率仅有 20%，而且免疫期短。近年来国内用分离到的鸽Ⅰ型副黏病毒制成油乳剂灭活苗，有较好的免疫效果。

（2）制定合理的免疫程序。免疫程序应根据当地疫病的流行情况、鸡场规模、鸡群饲养方式、疫苗种类、母源抗体水平、机体的健康状况以及环境卫生等条件进行合理的安排。不同地区甚至同一鸡场的免疫程序都不是一成不变的。

该病的免疫应在抗体监测的基础上采用弱毒苗与油乳剂灭活苗相结合的方法。

种鸡和蛋鸡常用的免疫程序如下。

规模化鸡场：10日龄时用新城疫Ⅳ系或克隆30滴鼻点眼，同时皮下注射半羽份油乳剂苗。5周龄时，用Ⅳ系或克隆30进行气雾免疫。17周龄用油乳剂苗加强免疫。以后的免疫最好根据抗体水平的监测情况，再决定是否进行补免，当发现抗体水平参差不齐时，应立即用Ⅳ系苗气雾免疫。一般情况下，一直持续到鸡只淘汰。

小鸡场和个体户养鸡场：7～10日龄用弱毒苗（Ⅱ系、Ⅳ系或克隆30）滴鼻、点眼，25～30日龄Ⅳ系注射，60日龄Ⅰ系苗注射，17周龄油乳剂苗注射。

商品肉鸡常用的免疫程序：7～10日龄用弱毒苗（Ⅱ系、Ⅳ系或克隆30）滴鼻、点眼，25日龄Ⅳ系2倍量饮水。

3. 建立免疫监测制度

鸡群免疫最科学的方法是通过血凝抑制试验定期进行HI抗体效价的测定，然后根据HI抗体水平确定首免和再次免疫时间。一般认为，HI抗体滴度在1∶16以上可保护鸡群免于发病死亡，低于1∶8要马上接种。但在规模化鸡场看，应确保HI抗体滴度大于1∶64。

不过抗体监测也不是绝对安全的，有时在高抗体鸡群中也可引发新城疫，因为HI抗体与病毒的中和抗体水平基本一致，但HI抗体水平不能完全代表中和抗体水平。

特别是病毒在抗原性上的变异已引起研究者的关注。所以在高抗体发病的地区，应当用本地流行株制成灭活苗接种。

4. 发病时采取的措施

鸡群一旦发生该病，应立即封锁鸡场，并对鸡群进行疫苗加倍剂量紧急接种。同时对可疑病鸡及其污染的羽毛、垫草、粪便焚烧或深埋，污染的环境进行彻底消毒；禁止鸡群转场或出售。待最后一个病例处理两周后，不再有新病例发生，并通过彻底消毒，方可解除封锁。

5. 公共卫生

兽医工作人员若在剖检病禽时不注意个人防护会感染到新城疫病毒，虽不会引起死亡，但会表现为严重的眼结膜炎。所以，兽医工作人员在剖检病鸡时要做好个人防护和消毒工作。

• 操作准备

（一）设备材料

（1）设备。剪刀、骨剪、肠剪、镊子、病理剖检记录表、工作服、橡胶靴、围裙、橡胶手套、恒温培养箱、照蛋灯、针锥、组织匀浆器、1 mL注射器、种蛋或鸡胚、96孔“V”形血凝反应板、微量混合器、25 μL微量加样器、吸管、烧杯、加样槽。

（2）试剂。标准抗原、标准阳性血清、被检血清、1% 鸡红细胞悬液、pH 值 7.2 的 0.01 mol/L 磷酸盐缓冲液（PBS）。

（二）内容及方法

1. 临床诊断

按家禽尸体剖检程序，首先检查鸡的体表组织，然后检查皮下组织，最后打开体腔，暴露整个胸腔和腹腔器官，检查内部组织器官。鸡新城疫主要检查消化道病变。

嗉囊：充满酸臭液体及气体。

腺胃：乳头顶端有出血点，特别在腺胃和肌胃交界处出血更为明显，有的可形成凹陷的出血性溃疡。1 周龄内雏鸡要多剖检几只方可发现乳头出血。

肌胃：剥离角质层，可见其下的肌肉有出血斑。

小肠：黏膜出血、坏死，尤其是十二指肠黏膜出血明显，小肠后段肠黏膜上有枣核样纤维素性坏死灶，稍突出，表面有假膜覆盖，假膜脱落即成溃疡。

盲肠、直肠：盲肠扁桃体肿大、出血、坏死，直肠黏膜的皱褶呈条状出血。

气管：充血、出血。

其他：有时可见肺瘀血或水肿。产蛋鸡卵泡和输卵管显著充血，卵泡膜极易破裂以致卵黄流入腹腔。肝、脾、肾无特殊变化。

非典型新城疫的出血性变化大多不明显，剖检时需仔细辨认。其盲肠扁桃体和直肠黏膜出血变化发生的频率通常较高。

2. 新城疫病毒的分离鉴定

（1）鸡胚准备。取健康的种蛋数枚，先用温水洗净，然后放入 37.5～38℃ 温箱内孵化，箱内要放置水盆，以保持箱内湿度。有条件的可直接从孵化场取 7～9 日龄鸡胚，作为诊断用一般不需要考虑母源抗体问题，因病料中的野毒可不受母源抗体的影响致死鸡胚。

（2）病料准备。无菌操作取可疑新城疫病死鸡的脑（易磨碎，含毒量高，不易污染）、肝、气管或骨髓（含毒时间最长），按 1∶5 加入灭菌的生理盐水，置组织匀浆器或研钵研磨（脑组织可用玻璃棒在试管内搅拌），取上清液按加入青霉素和链霉素各 1 000 U/mL，如果是气管或粪便污染严重时可再加庆大霉素 500 U/mL，以 2 000 r/min 离心 15 min 或过夜，备用。

（3）接种。取 7～9 日龄的鸡胚，用照蛋灯照蛋，观察鸡胚应为“健、活”（血管鲜红明显，胚动），并标记尿囊腔接种部位，避开胚体（黑影），于胚体上方气室侧下缘作标记，接种部位用碘酊消毒，酒精脱碘，再用消毒针锥在接种处用腕力打孔钻透。用 1 mL 注射器吸取病料 0.2 mL 注入尿囊腔，注意针的深度，不能刺伤胚体也不能注入气室或溢出壳外。然后用蜡融化后封孔，继续孵化，24 h 照蛋，弃去死胚（血管变粗、变黑或胚体不动）。24 h 后每隔 5～6 h 照蛋一次，鸡胚通常在 36～48 h 死亡。将死胚取出置 4℃ 冰箱放置冷却，以免收获时血管出血。

（4）收获。将死胚用碘酊消毒气室部蛋壳，用镊子破壳并弃掉，再用眼科镊小心撕去壳膜，并刺破绒毛尿囊膜，将胚体压住用无菌吸管吸取尿囊液，尿囊液应澄清，出血的、混浊的尿囊液不能用。

（5）病毒初步鉴定。①新城疫死亡的鸡胚应全身出血，特别是头、肢明显，尿囊液澄清。②取尿囊液做血凝试验，检测病毒的血凝性，测定病毒的凝集价。病毒能凝集鸡的红细胞，且凝集价在 6 log2 以上。③用该被检尿囊液和标准的新城疫抗原分别与同 1 份新城疫阳性血清做血凝抑制试验，当测得的效价应相一致，才能证明被检病毒为新城疫病毒。

3. 新城疫的免疫监测

新城疫免疫监测常用的方法是微量血凝抑制试验（HI）。

（1）血凝（HA）试验。①在微量反应板的 1～12 孔均加入 25 μL PBS，共加四排。②吸取 25 μL 病毒悬液加入第 1 孔中，吹打 3～5 次充分混匀。③从第 1 孔吸取 25 μL 抗原加入第 2 孔，混匀后吸取 25 μL 加入第 3 孔，依次进行对比稀释至第 11 孔，最后从第 11 孔吸取 25 μL 弃之，设第 12 孔为 PBS 对照。④每孔再加入 25 μL PBS。⑤将 1% 鸡红细胞悬液充分摇匀，每孔均加入 25 μL。⑥置微量血球振荡器上，室温 20～25℃ 下静置 40 min 后观察结果，若环境温度太高，4℃ 静置 60 min，PBS 对照孔的红细胞呈明显的纽扣状沉积到孔底时判定结果。⑦结果判定。在 PBS 对照孔出现正确结果的情况下，将反应板倾斜，观察红细胞是否完全凝集。以完全凝集的病毒最大稀释度为该抗原的血凝滴度。完全凝集的病毒的最高稀释倍数为 1 HAU。

（2）血凝抑制（HI）试验。①根据血凝（HA）试验结果配制 4 HAU 抗原，以能引起 100% 血凝的病毒最高稀释倍数代表 1 个血凝单位，4 HAU 的配制方法如下。假设抗原的血凝滴度为 1∶256，则 4 HAU 抗原的稀释倍数应是 1∶64（256 除以 4）。②在微量反应板的 1～11 孔加入 25 μL PBS，第 12 孔加入 50 μL PBS。③吸取 25 μL 血清加入第 1 孔内，充分混匀后从第 1 孔吸取 25 μL 于第 2 孔，依次倍比稀释至第 10 孔，从第 10 孔吸取 25 μL 弃去，第 11 孔为阳性对照，第 12 孔为 PBS 对照。④ 1～11 孔均加入含 4 HAU 的抗原液 25 μL，混匀，室温（20～25℃）静置至少 30 min，4℃ 不少于 60 min。⑤每孔加入 25 μL 1% 鸡红细胞悬液，轻微振荡 1 min，室温（20～25℃）静置约 40 min，若环境温度太高，4℃ 静置 60 min。当 PBS 对照孔红细胞呈明显纽扣状沉到孔底时判定结果。⑥结果判定：在 PBS 对照孔出现正确结果的情况下，将反应板倾斜，从背侧观察，看红细胞是否呈泪滴状流下。滴度是指产生完全不凝集（红细胞完全流下）的最高稀释度。

只有当阴性血清对照的 HI 滴度不大于 2 log2，阳性对照血清误差不超过 1 个滴度，试验结果才有效。并且所用阴、阳性血清都不发生自凝的情况下，HI 试验结果方判定有效。HI 效价小于或等于 3 log2 判定 HI 试验阴性；HI 效价等于或大于 4 log2 为阳性。

（3）溶液配制。

阿氏（Alsevers）液配制：葡萄糖 2.05 g，枸橼酸钠 0.8 g，氯化钠 0.42 g，枸橼酸 0.055 g，蒸馏水加至 100 mL，加热溶解后调 pH 值至 6.1，高压蒸汽灭菌 121℃、10 min，置 4℃保存。

1% 鸡红细胞悬液制备：采集至少 3 只 SPF 公鸡或无禽流感和新城疫等抗体的健康公鸡的血液与等体积阿氏液混合，用 pH 值 7.2 的 0.01 mol/L PBS 液洗涤 3 次，每次均以 3 000 r/min 离心 10 min，洗涤后用 PBS 配成 1% 红细胞悬液，4℃保存备用。

- **工具准备**

剪刀、骨剪、肠剪、镊子、病理剖检记录表、工作服、胶靴、围裙、橡胶手套、恒温培养箱、照蛋灯、针锥、组织匀浆器、1 mL 注射器、种蛋或鸡胚、96 孔“V”形血凝反应板、微量混合器、25 μL 微量加样器、吸管、烧杯、加样槽、标准抗原、标准阳性血清、被检血清、1% 鸡红细胞悬液、pH 值 7.2 的 0.01 mol/L 磷酸盐缓冲液（PBS）。

- **人员准备**

人员分组，每组 5 人，明确职责分工（表 4-1-1）。

表 4-1-1　任务分配

任务角色	任务内容
组长	整理疫情发生情况、动物种类、数量、发病率、死亡率等资料，制订计划，合理安排分工
组员 1	对动物尸体进行临床诊断，采集样本
组员 2	进行实验室诊断、结果分析、数据整合
组员 3	进行实验室诊断、结果分析、数据整合
组员 4	进行实验室诊断、结果分析、数据整合

任务筹划

一、内容筹划

两人为一组，对购买的实验动物（鸡）进行新城疫抗体水平测定，试验操作对照 GB/T 16550—2020《新城疫诊断技术》进行，试验过程中三组共用同一只实验动物，便于对试验结果进行对比，每组将试验结果上传至学习平台。

（1）整合资料，制订实施计划。

（2）完成动物临床诊断、实验室诊断、数据分析整合。

二、方法筹划

自行分组（每组 5 人），完成任务。

三、流程筹划

前期准备（材料、工具、动物、场地、人员）—临床诊断—记录—分析—样本采集—运输—实验室诊断—结果分析—数据处理—报告。

任务实施

根据任务筹划完成表 4-1-2 的任务实施步骤。

表 4-1-2　任务实施步骤

步骤	任务实施情况
步骤一	
步骤二	
步骤三	
步骤四	
步骤五	
步骤六	

任务检测

请扫描二维码 4-1-2 进行答题。

二维码 4-1-2
项目四任务一检测

任务评价

根据任务完成情况完成任务评价（表 4-1-3）。

表 4-1-3　工作任务完成过程评价

班级：		组别：	姓名：	
项目	评分标准	自我评价	小组评价	教师评价
前期准备	材料准备是否完整（5 分）			
	资料整合是否正确（5 分）			
尸体处理过程	制订计划是否正确（5 分）			
	记录是否完整（5 分）			
	临床诊断是否正确（5 分）			
	样本采集是否正确（5 分）			
	样本运输是否正确（5 分）			
	个人防护是否正确（5 分）			
后期处理	实验室诊断是否正确（5 分）			
	结果分析、处理、报告是否正确（5 分）			
视频上传	是否完成视频剪辑上传（10 分）			
合计				
自我评价与总结				
教师点评				

任务二　传染性法氏囊病

任务导入

分组讲述，禽的免疫系统，并找出其特殊之处。

任务准备

• 知识准备

法氏囊位于泄殖腔的背侧，也称腔上囊，是禽类特有的免疫器官，在 70～80 日龄时体积最大，以后逐渐消退，性成熟时消失。该病引起雏鸡免疫抑制，故对马立克病和新城疫疫苗接种的反应能力下降，也使病鸡对球虫、大肠杆菌、腺病毒和沙门菌更易感，造成养鸡业的巨大损失。

传染性法氏囊病（IBD）为高度接性感染。病毒通过被污染的环境、饲料、饮水、垫料、粪便、用具、衣物、昆虫等传播，不经过彻底、有效的隔离，消毒措施很难控制。

（一）病原

鸡传染性法氏囊病病毒（IBDV）为双 RNA 病毒科。电镜观察表明 IBDV 有两种不同大小的颗粒，大颗粒约 60 nm，小颗粒约 20 nm，均为二十面体立体对称结构。病毒粒子无膜，仅由核酸和衣壳组成。核酸为双股双节段 RNA，衣壳是由一层 32 个壳粒按 5：3：2 对称形式排列构成。

病鸡舍中的病毒可存活 100 d 以上。病毒耐热，耐阳光及紫外线照射。56℃ 加热 5 h 仍存活，60℃ 可存活 0.5 h，70℃ 则迅速灭活。病毒耐酸不耐碱，pH 值 2.0 经 1 h 不被灭活，pH 值 12 则受抑制。病毒对乙酸和氯仿不敏感。3% 煤酚皂溶液、0.2% 过氧乙酸 2% 次氯酸钠、5% 漂白粉、3% 石炭酸、3% 福尔马林、0.1% 氯化汞溶液可在 30 min 内灭活病毒。

（二）流行病学

IBDV 的自然宿主仅为雏鸡和火鸡。从鸡分离的 IBDV 只感染鸡，感染火鸡不发病，但能引起抗体产生。同样，从火鸡分离的病毒仅能使火鸡感染，而不感染鸡。不同品种的鸡均有易感性。IBD 母源抗体阴性的鸡可于 1 周龄内感染发病，有母源抗体的鸡多在母源抗体下降至较低水平时感染发病。3～6 周龄的鸡最易感。也有 15 周龄以上鸡发病的报道。该病全年均可发生，无明显季节性。

病鸡的粪便中含有大量病毒，病鸡是主要传染源。鸡可通过直接接触和污染了 IBDV 的饲料、饮水、垫料、尘埃、用具、车辆、人员、衣物等间接传播，老鼠和甲虫等也可间接传播。有人从蚊子体内分离出一株病毒，被认为是一株 IBDV 自然弱毒，由此说明媒介昆虫可能参与该病的传播。该病毒不仅可通过消化道和呼吸道感染，还可通过污染了病毒的蛋壳传播，但未有证据表明经卵传播。另外，经眼结膜也可传播。

该病一般发病率高（可达 100%）而死亡率不高（多为 5% 左右，也可达 20%～30%），卫生条件差而伴发其他疾病时死亡率可升至 40% 以上，在维鸡甚至可达 80% 以上。

该病的另一流行病学特点是发生该病的鸡场，常常出现新城疫、马立克病等疫苗接种的免疫失败，这种免疫抑制现象常使发病率和死亡率急剧上升。IBD 产生的免疫抑制程度随感染鸡的日龄不同而异，初生雏鸡感染 IBDV 最为严重，可使法氏囊发生坏死性的不可逆病变。1 周龄后或 IBD 母源抗体消失后而感染 IBDV 的鸡，其影响有所减轻。

（三）临床症状

该病潜伏期为 2～3 d，易感鸡群感染后发病突然，病程一般为 1 周左右，典型发病鸡群的死亡曲线呈尖峰式。发病鸡群的早期症状之一是有些病鸡有啄自己肛门的现象，随即病鸡出现腹泻，排出白色黏稠或水样稀便。随着病程的发展，食欲逐渐消失，颈和全身震颤，病鸡步态不稳，羽毛蓬松，精神委顿，卧地不动，体温常升高，泄殖腔周围的羽毛被粪便污染。此时病鸡脱水严重，趾爪干燥，眼窝凹陷，最后衰竭死亡。急性病鸡可在出现症状 1～2 d 后死亡，鸡群在 3～5 d 达死亡高峰，以后逐渐减少。在初次发病的鸡场多呈显性感染，症状典型，死亡率高。以后发病多转入亚临诊型。近年来发现部分 1 型变异株所致的病型多为亚临诊型，死亡率低，但其造成的免疫抑制严重。

（1）病鸡精神萎靡、食欲不振、缩颈，颈部毛竖起、下痢、虚脱而死。

（2）发生后第 1～2 天有鸡死亡，第 4～7 天死亡率达最高峰，之后鸡慢慢恢复正常。

（3）发生率可达 100%，死亡率为 20%～30%，但也有达 50%～60%。

（四）病理变化

病死鸡肌肉色泽发暗，大腿内外侧和胸部肌肉常见条纹状或斑块状出血。腺胃和肌胃交界处常见出血点或出血斑。法氏囊病变具有特征性，水肿，比正常大 2～3 倍，壁增厚，外形变圆，呈土黄色，外包裹有胶冻样透明渗出物。黏膜皱褶上有出血点或出血斑，内有炎性分泌物或黄色干酪样物。随病程延长法氏囊萎缩变小，囊壁变薄，第 8 天后仅为其原重量的 1/3 左右。一些严重病例可见法氏囊严重出血，呈紫黑色如紫葡萄状。肾肿大，常见尿酸盐沉积，输尿管有大量尿酸盐而扩张，盲肠扁桃体多肿出血。

（五）诊断

该病根据其流行病学、病理变化和临诊症状可做出初步诊断。确诊必须做实验室诊断。

（1）死鸡呈严重脱水现象，腿肌及胸肌，可见大片出血点或出血斑。

（2）法氏囊肿大、化脓，有时出血。

（3）肾肿大、尿酸沉着。

（4）腺胃及肌胃交接处黏膜有时出血。

（5）由于发病快，经 3～4 d 高死亡后迅速恢正常。法氏囊肿大化脓、出血，至整缩，以上症状可诊断为该病。

（六）防控

科学饲养管理，采用全进全出饲养体制，全价饲料。鸡舍换气良好，温度、湿度适宜，消除各种应激条件，提高鸡的免疫应答能力。60 日龄内的雏鸡最好隔离封闭饲养，杜绝传染来源。

严格卫生管理，加强消毒净化措施。进鸡前鸡（包括周围环境）用消毒液喷洒－清扫－高压水冲洗－消毒液喷洒（几种消毒剂交替使用2～3遍）－干燥－甲醛熏蒸－封闭12周后换气再进鸡。饲养鸡期间，定期进行带鸡气雾消毒，可采用0.3%次氯酸钠或过氧乙酸等，按30～50 mL/m³。

搞好免疫接种，目前使用的疫苗主要有灭活苗和活苗两类。灭活苗主要有组织灭活苗和油佐剂灭活苗，使用灭活苗对已接种活苗的鸡效果好，并使母源抗体保护雏鸡长达4～5周。疫苗接种途径有注射、滴鼻、点眼、饮水等多种免疫方法，可根据疫苗的种类、性质鸡龄、饲养管理等情况进行具体选择。免疫程序的制定应根据琼脂扩散试验或ELISA方法对鸡群的母源抗体、免疫后抗体水平进行监测，以便选择合适的免疫时间。如用标准抗原作AGP测定母源抗体水平，若1日龄阳性率＜80%，可在10～17日龄首免；若阳性率≥80%，应在7～10日龄再检测后确定首免日龄。若阳性率＜50%时，就在14～21日龄首免；若≥50%，应在17～24日龄首免。如用间接ELISA测定抗体水平，雏鸡抵抗感染的母源抗体水平应为ET2350。如果未做抗体水平检测，一般种鸡采用2周龄较大剂量中毒型弱毒疫苗首免，4～5周加强免疫一次，产蛋前（18～20周龄）和38周龄时各注射油佐剂灭活苗一次，一般可保持较高的母源抗体水平。肉用雏鸡和蛋鸡视抗体水平多在2周龄和45周龄时进行两次弱毒苗免疫。

严格扑灭措施，发病鸡舍应严封锁，每天上下午各进行一次带鸡消毒。对环境、人员、工具也应进行消毒。及时选用对鸡群有效的抗生素，控制继发感染。改善饲养管理和消除应激因素。可在饮水中加入复方口服补液盐以及维生素C、维生素K、B族维生素或1%～2%乳粉，以保持鸡体内水、电解质、营养平衡，促进康复。病雏早期用高免血清或卵黄抗体治疗可获得较好疗效。雏鸡0.5～1.0 mL，大鸡1.0～2.0 mL/羽，皮下或肌内注射，必要时翌日再注射1次。

（1）要注意场内卫生，加强消毒防控。

（2）肉鸡在1周龄及2周龄时使用活毒疫苗饮水。

（3）种鸡、蛋鸡在1周龄、2周龄、8周龄、12周龄、18周龄及产蛋后每隔3个月补强一次。

• 操作准备

（一）设备材料

（1）设备。倒置生物显微镜，冰箱（2～8℃、-20℃、-70℃）、CO_2恒温培养箱、4℃离心机、微量可调移液器（10 μL、100 μL、1 000 μL等）、1 mL注射器25 cm²细胞培养瓶、烧杯（100 mL）、水浴锅。

（2）试剂。0.01 mol/L PBS（pH值7.2）、细胞培养液与细胞维持液、0.25%胰酶。

（二）内容及方法

1. 临床诊断

严重者腿部和胸部肌肉有条索状或斑块状出血；法氏囊水肿和出血，体积增大，重量增加，严重者呈紫黑色、葡萄状；部分法氏囊出现萎缩，有些法氏囊淡黄色水肿；肾肿大褪色，肾小管有尿酸盐沉积，呈红白相间“花斑肾”。

2. 传染性法氏囊的分离鉴定

（1）接种病毒。将样品经绒毛尿囊膜接种于 5 枚 9～11 日龄的 SPF 鸡胚。具体操作如下：分别在鸡无血管处和气室顶端打一小孔，用吸球在气室顶端孔处抽吸以制造人工气室，然后用注射器于鸡胚无血管处接毒，0.2 mL/ 枚，之后将所打孔用蜡封闭，继续孵化。

每天照胚，接种 48 h 内死亡的鸡胚弃去不用。收集接种 48 h 后死亡鸡胚，检查鸡胚病变血清 I 型 IBDV 的初次分离物就可引起部分鸡胚死亡。病变表现为萎缩、皮下水肿、充血，皮下或颅内出血，肝肿大、不均匀地充血、呈斑驳病变。晚死的鸡胚肝肿大、变绿、有坏死灶；脾肿大，肾水肿、充血，呈斑纹状。血清 I 型 IBDV 不能引起感染鸡胚的皮下水肿和出血，但表现环体小，呈灰黄色。

（2）鸡接种试验。取 3～6 周龄的 SPF 鸡 5 只，每只滴眼 0.05 mL 样品。接种后 72～96 h 将鸡处死，检查法氏囊、肾和胸肌有无病变。

（3）病毒鉴定。对出现细胞病变的细胞培养液、出现病变的鸡胚和病死鸡，进行核酸鉴定。

3. 传染性法氏囊的免疫监测

传染性法氏囊免疫监测常用的方法是琼脂凝胶免疫扩散试验（简称琼扩试验）。

（1）琼脂平皿制备。

取 NaCl 80 g、KH_2PO_4 0.2 g、$Na_2HPO_4 \cdot 12H_2O$ 2.9 g、琼脂糖 10 g，加蒸馏水至 1 L（25℃时 pH 值 7.1），115℃、15 min 灭菌，置 4℃备用。

在试验前的 24 h 至 7 d 内将琼脂平皿准备好，先在微波炉等加热装置中融化琼脂糖（注意：不要让水等其他外源物质进到琼脂糖瓶内，然后将平皿水平放置，再把融化的琼脂糖倒入一个 9 cm 的平皿内，琼脂糖厚约 3 mm）。

将平皿盖好，待琼脂糖凝固后储存在 4℃可以放 7 d。如果需当天使用，则需将平皿盖打开，在 37℃温箱中倒置干燥 60 min。

（2）打孔、封底。在制备好的琼脂板上用打孔器打孔，并挑出孔中的琼脂。中心 1 孔，周围 6 孔，孔径 3 mm，孔距 4 mm，在火焰上封底。

（3）病原检测。中央孔加入标准 IBDV 阳性血清，第 1、4 孔分别加入标准 IBD 琼扩阳性抗原和标准 IBD 琼扩阴性抗原，其他孔分别加入待检样品，20 μL/ 孔。静置 5～10 min，将加样后的平皿轻轻倒置放入填有湿纱布的盒内，置于 37℃温箱，在 24 h、48 h 观察并记录结果。

（4）抗体检测。中央孔加入标准 IBD 琼扩阳性抗原，第 1、4 孔分别加入标准

IBDV 阳性血清和标准 BDV 阴性血清，其他孔分别加入待检样品；或第 1 孔加入标准 IBD 阳性血清，其他孔分别加入倍比释的待检血清，20 μL/ 孔。静置 5～10 min，将加样后的平皿轻轻倒置放入填有湿纱布的盒内，置于 37℃ 温箱，在 24 h、48 h 观察并记录结果。

（5）试验成立条件。24 h，标准 IBDV 阳性血清与标准 BD 琼扩阳性抗原孔之间形成清晰沉淀线，标准 IBDV 阳性血清与标准 IBD 琼扩阴性抗原孔之间未形成清晰沉淀线。

4. 结果判定

（1）病原检测。24 h 或 48 h，待检样品与标准 IBDV 阳性血清孔之间出现沉淀线，且与标准 IBD 琼扩阳性抗原沉淀线末端相吻合时，待检样品判为阳性；标准 IBD 琼扩阴性抗原孔和待检样品孔与标准 IBDV 阳性血清孔之间无沉淀线出现时，待检样品判为阴性。

（2）抗体检测。待检血清孔与标准 IBD 琼扩阳性抗原孔之间出现沉淀线，且与标准 IBDV 阳性血清沉淀线末端相吻合时，待检血清判为阳性：待检血清孔与标准 IBD 琼扩阳性抗原孔之间无沉淀线出现时，待检血清判为阴性。

标准 IBD 琼扩阳性抗原孔与待检血清之间形成清晰沉淀线的血清最高稀释倍数，即判为待检血清琼扩效价。

• 工具准备

同本任务操作准备中“设备材料”。

• 人员准备

人员分组，每组 5 人，明确职责分工（表 4-2-1）。

表 4-2-1 任务分配

任务角色	任务内容
组长	整理任务流程，制订计划，合理安排分工
组员 1	临床诊断
组员 2	分离鉴定
组员 3	免疫检测
组员 4	结果分析，汇总

任务筹划

一、内容筹划

（1）整合资料，制订实施计划。

（2）完成动物尸体运输、焚烧、掩埋工作，对疫区动物进行合理处置。

二、方法筹划

自行分组（每组 5 人），完成任务。

三、流程筹划

前期准备（材料、工具、动物、场地、人员）—进行现场勘察—制订计划—临床诊断—分离鉴定—免疫检测—结果分析汇总。

任务实施

根据任务筹划完成表 4-2-2 的任务实施步骤。

表 4-2-2　任务实施步骤

步骤	任务实施情况
步骤一	
步骤二	
步骤三	
步骤四	
步骤五	
步骤六	

任务检测

请扫描二维码 4-2-1 进行答题。

二维码 4-2-1
项目四任务二检测

任务评价

根据任务完成情况完成任务评价（表 4-2-3）。

表 4-2-3 工作任务完成过程评价

<table>
<tr><td>班级：</td><td colspan="2">组别：</td><td colspan="2">姓名：</td></tr>
<tr><td>项目</td><td>评分标准</td><td>自我评价</td><td>小组评价</td><td>教师评价</td></tr>
<tr><td rowspan="2">前期准备</td><td>材料准备是否完整（5 分）</td><td></td><td></td><td></td></tr>
<tr><td>资料整合是否正确（5 分）</td><td></td><td></td><td></td></tr>
<tr><td rowspan="7">尸体处理过程</td><td>制订计划是否正确（5 分）</td><td></td><td></td><td></td></tr>
<tr><td>记录是否完整（5 分）</td><td></td><td></td><td></td></tr>
<tr><td>动物前期处理是否正确（5 分）</td><td></td><td></td><td></td></tr>
<tr><td>临床诊断是否正确（5 分）</td><td></td><td></td><td></td></tr>
<tr><td>分离鉴定是否正确（5 分）</td><td></td><td></td><td></td></tr>
<tr><td>免疫检测是否正确（5 分）</td><td></td><td></td><td></td></tr>
<tr><td>检测方法是否正确（10 分）</td><td></td><td></td><td></td></tr>
<tr><td rowspan="2">后期处理</td><td>结果汇总是否得当（5 分）</td><td></td><td></td><td></td></tr>
<tr><td>结果判定是否得当（5 分）</td><td></td><td></td><td></td></tr>
<tr><td>视频上传</td><td>是否完成视频剪辑上传（10 分）</td><td></td><td></td><td></td></tr>
<tr><td colspan="2">合计</td><td></td><td></td><td></td></tr>
<tr><td>自我评价与总结</td><td colspan="4"></td></tr>
<tr><td>教师点评</td><td colspan="4"></td></tr>
</table>

任务三 马立克病

任务导入

请学生进行发散思维，与神经症状有关的疾病有哪些？一般情况下有什么特殊表现？

任务准备

• 知识准备

马立克病（MD）又名神经淋巴瘤病，二类传染病，是鸡的一种淋巴组织增生性疾病，以对外周神经、性腺、虹膜、各种内脏器官、肌肉和皮肤的单个或多个组织器官发生单核细胞浸润为特征。该病是由细胞结合性疱疹病毒引起的传染性肿瘤病，导致上述各器官和组织形成肿瘤。病鸡常见消瘦、肢体麻痹，并常有急性死亡。在病原学上可以与鸡的其他淋巴样肿瘤病相区别。

（一）病原

MD 病原是一种细胞结合性疱疹病毒（MDV）。已发现的有三个血清型，1 型为致癌性的，2 型为非致癌性的，3 型指火鸡疱疹病毒（HVT）。HVT 与 MDV 有明显区别，对鸡无致病性，但可作为预防 MD 的有效疫苗。MDV 在鸡体的羽毛囊上皮中形成带囊膜的完整病毒粒子，直径为 273～400 nm。在组织培养的感染细胞核中可见到直径为 85～100 nm 的六角形病毒颗粒或核衣壳，偶尔也在细胞质中见到。偶尔可见与细胞核膜或核空泡相连的有囊膜的病毒颗粒，直径为 150～160 nm。

MDV 的核衣壳呈立体的、对称的二十面体，它有 162 个柱状中空的壳粒，6 × 9 nm 左右大小。病毒核酸为 DNA。HVT 的形态与 MDV 相似，在超薄切片上，HVT 的核衣壳有的呈独特的“十”字形。这个病毒有一个由 6 个圆形颗粒组成的核心结构。

MDV 的 DNA 是含线性双链的，浮密度为 1.706 g/mL，碱基组成的 G+C（鸟嘌呤和胞嘧啶）比率为 46%，分子量为 108～120 × 10^6 Da，HVT 的 DNA 浮密度和 G+C 比率与 MDV 的基本相同。MDV 与其 DNA 不论在体内或体外都具有感染性。

MDV 的 DNA 与其他大部分疱疹病毒无同源性。但有研究证明 MDV 与人的一种 B 型嗜淋巴组织疱疹病毒、人疱疹病毒 6 型（HHV-6）、网状内皮增生病病毒和致癌性禽逆转录病毒的原病毒 DNA 有同源区。还证明与单纯疱疹病毒和水痘带状疱疹病毒有同源区。表明 MDV 基因组与其他疱疹病毒的关系可能比最早发现的更为接近。

当前对 MDV 的蛋白和抗原已做出鉴定的有 46 种特异性多肽。感染细胞培养物中分离的 A 抗原，已被证明是一种分子量为 57～65 kDa 的糖蛋白（gp57/65），由感染细胞分泌到细胞质和细胞表面，是琼脂免疫扩散试验中用恢复期抗血清最易检测的抗原。MDV 经细胞培养传几代后 A 抗原的产量降低，可能是 A 抗原基因的转录减少所致。现已测出这一基因的核酸序列。

B 抗原是一种非分泌抗原，是三种分子量 100 kDa、60 kDa 和 49 kDa（gp100、gp60、gp49）的糖蛋白复合物，是由一种 44 kDa 的多肽前体产生的。这种抗原位于细胞表面和细胞质中。它能导致中和抗体的产生。

A、B两种抗原开始是用作琼脂扩散试验的。用不同的单克隆抗体以琼脂扩散方法检测到两种与生产性感染的细胞核有关的抗原。一种为135 kDa蛋白质，可与DNA结合；另一种为145～155 kDa的蛋白质，不与DNA结合。从潜伏感染的肿瘤细胞提取物中，发现了一种可与克隆的MDV的DNA片段结合的28 kDa蛋白，但在生产性感染的细胞中未发现。

脱落的皮肤碎屑含有羽毛囊上皮产生的有囊膜的MDV。这种MDV在温室可存活4～8个月，4℃、10年以上仍有感染性。各种常用化学消毒药一般在10 min内可将MDV灭活。稀释的细胞结合疫苗病毒的半衰期为2～6 h。

根据MDV毒力的强弱分作三类。一为温和MDV（mMDV），是20世纪50年代以前的主要类型，其代表株为CU2株。二为强毒MDV（vMDV），是20世纪60年代的主要类型，代表株为JM、GA和HPRS-16株。三为超强毒MDV（vvMDV），20世纪70年代末以后的一种类型，代表株为MD5和RBIB株。

血清学Ⅰ型病毒在鸭胚成纤维细胞或鸡肾细胞上生长最好，但生长缓慢，可产生小蚀斑。用鸡胚皮肤细胞单层可直接从羽毛囊分离病毒和传代。血清学2型病毒在鸡胚成纤维细胞上生长最好，但生长缓慢，可产生大合胞体的中等蚀斑。血清学3型病毒（HVT）在鸡胚成纤维细胞上生长最好，生长速度快，可产生大蚀斑。HVT复归火鸡雏传4代，从羽毛囊用鸡胚皮肤细胞单层分离并连续传代10代以上，不见产生合胞体。

三个血清型病毒感染的最初靶器官的淋巴细胞不同。致瘤性MDV感染B细胞，2型MDV和HVT既感染B细胞也感染巨噬细胞。

有毒力的血清学Ⅰ型MDV接种易感新生雏鸡，2～4周可见神经和神经节的组织学变化，胸腺和法氏囊显著萎缩则肉眼可见。病毒毒力的强度不同和雏鸡易感性不同，其引起死亡的程度也不同。

用MDV卵黄囊内接种鸡胚，18～19日龄胚检查可见绒毛尿囊膜产生明显的痘斑。鸭胚成纤维细胞、鸡肾细胞和鸡胚成纤维细胞是常用分离MDV的细胞。也有用鸡胚皮肤细胞作为细胞培养系统。

（二）流行病学

鸡是主要的MD自然宿主。鹌鹑、火鸡和山鸡可发生自然感染MD，但不出现疾病。乌鸡（竹丝鸡）也可自然感染，而且易感性强，死亡率很高。火鸡经人工接种MDV病毒后可产生淋巴瘤，但还没有证明它是MDV的自然宿主。MD对其他种生物的重要性极小或者几乎没有。

1日龄雏鸡人工接种感染后3～6 d出现溶细胞感染，6～8 d淋巴器官出现变性病变，特别是胸腺和法氏囊萎缩。2周左右可见神经和其他器官有单核细胞浸润，并开始排毒。最早在18 d前后，一般在3～4周出现临床症状。

大多数鸡群开始暴发该病是从8～9周龄开始，12～20周龄是高峰期。但也有3～4周龄的幼鸡群和60周龄的鸡群暴发该病的事例。

感染 MD 的病鸡，大部分终生带毒，病毒不断从脱落的羽毛囊皮屑中排出有传染性的 MDV，这就是 MD 传播难以控制的根本性原因。至今还没有证明 MD 垂直传播的事例。

虽然 20 世纪 70 年代已有疫苗预防该病，但不少鸡群在接种疫苗之后虽有明显地降低发病率，很大程度地减少了损失。但也有一些鸡群仍然存在不同程度由 MD 造成的损失。无母源抗体的鸡群接种疫苗后最少需一周才能产生免疫力。有母源抗体的鸡群则至少要在接种疫苗 2 周以上才能产生免疫力，疫苗剂量还得加大约 4 倍。部分统计的资料表明，初生鸡雏在有 MDV 污染的环境中几乎在一周内疫苗产生免疫力之前已感染上了自然强毒，因而失去或降低了疫苗的效力。一般来说，免疫接种不能 100% 防止发病，同非免疫的对照鸡群相比，保护率为 80%～85%。

（三）临床症状

MD 的症状被分为三个型：神经型（经典型）、内脏型（急性型）和眼型。各型混合发生也时有出现。

神经型症状最早出现的表现是步态不稳、共济失调。一肢或多肢的麻痹或瘫痪被认为是 MD 的特征性症状，这是由于神经受到 MDV 不同程度的侵害而引起的，特别是一条腿伸向前方而另一条腿伸向后方。翅膀可因麻痹而下垂，颈部因麻痹而低头歪颈，嗉囊因麻痹而扩大并常伴有腹泻。病鸡采食困难，饥饿至脱水而死。发病期由数周到数月，死亡率为 10%～15%。

内脏型多为急性暴发 MD 的鸡群。开始表现为大多数鸡严重委顿，白色羽毛鸡的羽毛失去光泽而变为灰色。有些病鸡单侧或双侧肢体麻痹，厌食、消瘦和昏迷，最后衰竭而死。急性死亡数周内停止，也可延至数月，一般死亡率为 10%～30%，也有高达 70% 的。

眼型 MD 可见单眼或双眼发病，视力减退或消失。虹膜失去正常色素，变为同心环状或斑点状以至弥漫性青蓝色到弥散性灰白色混浊不等变化。瞳孔边缘不整齐，严重的只剩一个似针头大小的孔。

以上 3 种型在发生该病的鸡群中常为同时存在。出现临床症状的病鸡有少部分能康复，但多数以死亡告终。

（四）病理变化

MD 发病机理分为体内感染的 4 个阶段。即早期的生产性 - 限制性病毒感染而引起的初期变性变化；潜伏感染；溶细胞性感染的第二期，与持久免疫抑制相一致；涉及淋巴样细胞非生产性感染增生期，可能形成或不形成淋巴瘤。

MD 病毒经呼吸道进入机体后被吞噬细胞吞噬，在脾、法氏囊和胸腺形成溶血性感染，于 3～6 d 达到高峰。最初的靶细胞为 B 细胞，产生炎性反应。约于 7 d 出现暂时的免疫抑制，法氏囊和胸腺萎缩，感染进入潜伏阶段，细胞介导免疫在转化中起着重要作用。以后的感染发病发展过程则由于宿主遗传抵抗力的差异和 MDV 毒力的强弱不同，病理变化有很大的差异。易感鸡于 2～3 周发生第二次溶细胞感染，侵害到各种器官。病毒在羽毛囊上皮进行有囊膜的完整病毒的复制。

淋巴样细胞的增生可能形成淋巴瘤，以 T 细胞为主，也有 B 细胞以及其他细胞。含 MDV 的 DNA 的肿瘤细胞可在体外培养成为成淋巴细胞样细胞系。一般转化的靶细胞是 T 细胞，发现它有 Ia 抗原。肿瘤细胞则是抑制 T 细胞。肿瘤相关表面抗原（MAST A）在未感染的活化 T 细胞中发现，被认为可能是转化后继续表达它的转化靶细胞的标记物。

对在体外经传代致弱的 MDV 的感染机制的研究证明，致弱毒株不能引起淋巴器官的溶细胞感染，对淋巴细胞没有感染性。年龄和遗传抵抗力依赖于免疫学活性。遗传品系和毒株类型与淋巴瘤的发生和分布有关。免疫应答本身可能与 MD 的一些特征性病变有关，神经病变的一些特性类似一种自身免疫病。由 MDV 引起的动脉粥样硬化的发病机理则还不清楚。

MD 引起的病理变化最常见的是神经变化。腹腔神经丛最易受侵害，78% 的病鸡有病变。99% 的病鸡可通过检查腹腔、前肠系膜、臂和坐骨神经丛，Remak 氏神经、内脏大神经发现病变。

急性 MD 病例，常可见到内脏淋巴肿瘤大小不一，界限分明，灰白色，质坚而致密。常见于性腺、肾、脾、肝、肺、心脏、胰腺、肠系膜、腺胃、肠道、肌肉和皮肤等。

法氏囊病变通常除萎缩外，有时发生肿瘤。肿瘤细胞的滤泡间分布呈弥散性增厚，与淋巴白血病的特征性结节不同。

易感鸡可由 MDV 引起大冠状动脉、主动脉和主要的主动脉分支以及在其他动脉内肉眼可见的脂肪性动脉粥样硬化，与人的慢性动脉粥样硬化相似。

病理组织学的外周神经病变分为两个主要类型。一种为 B 型，主要是炎性反应。以小淋巴细胞和浆细胞弥散、浸润为特征，并常伴有水肿，或有髓鞘变性和许旺氏细胞增生，少量巨噬细胞。比 B 型病变轻的为 C 型。另一种类型为 A 型，以肿瘤为特征，主要为大量增生的成淋巴细胞。有一种病变细胞被称为“马立克病细胞”，被认为是变性的胚细胞，其细胞质嗜碱性强，嗜派朗宁，有空泡，细胞极少或无详细结构。

脑的病理组织学变化呈灶性分布，由小淋巴细胞形成的血管周围套或由含淋巴细胞和淡染物质的亚粟粒性结节组成。眼的变化主要为虹膜的单核细胞浸润。

内脏器官的淋巴瘤性变化呈增生性。皮肤病变大部分为炎性，也可能为淋巴瘤性，出现在感染的羽毛囊周围。

法氏囊和胸腺病变为皮质、髓质萎缩，坏死，囊肿形成和滤泡间淋巴样细胞浸润。血液白细胞数可能增多，主要为大淋巴细胞和成淋巴细胞数增加。胸腺有时严重萎缩，有的有淋巴样细胞增生区，在变性病变细胞中有时可见到 Cowdry A 型核内包涵体。

（五）诊断

病原检查：采取病鸡肿瘤组织，接种于 1 日龄鸡雏，严格隔离饲养 2～10 周，然后作病理学检查；或接种于 4 日龄鸡胚卵黄囊内，可出现细胞病变，或在尿囊膜出现斑块；也可接种于鸡肾细胞或直接用接种的雏鸡肾做肾细胞单层培养，以分离病毒。

血清学检查：拔取病鸡腋下羽毛数根，剪下一小段毛根尖端，与马立克病高免血清做琼脂扩散试验，如出现沉淀线即为阳性。此外，也可用荧光抗体试验和间接血细胞凝集试验进行诊断。

（六）防控

发病时无法治疗，只能够改善饲养环境，减少发病率。因此该病主要以预防为主。

（1）采用高质量的疫苗预防，冻干苗、进口液氮苗 CVI988 效果较好，但这些疫苗均不能抗感染，只可防止发病。疫苗稀释后要尽可能在 1 h 内用完。1 日龄雏鸡进行免疫，若不放心可以再在第 3 日龄或第 15 日龄时再免疫 1 次。

（2）加强饲养管理，改善鸡群生活条件，饲喂维生素 C、维生素 E、维生素 A、维生素 D_3 粉等增强鸡的抵抗力，对预防该病有很大的作用。饲养管理不善，环境条件差或携带某些传染病如球虫病等是重要的诱发因素。

（3）加强环境卫生与消毒工作，尤其是孵化卫生与育雏鸡舍的消毒。防止雏鸡早期感染，非常重要，否则即使出壳后即刻免疫有效疫苗，也难防止发病。

（4）坚持自繁自养，防止购入鸡苗的同时将病毒带入鸡舍。采用全进全出的饲养制度，防止不同日龄的鸡混养于同一鸡舍。

（5）防止应激因素和预防能引起免疫抑制的疾病，如鸡传染性法氏囊病、鸡传染性贫血病毒病、网状内皮组织增生症等的感染。

（6）一旦发生该病，在感染场地清除所有的鸡，将鸡舍清洁消毒后，空置数周再引进新雏鸡。一旦开始育雏，中途不得补充新鸡。

• 操作准备

（一）设备材料

（1）器材。倒置显微镜、超声波仪细胞培养箱、微量可调移液器（10～200 μL，50～300 μL）、单道移液器手动或电动移液装置、细胞培养皿。

（2）试剂。磷酸盐缓冲液（pH 值 7.4）细胞培养液与细胞维持液，淋巴细胞分离液，SPGA/EDTA 缓冲液，细胞冻存液。

（3）细胞。鸡肾细胞（CKC）、鸭胚成纤维细胞（DEF）、鸡胚成纤维细胞（CEF）。

（二）内容及方法

1. 临床诊断

（1）内脏型。内脏型 MD 的病理变化为肝、性腺、脾、肾、肺、前胃及心脏出现广泛的弥漫性淋巴瘤。青年鸡的肝一般中度肿大，但成年鸡肝严重肿大。

（2）神经型。神经型 MD 的病理变化为外周神经肿胀，呈半透明水肿样，色泽变淡，横纹消失，其肿胀程度一般为正常神经的 2～3 倍。这些变化多发生在腰荐神经丛、坐骨神经丛、臂神经丛、颈部迷走神经丛等部位。由于多为不对称性，通过比较对侧神经将有助于判定。

（3）皮肤型。皮肤型 MD 病理变化比较少见。其病理变化特征为：以皮肤的羽毛囊为中心，形成半球形隆起的肿瘤，其表面有时可见鳞片状棕色痂皮。

（4）眼型。眼型 MD 是由于淋巴细胞浸润虹膜而导致的病理变化，虹膜呈环状或斑点状褪色，出现淡灰色；瞳孔不规则，有时偏向虹膜一侧。

2. 马立克病病毒的分离鉴定

（1）淋巴细胞的分离。无菌采集疑似 MD 发病鸡的抗凝血，按照常规方法，利用淋巴细胞分离液分离。

（2）羽髓组织处理。无菌采集疑似 MD 发病鸡羽髓于离心管中，剪碎，加入 1 mL SPGA/EDTA 缓冲液，悬浮，悬浮液超声后用 0.45 μm 的滤膜进行过滤。

（3）制备单层细胞。按常规法制备原代的 CKC、DEF 或 CEF，37℃静置培养，形成单层细胞后用于病毒接种。

（4）接种细胞。将 0.2 mL 悬浮液用细胞维持液稀释至 1 mL，接种单层细胞（细胞培养皿的直径为 60 mm），将接种和未接种的对照细胞放在细胞培养箱中进行培养。羽髓组织悬液在接种细胞前，应倒掉细胞培养液，加入羽髓组织悬液经 40 min 吸附后加入细胞维持液。每 2 d 换 1 次细胞维持液，若被检样品中含有 MDV，通常在 3～5 d 时出现细胞病变，形成由圆形和梭形的折光性细胞和多核细胞组成的蚀斑，7～10 d 时进行烛斑计数。

（5）病毒鉴定。进行血清学鉴定和分子生物学鉴定。

3. 马立克病的免疫监测

马立克病免疫监测常用的方法是琼脂免疫扩散试验检测。

（1）打孔。在已制备的琼脂板上，用直径 4 mm 或 3 mm 直径的打孔器按六角形图案打孔或用梅花形打孔器打孔。中心孔与外周孔距离为 3 mm。将孔中的琼脂用针头挑出，应避免琼脂层脱离平皿底部。

（2）封底。用酒精灯火焰轻烤平皿底部至琼脂轻微融化为止，封闭孔的底部。

（3）加样。用微量移液器吸取用灭菌生理盐水稀释的标准阳性血清（按产品使用说明书的要求稀释），滴入中央孔。标准阳性抗原悬液分别加入外周相对的两孔中，在外周的其余孔中加入被检的羽髓浸出液。每孔均以加满不溢出为度，每加一个样品应换一个吸头。

（4）感作。加样完毕后，静置 5～10 min，将平皿轻轻倒置，放入湿盒内，置 37℃温箱中反应，分别在 24 h 和 48 h 观察结果。

（5）抗体检测。按如下操作加样。标准抗原液用灭菌生理盐水稀释（按产品使用说明书的要求稀释），用微量移液器吸取，滴入中央孔，标准阳性血清分别加入外周相对的两孔中，待检血清按顺序分别加入外周的其余孔中。每孔均以加满不溢出为度，每加一个样品应换一个吸头。加样完毕后，静置 5～10 min，将平皿轻轻倒置，放入湿盒内，置 37℃ 温箱中反应，分别在 24 h 和 48 h 观察结果。

（6）结果判定。①将琼脂板置日光灯下进行观察，当标准阳性血清与标准抗原孔间有明显沉淀线，表明阳性对照成立；在阳性对照成立情况下，当待检血清（或抗原）与标准抗原（或标准阳性血清）孔间有明显沉淀线，且此沉淀线与标准抗原和标准血清孔间的沉淀线末端相融合，则待检样品为阳性。②当标准阳性血清与标准抗原孔的沉淀线的末端在比毗邻待检血清孔或待检抗原孔处的末端向中央孔方向弯曲时，待检样品为弱阳性。③当阳性对照成立，而待检血清（或抗原）与标准抗原（或标准阳性血清）孔之间无沉淀线，或标准阳性血清与抗原孔间的沉淀线末端向毗邻的待检血清孔或待检抗原孔直伸或向外侧偏弯曲时，该待检血清为阴性。④介于阴、阳性之间为可疑。可疑应重检，二次检测仍为可疑判为阳性。

- **工具准备**

同本任务操作准备中“设备材料”。

- **人员准备**

人员分组，每组 5 人，明确职责分工（表 4-3-1）。

表 4-3-1 任务分配

任务角色	任务内容
组长	整理任务流程，制订计划，合理安排分工
组员 1	临床诊断
组员 2	分离鉴定
组员 3	免疫检测
组员 4	结果分析，汇总

任务筹划

一、内容筹划

（1）整合资料，制订实施计划。
（2）完成马立克病的诊断与免疫检测。

二、方法筹划

自行分组（每组 5 人），完成任务。

三、流程筹划

前期准备（材料、工具、动物、场地、人员）—进行现场勘察—制订计划—临床诊断—分离鉴定—免疫检测—结果分析汇总。

任务实施

根据任务筹划完成表 4-3-2 的任务实施步骤。

表 4-3-2　任务实施步骤

步骤	任务实施情况
步骤一	
步骤二	
步骤三	
步骤四	
步骤五	
步骤六	

任务检测

请扫描二维码 4-3-1 进行答题。

二维码 4-3-1
项目四任务三检测

任务评价

根据任务完成情况完成任务评价（表 4-3-3）。

表 4-3-3　工作任务完成过程评价

班级：	组别：		姓名：	
项目	评分标准	自我评价	小组评价	教师评价
前期准备	材料准备是否完整（5 分）			
	资料整合是否正确（5 分）			
尸体处理过程	制订计划是否正确（5 分）			
	记录是否完整（5 分）			

续表

<table>
<tr><td colspan="2">班级：</td><td>组别：</td><td colspan="3">姓名：</td></tr>
<tr><td>项目</td><td colspan="2">评分标准</td><td>自我评价</td><td>小组评价</td><td>教师评价</td></tr>
<tr><td rowspan="5">尸体处理过程</td><td colspan="2">动物前期处理是否正确（5 分）</td><td></td><td></td><td></td></tr>
<tr><td colspan="2">药品处理是否正确（5 分）</td><td></td><td></td><td></td></tr>
<tr><td colspan="2">注射方法是否正确（5 分）</td><td></td><td></td><td></td></tr>
<tr><td colspan="2">注射剂量是否正确（5 分）</td><td></td><td></td><td></td></tr>
<tr><td colspan="2">测量方法是否正确（10 分）</td><td></td><td></td><td></td></tr>
<tr><td rowspan="2">后期处理</td><td colspan="2">结果汇总是否得当（5 分）</td><td></td><td></td><td></td></tr>
<tr><td colspan="2">结果判定是否得当（5 分）</td><td></td><td></td><td></td></tr>
<tr><td>视频上传</td><td colspan="2">是否完成视频剪辑上传（10 分）</td><td></td><td></td><td></td></tr>
<tr><td colspan="3">合计</td><td></td><td></td><td></td></tr>
<tr><td>自我评价与总结</td><td colspan="5"></td></tr>
<tr><td>教师点评</td><td colspan="5"></td></tr>
</table>

任务四　鸭　瘟

任务导入

分组进行阐述，通过前期预习，鸭子的生活习性以及与其他禽类的相似点与不同点有哪些？

任务准备

- **知识准备**

鸭瘟又名鸭病毒性肠炎，是鸭、鹅和其他雁形目禽类的一种急性、热性、败血性传染病。

（一）病原

病原为鸭瘟病毒属于疱疹病毒科疱疹病毒属中的滤过性的病毒。病毒粒子呈球形，直径为 120～180 nm，有囊膜，病毒核酸型为 DNA。病毒在病鸭体内分散于各种内脏器官、血液、分泌物和排泄物中，其中以肝、肺、脑含毒量最高。该病毒对禽类和哺乳动物的红细胞没有凝集现象，毒株间在毒力上有差异，但免疫原性相似。病毒能在 9～12 胚龄的鸭胚绒毛尿囊上生长，初次分离时，多数鸭胚在接种后 5～9 d 死亡，继代后可提前在 4～6 d 死亡。死亡的鸭胚全身呈现水肿、出血、绒毛尿囊膜有灰白色坏死点，肝有坏死灶。此病毒也能适应于鹅胚，但不能直接适应于鸡胚。只有在鸭胚或鹅胚中继代后，再转入鸡胚中，才能生长繁殖，并致死鸡胚。此外病毒还能在鸭胚、鹅胚和鸡胚成纤维单层细胞上生长，并可引起细胞病变，最初几代病变不明显，但继代几次后，可在接种后的 24～40 h 出现明显的病变。细胞透明度下降，细胞质颗粒增多、浓缩，细胞变圆，最后脱落。有研究报道，可在胞核内看到嗜酸性的颗粒状包涵体。经过鸡胚或细胞连续传代到一定代次后，可减弱病毒对鸭的致病力，但保持有免疫原性，所以可用此法来研制鸭瘟弱毒疫苗。病毒对外界抵抗力不强，温热和一般消毒剂能很快将其杀死；夏季在直接阳光照射下，9 h 毒力消失；病毒在 56℃ 下 10 min 即杀死；在污染的禽舍内（4～20℃）可存活 5 d；对低温抵抗力较强在 -5～7℃ 经 3 个月毒力不减弱，对乙醚和氯仿敏感，5% 生石灰作用 30 min 亦可灭活。在 -10～20℃ 约经 1 年仍有致病力。

（二）流行病学

在自然条件下，该病主要发生于鸭，对不同年龄、性别和品种的鸭都有易感性，以番鸭、麻鸭易感性较高，北京鸭次之。自然感染潜伏期通常为 2～4 d，30 日龄以内雏鸭较少发病。在人工感染时小鸭较大鸭易感，自然感染则多见于大鸭，尤其是产蛋的母鸭，这可能由于大鸭常放养，有较多机会接触病原而被感染。鹅也能感染发病，但很少形成流行。2 周龄内雏鸡可人工感染致病。野鸭和雁也会感染发病。鸭瘟可通过病禽与易感禽的接触而直接传染，也可通过与污染环境的接触而间接传染。被污染的水源、鸭舍、用具、饲料、饮水是该病的主要传染媒介。某些野生水禽感染病毒后可成为传播该病的自然疫源和媒介、节肢动物（如吸血昆虫）因该病为病毒血症也可能是该病的传染媒介。调运病鸭可造成疫情扩散。该病一年四季均可发生，但以春、秋季流行较为严重。当鸭瘟传入易感鸭群后，一般 3～7 d 开始出现零星病鸭，再经 3～5 d 陆续出现大批病鸭，疾病进入流行发展期和流行盛期。鸭群整个流行过程一般为 2～6 周。如果鸭群中有免疫鸭或耐过鸭时，可延至 2～3 个月或更长。

（三）临床症状

自然感染的潜伏期 3～5 d，人工感染的潜伏期为 2～4 d。病初体温升高达 43℃ 以上，高热稽留。病鸭表现精神委顿，头颈缩起，羽毛松乱，翅膀下垂，两脚麻痹无力，伏坐地上不愿移动，强行驱赶时常以双翅扑地行走，走几步即行倒地，病鸭不愿下水，驱赶入水后也很快挣扎回岸。病鸭食欲明显下降，甚至停食，渴欲增加。病鸭的特征性症状：流泪和眼睑水肿。病初流出浆液性分泌物，使眼睑周围羽毛沾湿，而后变成黏稠或脓样，常造成眼睑粘连、水肿，甚至外翻，眼结膜充血或小点出血，甚至形成小溃疡。病鸭鼻中流出稀薄或黏稠的分泌物，呼吸困难，并发生鼻塞音，叫声嘶哑，部分鸭有咳嗽。病鸭发生泻痢，排出绿色或灰白色稀粪，肛门周围的羽毛被沾污或结块。肛门肿胀，严重者外翻，翻开肛门可见泄殖腔充血、水肿、有出血点，严重病鸭的黏膜表面覆盖一层假膜，不易剥离。部分病鸭在疾病明显时期，可见头和颈部发生不同程度的肿胀，触之有波动感，俗称“大头瘟”。病变的特点是出现急性败血症，全身小血管受损，导致组织出血和体腔溢血，尤其消化道黏膜出血和形成假膜或溃疡，淋巴组织和实质器官出血，坏死。食道与泄殖腔的疹性病变具有特征性。食道黏膜有纵行排列呈条纹状的黄色假膜覆盖或小点出血，假膜易剥离并留下溃疡斑痕。泄殖腔黏膜病变与食道相似，即有出血斑点和不易剥离的假膜与溃疡。食道膨大部分与腺胃交界处有一条灰黄色坏死带或出血带，肌胃角质膜下层充血和出血。肠黏膜充血、出血，以直肠和十二指肠最为严重。位于小肠上的 4 个淋巴出现环状病变，呈深红色，散布针尖大小的黄色病灶，后期转为深棕色，与黏膜分界明显。胸腺有大量出血点和黄色病灶区，在其外表或切面均可见到。雏鸭感染时法氏囊充血发红，有针尖样黄色小斑点，到后期，囊壁变薄，囊腔中充满白色、凝固的渗出物。肝表面和切面有大小不等的灰黄色或灰白色的坏死点，少数坏死点中间有小出血点。胆囊肿大，充满黏稠的墨绿色胆汁。心外膜和心内膜上有出血斑点，心腔里充满凝固不良的暗红色血液。产蛋母鸭的卵巢滤泡增大，卵泡的形态不整齐，有的皱缩、充血、出血、有的发生破裂而引起卵黄性腹膜炎。病鸭的皮下组织发生不同程度的炎性水肿，在“大头瘟”典型的病例中，头和颈部皮肤肿胀，紧张，切开时流出淡黄色的透明液体。

（四）病理变化

食道与泄殖腔的疱疹性病变具有特征性。食道黏膜有纵行排列呈条纹状的黄色假膜覆盖或点状出血，假膜易剥离并留下溃疡斑痕。泄殖腔黏膜病变与食道相似，即有出血斑点和不易剥离的假膜与溃疡，肝有不规则大小不等的出血点和坏死灶。

（五）诊断

临床症状和病理变化进行综合分析，一般即可做出诊断。必要时进行病毒分离鉴定和中和试验加以确诊。Dot-ELISA 可作为快速诊断。在鉴别诊断上，主要注意与鸭巴氏杆菌病（鸭出败）相区别。鸭出败一般发病急，病程短，能使鸡、鸭、鹅等多种家禽发病，而鸭瘟自然感染时仅仅造成鸭，鹅发病。鸭出败不会造成头颈肿胀，食道和泄殖腔黏膜上也不形成假膜，肝上的坏死点仅针尖大，且大小一致。取病死鸭的心、血或肝作抹片，经瑞氏染色镜检，可见两极着色的小杆菌。应用磺胺类药物或抗生素治疗有较好疗效等方法，通常可加以鉴别诊断。

（六）防控

尚无特效药物可用于治疗，故应以预防为主。除做好生物安全性措施外，采用鸭瘟弱毒活疫苗进行免疫接种能有效地预防该病的发生。

1. 引种繁殖

严禁从疫区引进种鸭和鸭苗。从外地购进的种鸭，应隔离饲养 15 d 以上，并经严格检疫后，才能合群饲养。病鸭和康复后的鸭所产的鸭蛋不得留作种蛋。

2. 免疫接种

对蛋鸭，可在 20 日龄进行首免，剂量为半倍量，2 个月龄以后加强免疫 1 次；产蛋前再进行第 3 次免疫。对肉鸭，可在 1～7 日龄时用鸭瘟疫苗半倍量皮下注射免疫 1 次，其免疫力可延续至上市。对种鸭，每年春、秋两季各进行 1 次免疫接种，每只肌注 1 mL 鸭瘟弱毒疫苗或 0.5 mL 鸭瘟高免疫血清鸭毒抗。要坚持一支针头只注射一只鸭，以免注射交互传染。凡是已经出现明显症状的病鸭，不再注射疫苗，应立即淘汰。

• 操作准备

（一）设备材料

（1）器材。高压蒸汽锅、组织匀浆机或研磨皿、−20℃ 冰箱、高速冷冻离心机、天平、微量移液器（200～1 000 μL）、生物安全柜、5 mL 灭菌离心管、灭菌剪、灭菌刀、镊子、棉拭子。

（2）试剂。均为分析纯，试验用水符合 GB/T 6682 的规定。磷酸盐缓冲液（0.01 mol/L，pH 值 7.2）。

（二）内容及方法

1. 临床诊断

剖检时发现，死亡的鸭并不消瘦。性成熟的公鸭的阴茎可能脱垂。性成熟母禽的卵巢滤泡出血。特征性大体病变以血管受损，带有组织出血和体腔游离血液，消化道黏膜表面有环状出血和白喉样损坏，淋巴样器官受损，实质器官呈退行性病变为特征。白色北京鸭的特征性病变是血管及内脏器官损伤，消化道上皮细胞出现嗜酸性核内包涵体和细胞质内包涵体。

2. 鸭瘟病毒的分离鉴定

（1）材料准备。①病料的采集。一般应在感染初期或发病急性期从濒死期禽或活禽采取。濒死期禽采集肝、脾、脑等组织样品。活禽用灭菌的棉拭子涂抹泄殖腔。带有分泌物的棉拭子放入每毫升含有 1 000 U 青霉素，1 000 μg 链霉素，pH 值 7.2～7.6 的磷酸盐缓冲液（PBS）中。送检病料应置于 50% 的甘油生理盐水中。②病料的保存。采集的样品若在 48 h 内处理，可于 4℃ 保存；否则应放 −20℃ 以下保存（−70℃ 贮存最好）。③病料的处理。将棉拭子充分动拧干后除去拭子。样品液经 3 000 r/min、4℃ 离心 30 min，取上清液作为接种材料。组织样品先用 pH

值 7.2～7.6 的 PBS 制成 5～10 倍乳剂，3 000 r/min、4℃离心 30 min，取上清液作为接种材料。为防止细菌污染，可在样品液中加入青霉素（1 000 U/mL），链霉素（1 000 μg/mL），卡那霉素（1 000 μg/mL），37℃温箱中作用 30 min。进行无菌检验。④鸭胚。10～11 日龄的非 DVE 疫苗免疫鸭胚。

（2）试验操作。①胚胎接种。取经处理并且无菌检验合格的样品，以 0.2 mL/胚的量经绒毛尿囊膜接种 10～11 日龄的非 DVE 疫苗免疫的鸭胚，每个样品接种 4～5 个胚，于 38～38.5℃恒温箱中育 72 h 前每天照胚 1～2 次，以后每天照胚 5 次。弃去 72 h 前死亡的胚胎，冻存 72～120 h 内的死胚或活胚。②病毒收获。无菌收取 72～120 h 内的死胚或活胚的绒毛尿囊膜和尿囊液，20℃保存备用。③如第 1 代分离结果为阴性，需盲传 3 代。

3. 鸭瘟病毒的免疫监测

（1）病毒核酸的抽提。组织样品用 pH 值 7.2～7.6 的 PBS 制成 5～10 倍乳剂 3 000 r/min、4℃离心 30 min，上清液作为待检材料。

（2）取一支 1.5 mL 的指形管，加入 400 μL 待检胚液或上清液和 30 L（20 mg/mL）核糖核酸酶，混匀后，室温下作用 20 min。加 43 μL 10% 十二烷基磺酸钠溶液和 5 μL（10 mg/mL）蛋白酶 K，42℃水浴温育过夜。

（3）加等量的 Tris- 盐酸饱和酚（pH 值 7.6）充分混，12 000 r/min 离心 5 min，小心吸出上层水相于另一个指形管中。

（4）加等量的酚 - 三氯甲 - 异戊醇（25∶24∶1），充分混，12 000 r/min 离心 5 min，小心吸出上层水相于另一个指形管中。

（5）加 1/10 体积 3 mol/L 的乙酸钠（pH 值 5.4），2.5 倍体积预冷的无水乙醇，15 000 r/min 离心 20 min，弃去乙醇，沉淀用 75% 乙醇洗涤 1 次，真空干燥。用 20 μL 灭菌双蒸水溶解沉淀，-20℃保存备用。

（6）操作程序取一支 0.5 mL 的指形管，依次加入下列试剂：2.5 μL 10× 的 PCR 缓冲液，1.0 μL 上游引物 1.0 μL 下游引物，0.5 μL dNTP，1.0 μL 病毒核酸，18.5 μL 灭菌双蒸水，0.5 μL TagDNA 酶。于 PCR 仪中运行：94℃、30 s，55℃、30 s，72℃、30 s，25 个循环，72℃、8 min。同时设立阳性和阴性对照。

（7）PCR 产物的检测。反应结束后，PCR 产物于 1.2% 的琼脂糖凝胶中电泳，每个样品的加样量为 5～10 μL，同时以 100 bp DNA 分子质量标准物为参照。50 V 恒压电泳 40 min，于紫外灯下观察。

（8）结果的判定。阳性对照在 416 bp 处有一条特异的 DNA 条带，阴性对照没有目的带，证明本试验结果阳性。

• 工具准备

（1）器材。高压蒸汽锅、组织匀浆机或研磨皿、-20℃冰箱、高速冷冻离心机、天平、微量移液器（200～1 000 μL）、生物安全柜、5 mL 灭菌离心管、灭菌剪、灭菌刀、镊子、棉拭子。

（2）试剂。均为分析纯，试验用水符合 GB/T 6682 的规定。磷酸盐缓冲液

（0.01 mol/L，pH 值 7.2）。

- **人员准备**

人员分组，每组 5 人，明确职责分工（表 4-4-1）。

表 4-4-1 任务分配

任务角色	任务内容
组长	整理任务流程，制订计划，合理安排分工
组员 1	临床诊断
组员 2	分离鉴定
组员 3	免疫检测
组员 4	结果分析，汇总

任务筹划

一、内容筹划

（1）整合资料，制订实施计划。
（2）完成鸭瘟的临床诊断和鸭瘟的分离鉴定及免疫检测试验。

二、方法筹划

自行分组（每组 5 人），完成任务。

三、流程筹划

前期准备（材料、工具、动物、场地、人员）—进行现场勘察—制订计划—临床诊断—分离鉴定—免疫检测—结果分析汇总。

任务实施

根据任务筹划完成表 4-4-2 的任务实施步骤。

表 4-4-2 任务实施步骤

步骤	任务实施情况
步骤一	
步骤二	

续表

步骤	任务实施情况
步骤三	
步骤四	
步骤五	
步骤六	

任务检测

请扫描二维码 4-4-1 进行答题。

二维码 4-4-1
项目四任务四检测

任务评价

根据任务完成情况完成任务评价（表 4-4-3）。

表 4-4-3　工作任务完成过程评价

班级：	组别：		姓名：	
项目	评分标准	自我评价	小组评价	教师评价
前期准备	材料准备是否完整（5 分）			
	资料整合是否正确（5 分）			
尸体处理过程	制订计划是否正确（5 分）			
	记录是否完整（5 分）			
	动物前期处理是否正确（5 分）			
	临床诊断是否正确（5 分）			
	分离鉴定是否正确（5 分）			
	免疫检测是否正确（5 分）			
	检测方法是否正确（10 分）			
后期处理	结果汇总是否得当（5 分）			
	结果判定是否得当（5 分）			

续表

班级：		组别：		姓名：
项目	评分标准	自我评价	小组评价	教师评价
视频上传	是否完成视频剪辑上传（10分）			
合计				
自我评价与总结				
教师点评				

任务五 小鹅瘟

任务导入

分组分别阐述，小鹅瘟的发现史，以及至今对于小鹅瘟的研究进展。

任务准备

- **知识准备**

小鹅瘟又称鹅细小病毒病，或称德兹西氏病，是雏鹅的一种急性败血性传染病。世界所有养鹅的国家均有此病发生。该病主要侵害1月龄以内雏鹅和维番鸭，多呈最急性和急性感染而迅速致死。1月龄以上的小鹅发病减少，呈慢性过程。该病一旦发生、流行常引起大批雏鹅死亡，造成重大经济损失。

（一）病原

该病病原为小鹅瘟病毒，最早由我国方定一先生发现鉴定。根据其病毒分类地位，又称鹅细小病毒。应用中和试验、琼脂扩散试验等方法证明各国分离的毒株具有相同的抗原关系，即目前仅有一种血清型。小鹅瘟病毒与番鸭细小病毒存在抗原相关性，而与哺乳动物和其他禽类的细小病毒没有抗原相关性。该病病毒分离常用鹅胚或番鸭胚。鹅胚或番鸭胚原代细胞感染病毒后，用特异的鹅细小病毒多抗血清或单克隆抗体进行免疫荧光染色，能确定感染细胞内病毒的存在。PCR、双抗体夹心 ELISA 和冰冻切片等方法能快速检测病鹅组织样本中的小鹅瘟病毒。

（二）流行病学

主要致 1 月龄内雏鹅发病，发病率和病死率可达 90%～100%，传播快。3 周龄以内的番鸭也可感染，病发病死亡。随着日龄增大，发病率逐渐降低。成年鹅感染病毒通常不会出现临床症状。病鹅的排泄物含有大量病毒，是重要传染源。

（三）临床症状

发病雏鹅精神沉郁、昏睡，食欲减退，缩头垂翅；病鹅出现稀粪，粪便中含有气泡或纤维碎片，甚至有血黏液，肛门附近有稀粪黏附；常伴随着呼吸困难症，脚发绀；少数病鹅有神经症状，并出现抽搐倒地死亡现象；病程 2～3 d，发病急且病死率高。

（四）病理变化

可见肠道的血管怒张，十二指肠的黏液增多，黏膜呈现橘黄色，小肠中后段膨大增粗，肠壁变薄，里面有容易剥离的凝固性栓子。肝肿大，呈棕黄色，胆囊明显膨大，充满蓝绿色胆汁。胰腺颜色变暗，个别的胰腺出现小白点。心肌颜色变淡，肾肿胀。法氏囊质地坚硬，内部有纤维素性渗出物。有神经症状的鹅剖检时，可见脑膜下血管充血。

（五）诊断

临床症状和病理变化进行综合分析，一般即可做出诊断。必要时进行病毒分离鉴定和中和试验加以确诊。Dot-ELISA 可作为快速诊断。在鉴别诊断上，主要注意与鸭巴氏杆菌病（鸭出败）相区别。鸭出败一般发病急，病程短，能使鸡、鸭、鹅等多种家禽发病，而鸭瘟自然感染时仅仅造成鸭、鹅发病。鸭出败不会造成头颈肿胀，食道和泄殖腔黏膜上也不形成假膜，肝上的坏死点仅针尖大，且大小一致。取病死鸭的心、血或肝做抹片，经瑞氏染色镜检，可见两极着色的小杆菌。应用磺胺类药物或抗生素治疗有较好疗效等方法，通常可加以鉴别诊断。

（六）防控

1. 加强消毒

全场定期（建议每周一次）消毒，针对垫草、料槽、场地，应用百毒杀进行喷雾消毒。对病死鹅要作深埋，加入消毒粉（如三氯异氰尿酸钠、生石灰等）处理。

2. 把好引种关，引进健康鹅

防止带回疫病，已引进的要隔离饲养观察。孵出的雏鹅自身就有免疫力。如母鹅没有进行防疫，雏鹅要在 1 日龄内皮下注射疫苗，或皮下注射可起到预防作用；

发病时用鹅瘟康肽皮下注射可治愈。加强管理，增强鹅体的抗病力，注意鹅舍通风干燥，定期消毒，冬季防寒保暖。

• 操作准备

（一）设备材料

（1）器材。生物安全柜、离心机、恒温培养箱、微量可调移液器。

（2）试剂。青霉素（工作浓度 10 000 U/mL）、链霉素（工作浓度 10 000 U/mL）、9～11 日 SPF 鹅胚。

（二）内容及方法

1. 临床诊断

小鹅瘟在临床上的特征主要以败血性病变为主，雏鹅感染病毒后的潜伏期长短与其日龄密切相关，临床症状和发病率也随日龄的变化而有所不同。研究发现，试验感染 1 日龄雏鹅，出现临床症状是在接种后 3～5 d。2～3 周龄雏鹅潜伏期可能在 5～10 d。7 d 内的雏鹅发病后迅速出现厌食脏器衰竭，直至死亡，病程为 2～5 d。日龄较大的鹅、番鸭或体内有不同水平母源抗体的雏鹅、雏番鸭，病程较长，表现出特征性的临床症状。根据发病时间的长短划分为三种类型，分别是最急性型、急性型和亚急性型。

（1）最急性型。多发生于 7 d 以内的雏鹅，没有出现明显症状即死亡。

（2）急性型。多发生于 1～2 周龄的雏鹅，起初表现为渴欲增强、厌食、无力、不愿活动。许多病鹅的鼻和眼睛周围有大量分泌物，眼睑呈现红肿，病鹅表现摇头症状。许多病鹅尿生殖腺红肿，排出大量的白色稀粪。

（3）亚急性型。在流行末期，雏鹅消瘦腹泻，病程 3～7 d，少数存活的鹅生长发育不正常，表现生长停滞，背部和颈部羽毛大量脱落，裸露的皮肤呈深红色。病鹅腹腔内还可能出现积水，使雏鹅呈“企鹅状”姿势站立。检查病鹅可发现其口腔和舌表面覆盖有一层纤维素性伪膜。

2. 小鹅瘟病毒的分离鉴定

（1）鹅胚接种。吸取经过滤除菌的样品处理液，经尿囊腔接种至少 5 枚 9～11 日龄的 SPF 鹅胚，0.2 mL/ 枚 35～37℃ 孵育 4～7 d。接种后每天检查鹅胚生长情况。

（2）病毒收获。收集 18 h 以后的死胚以及培养结束时存活的鹅胚，置 4℃ 致冷 4～24 h，无菌采集尿囊液。

（3）病毒鉴定。使用琼脂扩散试验或聚合酶链反应（PCR）进行小鹅瘟病毒鉴定。

3. 小鹅瘟病毒的免疫监测

小鹅瘟病毒免疫监测常用的方法是免疫荧光试验。

（1）仪器。单孔道微量移液器（10 μL、200 μL、1 000 μL）、多孔道微量移液器（50 μL、300 μL）、37℃ 水浴培养箱、荧光显微镜。

（2）耗材。小鹅瘟病毒抗体检测板。

（3）试剂。待检血清标准小鹅瘟阳性血清、标准阴性血清抗 IgG 单克隆抗体、FITC 标记的羊抗小鼠 IgG 抗体、0.015 mol/L pH 值 7.2 的 PBS、50% 甘油。

（4）试验方法及程序。①将待检血清已知标准阳性清、已知标准阴性血清分别用 PBS 进行 1∶10 稀释，将稀释后的血清分别加入小鹅瘟病毒抗体检测板，100 μL/孔，37℃ 水浴 30 min。②用 PBS 洗涤 3 次，5 min/次。③加入工作浓度的抗鹅 IgG 单克隆抗体，100 μL/孔，37℃ 水浴 30 min。用 PBS 洗涤 3 次，5 min/次。④加入工作浓度的 FITC 标记的抗小鼠 IgG 抗体，100 μL/孔，37℃ 水浴 30 min。⑤用 PBS 洗涤 5 次，5 min/次；加 50% 甘油 PBS 覆盖，100 μL/孔，荧光显微镜下观察结果。⑥质控标准。标准阳性血清应出现细胞核中亮绿色核内荧光，同时标准阴性血清应无亮绿色荧光，则试验成立。⑦结果判定。待检血清孔荧光显微镜下见到亮绿色核内荧光，判为阳性，阳性荧光主要表现为细胞核荧光；未见明显亮绿色荧光，判为阴性。

- **工具准备**

同本任务操作准备中“设备材料”。

- **人员准备**

人员分组，每组 5 人，明确职责分工（表 4-5-1）。

表 4-5-1 任务分配

任务角色	任务内容
组长	整理任务流程，制订计划，合理安排分工
组员 1	临床诊断
组员 2	分离鉴定
组员 3	免疫检测
组员 4	结果分析，汇总

任务筹划

一、内容筹划

（1）整合资料，制订实施计划。

（2）完成小鹅瘟的临床诊断和小鹅瘟病毒的分离鉴定及免疫检测试验。

二、方法筹划

自行分组（每组 5 人），完成任务。

三、流程筹划

前期准备（材料、工具、动物、场地、人员）—进行现场勘察—制订计划—临床诊断—分离鉴定—免疫检测—结果分析汇总。

任务实施

根据任务筹划完成表 4-5-2 的任务实施步骤。

表 4-5-2 任务实施步骤

步骤	任务实施情况
步骤一	
步骤二	
步骤三	
步骤四	
步骤五	
步骤六	

任务检测

请扫描二维码 4-5-1 进行答题。

二维码 4-5-1
项目四任务五检测

任务评价

根据任务完成情况完成任务评价（表 4-5-3）。

表 4-5-3　工作任务完成过程评价

<table>
<tr><td colspan="2">班级：</td><td>组别：</td><td colspan="3">姓名：</td></tr>
<tr><td>项目</td><td colspan="2">评分标准</td><td>自我评价</td><td>小组评价</td><td>教师评价</td></tr>
<tr><td rowspan="2">前期准备</td><td colspan="2">材料准备是否完整（5 分）</td><td></td><td></td><td></td></tr>
<tr><td colspan="2">资料整合是否正确（5 分）</td><td></td><td></td><td></td></tr>
<tr><td rowspan="7">尸体处理过程</td><td colspan="2">制订计划是否正确（5 分）</td><td></td><td></td><td></td></tr>
<tr><td colspan="2">记录是否完整（5 分）</td><td></td><td></td><td></td></tr>
<tr><td colspan="2">动物前期处理是否正确（5 分）</td><td></td><td></td><td></td></tr>
<tr><td colspan="2">临床诊断是否正确（5 分）</td><td></td><td></td><td></td></tr>
<tr><td colspan="2">分离鉴定是否正确（5 分）</td><td></td><td></td><td></td></tr>
<tr><td colspan="2">免疫检测是否正确（5 分）</td><td></td><td></td><td></td></tr>
<tr><td colspan="2">检测方法是否正确（10 分）</td><td></td><td></td><td></td></tr>
<tr><td rowspan="2">后期处理</td><td colspan="2">结果汇总是否得当（5 分）</td><td></td><td></td><td></td></tr>
<tr><td colspan="2">结果判定是否得当（5 分）</td><td></td><td></td><td></td></tr>
<tr><td>视频上传</td><td colspan="2">是否完成视频剪辑上传（10 分）</td><td></td><td></td><td></td></tr>
<tr><td colspan="3">合计</td><td></td><td></td><td></td></tr>
<tr><td>自我评价与总结</td><td colspan="5"></td></tr>
<tr><td>教师点评</td><td colspan="5"></td></tr>
</table>

项目五 反刍动物病

项目介绍

本项目主要介绍细菌性、病毒性和其他微生物性反刍动物传染病。临床上，常会重视反刍动物的内科病，而忽视反刍动物的传染病，尤其是牛、羊病毒性传染病。一个规模化的牛场或者羊场若忽视了病毒性传染病的防控，可能会造成颠覆性的损失。一旦引发牛流行热、牛病毒性腹泻/黏膜病会严重影响牛的生长性能，甚至死亡。本项目将重点介绍这些传染病的发现和科学防控。

知识目标

（1）掌握口蹄疫、牛病毒性腹泻、牛流行热、牛传染性鼻气管炎、梅迪－维斯纳病、羊梭菌性疾病的流行特点、临床症状及防控措施。

（2）掌握不同反刍动物传染病的典型鉴别方法。

技能目标

（1）熟练掌握口蹄疫免疫抗体检测。

（2）掌握牛流行热病毒的诊断与免疫检测。

（3）掌握牛传染性鼻气管炎、梅迪－维斯纳病的诊断与免疫检测。

素质目标

（1）解读我国控制牛、羊传染病的策略，增强学生的自信心。

（2）教育学生养成良好的职业操守。

思政目标

在牛、羊生产与疾病防治课程中融入课程思政，可以引导学生树立正确的职业观念和职业道德，培养学生的职业素养。以融入课程思政可以帮助学生提高综合素质。课程思政的融入，可以让学生更加深入地了解畜牧业的重要性和社会责任，增强学生的社会责任感。

任务一　口蹄疫

任务导入

至此，我们已经学习了很多种动物传染病，若某地区发现大量家养猪出现口腔、蹄部周围出现大面积水疱，很多患病动物出现突然死亡的现象，对于这种现象作为专业兽医人员应如何采取措施？

任务准备

• 知识准备

口蹄疫（FMD）是口蹄疫病毒引起偶蹄兽的一种急性、热性、高度接触性传染病。以口腔黏膜、蹄部及乳房皮肤发生水疱和溃烂为特征。该病在世界各地均有发生，该病有强烈的传染性，一旦发病，传播速度很快，往往造成大流行，不易控制和消灭，带来严重的经济损失。因此，WOAH 一直将该病列为发病必须报告的 A 类动物疫病名单之首。我国也把口蹄疫列为一类动物疫病。

（一）病原

口蹄疫病毒（FMDV）是小 RNA 病毒科口蹄疫病毒属中的唯一成员，病毒呈球形，无囊膜。该病毒可在胎牛肾、胎猪肾、乳仓鼠肾原代细胞及其传代细胞培养中生长繁殖，常用于生产疫苗。根据血清学特性，已知的有 7 个血清型和 80 多个以上的亚型（根据世界口蹄疫中心公布的，且还会有新的亚型出现），即 A 型、O 型、C 型、SAT1 型（南非 1 型）、SAT2 型（南非 2 型）、SAT3 型（南非 3 型）及 Asia Ⅰ型（亚洲Ⅰ型）。各血清型间无交叉免疫现象。我国口蹄疫的血清型主要是 A 型、O 型和亚洲Ⅰ型，欧洲主要是 A 型、O 型，均以 O 型多见。

口蹄疫病毒在患病动物的水疱液、水疱皮、淋巴液及发热期血液内的含量最高。该病毒在外界的存活力很强，耐干燥，在污染的饲料、饲具、毛皮、土壤中可保持传染性达数月之久。水疱液中的病毒 60℃经 5～15 min 可灭活，80～100℃很快死亡。鲜乳中的病毒 37℃可生存 12 h，高温和紫外线对病毒具有很好的杀灭作用，阳光暴晒、一般加热都可杀灭口蹄疫病毒。2%～4% NaOH、0.2%～0.5% 过氧乙酸、20% 漂白粉、3%～5% 福尔马林等常用消毒剂均能杀灭口蹄疫病毒，但碘酊、酒精、石炭酸、来苏尔、新洁尔灭、季铵盐类消毒药对口蹄疫病毒无杀灭作用。肉品在屠宰后成熟产酸（pH 值 3.5～5.7）能杀死口蹄疫病毒，但骨髓、淋巴结中的病毒可存活 1 年以上。

（二）流行病学

1. 易感动物

口蹄疫病毒可感染的动物多达 33 种，自然感染主要发生于偶蹄兽，人对该病也有易感性。家畜以牛易感，其次是猪、绵羊、山羊和骆驼。仔猪和犊牛不但易感而且死亡率也高。野生动物也可感染发病。一般幼龄动物较成年动物易感，病死率较高。

2. 传染源

患病动物是主要传染源。在症状出现前，从病畜体开始排出大量病毒，发病初期排毒量最多。水疱皮、乳、尿、唾液及粪便含毒量最多，毒力也最强。从流行病学的观点来看，绵羊是该病的“贮存器”，猪是“扩大器”，牛是“指示器”。有抗体存在时，可引起病毒演化，发生持续性感染。

3. 传播途径

该病可通过呼吸道、消化道、损伤的黏膜和皮肤而感染。动物产品如肉、血、骨、皮、蹄、乳等可能长期带有病毒，如处理不当，可将疫病传入另一地区或国家。

4. 流行特点

该病传播迅速、流行猛烈、发病率高、死亡率低。一年四季均可发生，但在牧区一般从秋末开始，冬季加剧，春季减少，夏季平息，在农区这种季节性则不明显。该病常呈流行性或大流行性，并有一定的周期性。新流行区的牛的发病率经常高达 100%。自然条件下每隔 1～2 年或 3～5 年流行 1 次，往往沿交通沿线蔓延扩散或传播，也可跳跃式地远距离传播。

（三）临床症状

口蹄疫临床症状以发热和口、蹄部等部位出现水疱为共同特征。表现程度与动物种类、品种、免疫状态和病毒毒力有关。成年动物多取良性经过，幼龄动物多因心肌受损而死亡率较高。

1. 牛

潜伏期 2～4 d，最长 1 周左右。病牛体温升高至 40.5～41℃，精神沉郁，食欲不振，反刍停止，口腔黏膜潮红，1 d 在唇内面、齿龈、舌面和颊部黏膜上出现黄豆大至核桃大的水疱。这时病牛流涎增多，满口角及唇边。水疱约经 1 d 后破溃形成红色糜烂，体温降至正常。

在口腔水疱出现的同时或稍后，趾间及蹄冠的皮肤上也出现水疱，迅速破溃，出现糜烂，或干燥结成硬痂，若病牛衰弱，或饲养管理不当，继发细菌感染，病牛呈现跛行，甚至蹄匣脱落、变形，卧地不起。

乳头皮肤有时也可出现水疱，很快破裂形成烂斑，如无继发感染，溃疡逐渐愈合。如波及乳腺可引起乳腺炎，泌乳量显著减少，甚至泌乳停止。

孕牛可发生流产。该病一般多呈良性经过，经约 1 周即可痊愈，如果蹄部出现病变时，则病期可延至 2 周或更久，病死率低。病愈后可获得 1 年左右的免疫力。吮乳犊牛患病时，水疱症状不明显，主要表现为出血性肠炎和心肌麻痹，突然倒地死亡，病死率很高。

2. 羊

症状与牛大致相同。发病率低且症状较轻，水疱以蹄部为主，病羊跛行。绵羊蹄部症状明显，山羊口腔多见弥漫性口膜炎，水疱生于硬腭舌面，蹄部症状较轻。羔羊常因出血性胃肠炎和心肌炎而死亡。

3. 猪

潜伏期 1～2 d。以蹄部水疱为主。在蹄冠、蹄踵、蹄叉等处皮肤有米粒大、蚕豆大的水疱，不久水疱破裂后形成出血性糜烂面，1 周左右痊愈。如继发感染，严重者可侵害蹄叶，使蹄壳脱落，患肢不能着地，常卧地不起。哺乳仔猪多呈急性胃肠炎和心肌炎而突然死亡，病死率达 60%～80%。

4. 鹿

体温升高达 40～40.6℃，有时可持续 6～8 d。口腔黏膜，舌面的水疱、烂斑小而少，恢复快，7 d 可痊愈，采食减少，有时拒食。蹄部水疱、烂斑多见于蹄叉、蹄冠和蹄踵部，病鹿不能站立，有明显的蹄裂，重则蹄匣脱落，发病率高，可达 100%。妊娠期的鹿可发生流产，成年鹿死亡率约为 10%。

5. 人

主要由于生饮带毒乳、挤乳、接触患病动物等引起感染。突然发病，病人发热、头晕、头痛、恶心、呕吐。2～3 d 后，唇、齿龈、颊部皮肤及指尖、指甲基部等处发生水疱，水疱裂后形成薄痂或糜烂，很快愈合。病程 1 周左右，预后良好。病情较重的可发生胃肠炎、神经炎、心肌炎等。

（四）病理变化

除口腔和蹄部的水疱和烂斑外，在咽喉、气管、支气管和反刍动物前胃黏膜可见圆形烂斑和溃疡，真胃和肠黏膜有出血性炎症。心肌病变具有特征性，心包膜有弥散性或点状出血，心肌松软似煮肉样，心内外膜、心肌切面有灰白色或淡黄色斑点或条纹，好似老虎身上的斑纹，俗称“虎斑心”。

（五）诊断

该病多侵害偶蹄动物，传播迅速，呈流行性或大流行性发生，多为良性经过。患病动物的口腔和蹄部有水疱和烂斑，死后剖检可见“虎斑心”病变等特点，可做出初步诊断。确诊需要进行实验室诊断。酶联免疫吸附试验（ELISA）反应灵敏、特异性强、操作快捷，可直接鉴定病毒的亚型，并能同时检测水疱性口炎病毒和猪水疱病病毒，广泛用于动物口蹄疫的监测。

（六）防控

平时加强检疫，禁止从疫区购入动物、动物产品、饲料、生物制品等；购入动物必须隔离观察，确认健康方可混群。常发地区定期应用相应毒型的口蹄疫疫苗进行预防接种。

我国对口蹄疫实行强制免疫，免疫密度必须达到100%。平时要做好口蹄疫的免疫接种工作，选择与流行毒株相同血清型的口蹄疫疫苗用于牲畜的预防接种。目前用于预防口蹄疫的疫苗有弱毒苗和灭活苗。弱毒苗有A型、O型弱毒苗和AO双价弱毒苗，对牛、羊均安全有效，但对猪有致病力。猪可肌内注射O型口蹄疫BEI（二乙烯亚胺）灭活油佐剂苗，免疫期可达6个月。仔猪、羔羊在28～35日龄时进行初免。犊牛在90日龄时进行初免，间隔1个月进行一次强化免疫，以后每隔6个月免疫一次。种公猪每年接种2次，怀孕母猪分娩前1个月接种。母牛分娩前2个月接种一次。母羊分娩前4周接种一次。牛、羊使用O型－亚洲I型口蹄疫二价灭活疫苗进行免疫，猪使用O型口蹄疫灭活疫苗进行免疫。

发生口蹄疫时，应立即上报疫情，及时采取病料，迅速送检确诊定型，划定并封锁疫点、疫区，捕杀患病动物及同群动物，尸体焚烧或化制。对污染的环境和用具进行彻底消毒。疫区内的假定健康动物及受威胁区的易感动物应进行紧急免疫接种。待最后1头病畜扑杀后，14 d后不再出现新的病例，经过终末消毒后解除封锁。

口蹄疫扑灭再发的原因：寄生宿主广，发病动物已痊愈，但野生动物带毒；消毒不彻底，污染物中仍保持着有传染性的病毒；治愈后可能长期带毒；由于空气传播，发生跳跃式感染；除可能从外地传入新型外，在流行过程中可能发生变异。

（七）公共卫生

人发生该病多通过饮食患病动物乳汁、挤乳、处理发病动物等感染。潜伏期3～6 d，短者1 d，突然发病，发烧，口腔干热，唇、齿龈、舌边、颊部、咽部潮红，出现水疱。皮肤水疱见于手指尖、手掌、脚趾。同时伴有头痛、恶心、呕吐或腹泻。患者数天痊愈。幼儿可并发胃肠炎、神经炎和心肌炎等。

预防人的口蹄疫，要做好个人自身防护，不吃生乳及未煮熟牛肉、羊肉、猪肉，接触患病动物后立即消毒，防止患病动物的分泌物和排泄物落入口、鼻、眼结膜，污染的衣物及时消毒处理。

• 操作准备

一、口蹄疫的实验室诊断

口蹄疫反向间接血凝试验，口蹄疫病毒非结构蛋白抗体检测等血清学诊断技术的内容及方法

（一）材料准备

1. 将水疱皮用pH值7.2，0.01 mol/L磷酸缓冲液（或生理盐水）洗2～3次，并用消毒滤纸吸去水分，称重，加少许玻璃砂研磨，制成1∶3悬液，室温浸毒1 h

或 4℃ 冰箱中过夜，3 000～5 000 r/min 离心 20～30 min，收集上清液。

2. 水疱液不作处理直接检测。

（二）操作方法

1. 被检样品的稀释

试管架上摆上一排试管 8 只，自第 1 管开始由左至右用稀释液进行倍比稀释（即 1∶6，1∶12，1∶24……1∶768），每管体积 500 μL 即可。

2. 滴加被检样品

在血凝滴定板上的第 1～4 排，每排的第 8 孔滴加第 8 管稀释被检样品 50 μL，每排的第 7 孔滴加第 7 管稀释被检样品 50 μL，以此类推至第 1 孔，每排的第 9 孔滴加稀释液 50 μL，作为稀释液对照，每排的第 10 孔按顺序分别滴加 A 型、O 型、Asia-Ⅰ型和猪水疱病标准抗原（1∶30 稀释）各 50 μL，作为阳性对照（注意每型换尖头一次）。

3. 滴加敏化红细胞诊断液

用前将红细胞诊断液摇匀，于血凝板第 1～4 排每孔分别滴加 A 型、O 型、Asia-Ⅰ 型和猪水疱病（牛、羊样品可不加）敏化红细胞诊断液，每孔 25 μL。置振荡器上振荡 1～2 min，放置室温（18～25℃）1.5～2 h 后判定结果。

4. 结果判定

（1）判定标准。按以下标准判定红细胞凝集程度。“++++”为 100% 凝集。红细胞均匀地分布于孔底周围。“+++”为 75% 凝集。红细胞均匀地分布于孔底周围，但孔底中心有红细胞形成的针尖大的小点。“++”为 50% 凝集。孔底周围有不均匀的红细胞分布，孔底有一红细胞沉下的小点。“+”为 25% 凝集。孔底周围有不均匀的红细胞分布，但大部分红细胞已沉积于孔底；“-”为不凝集。红细胞完全沉积于孔底成一圆点。

（2）观察血凝板上各排孔的凝集图形。假如只第 1 排孔凝集，且阴性对照孔不凝集（-），阳性对照孔完全凝集（++++），则证明此种凝集是与 A 型红细胞诊断液同型病毒所致的特异性凝集，被检样品即判为 A 型，若只第 2 排孔凝集，其余 4 排孔不凝集，则被检样品判为 O 型。依此类推。

（3）致敏红细胞 50% 凝集的被检样品最高稀释度为其凝集效价。

（4）如出现 2 排以上的凝集，以某排孔的凝集效价高于其余排孔的凝集效价 2 个对数（以 2 为底）滴度以上即可判为阳性，其余判为阴性。

二、口蹄疫病毒非结构蛋白抗体检测（即感染抗体检测 3ABC-I-ELISA）

口蹄疫感染与免疫动物鉴别诊断，适用于疫区净化检疫，群体无症状感染评价和口蹄疫疫病的诊断。

1. 试剂

3ABC 抗原包被的 ELISA 板 2 块、血清稀释液一瓶 50 mL、标准阳性血清一瓶 100 μL、标准阴性血清一瓶 100 μL、100× 酶标二抗一瓶 500 μL、底物溶液 A 一瓶

15 mL、底物溶液 B 一瓶 15 mL、终止液一瓶 25 mL、25 × 浓缩洗涤液一瓶 50 mL、封口膜 2 张。

2. 操作方法

（1）洗涤液（PBST）的准备。将试剂盒配备的 25 倍浓缩 PBST 用无离子水或蒸馏水做 1∶25 倍稀释。

（2）待检血清样品和阳性、阴性对照血清用血清稀释液 1∶21 倍稀释（120 μL 血清稀释液加血清 6 μL），每孔加入 100 μL，阴、阳性对照血清样品平行加两孔，用封口膜封口，37℃ 结合 30 min。

（3）取掉封口膜，每孔加满洗涤液，洗涤 5 次，最后 1 次拍干。

（4）用血清稀释液按 1∶100 比例稀释酶标二抗，每孔加入 100 μL，用封口膜封口，37℃ 结合 30 min。

（5）取掉封口膜，每孔加满洗涤液，洗涤 5 次，最后 1 次拍干。

（6）将底物溶液 A 按 1∶50 比例稀释于底物 B 中（1 mL 底物 B 中加入 20 μL 底物 A），混匀，每孔加入 100 μL，封口膜封口，37℃ 避光作用 10～15 min。

（7）每孔加入 100 μL 终止液。

（8）轻轻摇振混匀，测定波长 450 nm 吸光值（OD 值）。

（9）阳性对照平均 OD 值应大于 0.6；阴性对照平均 OD 值应小于 0.2。

（10）结果计算。样品效价 =（样品 OD 值 − 阴性 OD 值）÷（阳性 OD 值 − 阴性 OD 值）。

3. 结果判定

若效价＜0.2，为阴性；效价在 0.2～0.3 为可疑；效价＞0.3 为阳性。可疑样品应进行复测，复测仍为可疑者则判为阳性。

• 工具准备

防护服、口罩、手套、鞋套、帽子、护目镜、酒精灯、无菌剪刀、镊子、酒精棉球、干棉球 5～50 μL 移液器、0.2～10 μL 移液器、50～200 μL 移液器、50～300 μL 12 道移液器各一把，移液吸头若干，抗原抗体反应板、微量血凝板（“U”形、“V”形均可）5 块、超纯水、无离子水或蒸馏水、包被缓冲液（pH 值 9.6）、洗涤液（PBST）、底物溶液

• 人员准备

人员分组，每组 5 人，明确职责分工（表 5-1-1）。

表 5-1-1 任务分配

任务角色	任务内容
组长	整理疫情发生情况、动物种类、数量、发病率、死亡率等资料，制订计划，合理安排分工
组员 1	对动物尸体进行临床诊断、采集样本
组员 2	进行实验室诊断、结果分析、数据整合

续表

任务角色	任务内容
组员 3	进行实验室诊断、结果分析、数据整合
组员 4	进行实验室诊断、结果分析、数据整合

任务筹划

一、内容筹划

以小组为单位，对猪场内的成年猪进行耳静脉采血，每组采集 3 份样本，分别进行口蹄疫病毒非结构蛋白抗体检测和正向间接血凝试验，对试验结果进行对比分析并上传至学习平台。

（1）整合资料，制订实施计划。

（2）完成动物临床诊断、实验室诊断、数据分析整合。

二、方法筹划

自行分组（每组 5 人），完成任务。

三、流程筹划

前期准备（材料、工具、动物、场地、人员）—进行临床诊断—记录、分析—样本采集、运输—实验室诊断—结果分析—数据处理、报告。

任务实施

根据任务筹划完成表 5-1-2 的任务实施步骤。

表 5-1-2　任务实施步骤

步骤	任务实施情况
步骤一	
步骤二	
步骤三	
步骤四	

续表

步骤	任务实施情况
步骤五	
步骤六	

任务检测

请扫描二维码 5-1-1 进行答题。

二维码 5-1-1
项目五任务一检测

任务评价

根据任务完成情况完成任务评价（表 5-1-3）。

表 5-1-3 工作任务完成过程评价

班级：	组别：		姓名：	
项目	评分标准	自我评价	小组评价	教师评价
前期准备	材料准备是否完整（5 分）			
	资料整合是否正确（5 分）			
尸体处理过程	制订计划是否正确（5 分）			
	记录是否完整（5 分）			
	临床诊断是否正确（5 分）			
	样本采集是否正确（5 分）			
	样本运输是否正确（5 分）			
	个人防护是否正确（5 分）			
后期处理	实验室诊断是否正确（5 分）			
	结果分析、处理、报告是否正确（5 分）			
视频上传	是否完成视频剪辑上传（10 分）			
合计				
自我评价与总结				
教师点评				

任务二 牛病毒性腹泻

任务导入

分组阐述正常动物黏膜的不同形态及其区别。

任务准备

- **知识准备**

牛病毒性腹泻（BVD）是由牛病毒性腹泻病毒引起牛的一种急性、热性传染病。牛羊发生该病时临床特征为黏膜发炎、糜烂、坏死和腹泻。

该病广泛存在于欧美等许多养牛发达国家。1980 年以来，我国从西德、丹麦、美国、加拿大、新西兰等 10 多个国家引进奶牛和种牛，将该病带入我国，并分离鉴定出了病毒。目前，在一些省份有该病血清学阳性牛存在。

（一）病原

牛病毒性腹泻病毒（BVDV）属黄病毒科瘟病毒属，呈球形，有囊膜，基因组为单股 RNA。该病毒与猪瘟病毒、边界病毒为同属病毒，有密切的抗原关系。

该病毒对乙醚、氯仿、胰酶等敏感，pH 值 3 以下易被破坏；病毒对热敏感，56℃ 很快被灭活；但血液和组织中的病毒在低温状态下稳定，冻干（-70℃）可存活多年；病毒对一般的消毒药敏感。

（二）流行病学

1. 易感动物

该病可感染多种动物，特别是牛、羊、鹿等偶蹄兽动物最易感，近年来欧美一些国家猪的感染率很高，但一般不表现临床症状，多呈隐性感染。

2. 传染源

患病动物和带毒动物是该病的主要传染源，病畜的分泌物和排泄物中含有大量病毒。绵羊多为隐性感染，但妊娠绵羊常发生流产或产出先天性畸形羔羊，这种羔羊也可成为传染源。康复牛可带毒 6 个月，成为该病很重要的传染源。

3. 传播途径

该病主要通过消化道和呼吸道而感染，病毒也可通过胎盘感染胎儿，使胎牛死亡或产出具有免疫耐受的犊牛，这种犊牛终生带毒并通过分泌物向外排毒。此外，交配和人工授精也能感染。

4. 流行特点

该病常年发生，无明显的季节性，但以冬春多见。不论放牧牛或舍饲牛，各种年龄均可感染，新疫区急性病例多，发病率通常不超过5%，但病死率极高，为90%～100%。老疫区隐性感染率高，常在50%以上，但发病率和病死率均很低。该病也常见于肉用牛群中，关闭饲养的牛群发病时往往呈暴发式。

（三）临床症状

自然感染潜伏期7～14 d，根据其临床表现可分为急性和慢性两种类型。

1. 急性型

病牛突然发病，体温升高至40～42℃，持续4～7 d，随体温升高，白细胞减少，持续1～6 d，有的可发生第二次体温升高和白细胞减少。病牛精神沉郁，鼻镜及口腔黏膜表面糜烂，舌面上皮坏死，流涎增多，呼出恶臭的气体。通常在口内损害之后常发生严重腹泻，开始为水泻，以后粪便带有黏液和血液。通常在发病后1～2周内死亡。

2. 慢性型

病牛很少有发热和腹泻的症状，主要见眼有浆液分泌物，鼻镜糜烂，可连成一片。口腔内很少有糜烂，但门齿齿龈通常发红。由于蹄叶炎及趾间皮肤糜烂坏死而致的跛行是最明显的症状。多数于2～6个月内死亡，也有些可拖延到1年以上。

母牛在妊娠期感染该病常发生流产或产下先天性免疫缺陷的犊牛，患病犊牛小脑发育不全，表现轻度的共济失调或完全缺乏协调和站立能力。

（四）病理变化

主要病变在消化道和淋巴结。鼻镜、鼻腔黏膜，齿龈、上腭、舌面两侧及颊部黏膜有糜烂和溃疡。特征性病变是食道黏膜发生糜烂，糜烂斑大小和形状不一，呈直线形排列。瘤胃黏膜偶见出血和糜烂，真胃黏膜炎性水肿和糜烂，小肠黏膜弥漫性发红，盲肠、结肠和直肠黏膜水肿、充血和糜烂，肠淋巴结肿大。患病犊牛常见小脑发育不全及两侧脑室积水，亦常见大脑充血，脊髓出血。

（五）诊断

根据其发病史，临床出现发热，早期白细胞减少及口腔糜烂和腹泻，消化道糜烂溃疡等可初步诊断。确诊该病必须通过血清中和试验、免疫琼脂扩散和ELISA等血清方法进行检查，也可用RT-PCR方法检测病毒。

该病应注意与口蹄疫、牛传染性鼻气管炎、恶性卡他热及水疱性口炎、牛蓝舌病等相区别。

（六）防控

目前尚无有效治疗法，可应用弱毒疫苗或灭活疫苗来预防和控制该病。一旦发病，对病牛隔离治疗或急宰，对病牛应用收敛剂和补液疗法可缩短恢复期，同时用抗生素和磺胺类药物，防止继发性细菌感染，减少损失。

近年来，猪对该病的感染率日趋上升，不但增加了猪作为该病传染来源的重要性，而且由于该病病毒与猪瘟病毒在分类上同属于瘟病毒属，有共同的抗原关系，使猪瘟的防控工作变得复杂化，因此在该病的防控计划中对猪的检疫也不容忽视。

• 操作准备

（一）内容及方法

1.BVDV 胶体金抗原快速检测技术

（1）请将耳部组织装入样品管。

（2）如为小型耳组织（2～3 mm）加入 8 滴缓冲液；如为大型耳组织（≥1 cm），加入 16 滴缓冲液。

（3）涡旋混合。

（4）浸泡 5 min 至 3 d。仅适用于血清 / 血浆 / 全血样品将样品彻底混匀，请勿将缓冲液加入样品。耳组织样品充分浸泡至少 5 min，使用前混匀样品。全血样品如已分层，直接取用上层清澈液。请将检测卡放于平整的桌面上，并使用配套的滴管将 1 滴样品垂直滴入检测卡的样品孔中。检测卡平放，“IDEXX”标识朝前。垂直滴加样品。吸管不能重复使用。也可使用移液器吸取 40～50 μL 样品。请于加样后 1 min 内向样品孔垂直滴入 2 滴缓冲液，开始计时。加样后立即加入缓冲液。缓冲液使用前摇晃数次，垂直滴加。加液 5 min 后，结果窗未见液体流动，在样品孔补加 1 滴缓冲液。加入缓冲液后 15～30 min 内判读结果。

2. 血清学检查

材料准备病毒：本试验使用的病毒株为 OregonC24，按常规方法在犊牛肾、睾丸（初代或次代）或鼻甲骨细胞上繁殖，待 75% 细胞出现典型病变时收毒，冻融 2 次，测定毒价，分装于小瓶内低温保存。

（1）细胞。犊牛原代肾细胞、睾丸细胞、鼻甲骨细胞或 MDBK 细胞。

（2）细胞培养液为细胞加入 10% 犊牛血清；细胞维持液为细胞加入 2%～3% 犊牛血清；血清稀释液为细胞中不加血清。

（3）溶液 pH 值为 7.0～7.2，加入青霉素和链霉素，使终浓度为 100 U/mL。

（4）乙二胺四乙酸钠 - 胰酶消化液。按 9∶1 的比例加入 0.02% 乙二胺四乙酸钠和 0.25% 胰酶。

（5）24 孔平底带盖塑料培养板。新的密封的培养板可直接使用；重复使用的培养板需经重铬酸钾清洁液浸泡 24 h，再依次用自来水和双蒸水冲洗干净，烘干，紫外线照射 1 h 备用。

（6）加样器。50～200 μL 调节加样器。

3. 试验方法

（1）定量测定被检血清、阳性对照血清及阴性对照血清在试验前应分别于 56℃ 灭活 30 min。在微量细胞培养板上加入稀释液 50 μL/ 孔。取被检血清分别加入第

1～4 列第 1 孔（每份血清纵向 4 列，微量板可横向或纵向使用）。

用多头加样器（调至 50 μL）从每列第 1 孔横向连续倍比稀释到最后 1 孔，弃去最后 1 孔中溶液 50 μL。

用稀释液将病毒稀释成每毫升含 100 个半数感染量的工作液。

用多头加样器于第 2～4 列各孔中加病毒工作液 50 μL，第 1 列中加 50 μL 稀释液作为血清对照，加盖置于 37℃、5% CO_2 中感作 60 min。

将生长良好的单层细胞用乙二胺四乙酸钠－胰酶消化液消化分散后用培养液配制含 40 万个 /mL 的细胞悬液。

每孔加细胞悬液 100 μL，加盖置于 37℃、5% CO_2 中培养 6 d。从第 4 天开始观察结果，于第 6 天最终判定。

（2）定性测定被检血清只做 1∶5 稀释，其他操作同上。

结果判定当细胞对照正常，阴性血清孔对照各孔细胞出现细胞病变，阳性血清对照孔不出现细胞病变，病毒回归的毒价与原测定的毒价相关必须在 ±0.5 log10 以内，本试验有效。

定量试验：每份血清同一稀释度的 4 个孔中有 2 个以上孔完全被保护而不出现细胞病变时，该稀释度即为该血清的抗体滴度。

定性试验：被检血清在 1∶5 稀释度时有 2 孔以上的细胞完全被保护，该血清即为阳性。

4. 注意事项

（1）被检血清。阳性对照血清及阴性对照血清在试验前应分别灭菌 30 min。

（2）如需测定被检血清的抗体效价，只需先将待检血清作 4 倍的倍比稀释后，再按本法进行测定。

（3）分子生物学检查。通过聚合酶链式反应（PCR）等分子生物学技术。

（二）牛腹泻病毒的 PCR 检测方法

称取 1.35 g 琼脂糖粉放入锥形瓶中（注：倒入过程中避免琼脂糖粉末粘在锥形瓶壁上。）加入 90 mL/L TBE 溶液，微波炉加热无絮状物至完全溶解（注：至少沸腾 3 次），取出锥形瓶后，冷却至 60℃左右，加入 17 μL 的核酸染料，摇至彻底混匀后倒入带有梳子的胶槽中（轻轻混匀即可，避免气泡产生），冷却凝固 40 min。

（三）电泳。

（1）将制好的胶放入电泳槽中，倒入 1×TBE，液位高于胶面 2 mm。

（2）用移液枪取 20 μL 的 6×Loading Buffer 于载玻片上，并取 3 μL 加至 PCR 产物管中反复吹打 3 次混匀后，吸取 10 μL 混合液加入琼脂糖凝胶点样孔中，从左面第 2 个孔开始依次点样品、阴性对照与阳性对照，最后取 7 μL Marker 点于第 1 个孔中。

（3）将电泳仪正负极对应连接，开启电泳仪电源开关，在 120 V 电压下电泳

50 min，取出电泳后的琼脂糖凝胶，放在凝胶成像仪中，进行观察。

- **工具准备**

防护服、口罩、手套、鞋套、帽子、护目镜、酒精灯、无菌剪刀、镊子、酒精棉球、干棉球、耳部组织装入样品管、病毒株为 OregonC 24、牛病毒性腹泻病毒 BVDV 胶体金抗原快速检测试剂盒。

- **人员准备**

人员分组，每组 5 人，明确职责分工（表 5-2-1）。

表 5-2-1　任务分配

任务角色	任务内容
组长	整理任务流程，制订计划，合理安排分工
组员 1	临床诊断
组员 2	分离鉴定
组员 3	胶体金抗原快速检测
组员 4	结果分析，汇总

任务筹划

一、内容筹划

（1）整合资料，制订实施计划。

（2）完成牛病毒性腹泻病毒 BVDV 胶体金抗原快速检测技术。

二、方法筹划

自行分组（每组 5 人），完成任务。

三、流程筹划

前期准备（材料、工具、动物、场地、人员）—进行现场勘察—制订计划—临床诊断—分离鉴定—胶体金抗原快速检测—结果分析汇总。

任务实施

根据任务筹划完成表 5-2-2 的任务实施步骤。

表 5-2-2　任务实施步骤

步骤	任务实施情况
步骤一	
步骤二	
步骤三	
步骤四	
步骤五	
步骤六	

任务检测

请扫描二维码 5-2-1 进行答题。

二维码 5-2-1
项目五任务二检测

任务评价

根据任务完成情况完成任务评价（表 5-2-3）。

表 5-2-3　工作任务完成过程评价

班级：		组别：		姓名：
项目	评分标准	自我评价	小组评价	教师评价
前期准备	材料准备是否完整（5 分）			
	资料整合是否正确（5 分）			
尸体处理过程	制订计划是否正确（5 分）			
	记录是否完整（5 分）			
	临床诊断是否正确（5 分）			
	样本采集是否正确（5 分）			
	样本处理是否正确（5 分）			
	个人防护是否正确（5 分）			
后期处理	实验室诊断是否正确（5 分）			
	结果分析、处理、报告是否正确（5 分）			

续表

<table>
<tr><td>班级：</td><td colspan="2">组别：</td><td colspan="3">姓名：</td></tr>
<tr><td>项目</td><td colspan="2">评分标准</td><td>自我评价</td><td>小组评价</td><td>教师评价</td></tr>
<tr><td>视频上传</td><td colspan="2">是否完成视频剪辑上传（10 分）</td><td></td><td></td><td></td></tr>
<tr><td colspan="3">合计</td><td></td><td></td><td></td></tr>
<tr><td>自我评价与总结</td><td colspan="5"></td></tr>
<tr><td>教师点评</td><td colspan="5"></td></tr>
</table>

任务三　牛流行热的检验与诊断

任务导入

在临床上，通常看到的发热有哪几种？是什么原因引起的动物发热？发热对于动物机体来说有什么作用？

任务准备

• 知识准备

牛流行热（BEF，又名三日热）是由牛流行热病毒（BEFV，又名牛暂时热病毒）引起的一种急性热性传染病。其特征为突然高热，呼吸促迫，流泪和消化器官的严重卡他炎症和运动障碍。感染该病的大部分病牛经 2～3 d 即恢复正常，故又称三日热或暂时热。该病病势迅猛，但多为良性经过。过去曾将该病误认为是流行性感冒。该病能引起牛大群发病，明显降低乳牛的产乳量。

（一）病原

牛流行热病毒为单股负链 RNA 病毒，属于弹状病毒科，暂时热病毒属。日本分离毒的大小平均为 140 nm × 80 nm。病毒的核酸为 RNA 型，对氯仿、乙醚敏感。发热期病毒存在于病牛的血液、呼吸道分泌物及粪便中。

分离牛流行热病毒时，以母牛血毒脑内接种为宜，适宜接种动物是初生乳鼠或仓鼠，进行脑内接种时，可分离出病毒。鼠化病毒还能在牛胚肾、犊牛肾和睾丸细胞上生长，并能引起牛胚肾细胞产生病理变化。

（二）流行病学

该病主要侵害牛、黄牛、乳牛、水牛均可感染发病。以 3～5 岁壮年牛、乳牛、黄牛易感性最大。水牛和犊牛发病较少。

病牛是该病的传染来源，其自然传播途径尚不完全清楚。人工感染时，静脉注射病牛血能引起发病，而其他途径接种的结果则不一致。一般认为，该病多经呼吸道感染。此外，吸血昆虫的叮咬，以及与病畜接触的人和用具的机械传播也是可能的。

该病流行具有明显的季节性，多发生于雨量多和气候炎热的 6—9 月。流行迅猛，短期内可使大批牛只发病，呈地方流行性或大流性。流行上还有一定周期性，3～5 年大流行一次。病牛多为良性经过，在没有继发感染的情况下，死亡率为 1%～3%。

（三）临床症状

潜伏期为 3～7 d。

病初，病畜震颤，恶寒战栗，接着体温升高到 40℃以上，稽留热 2～3 d 后体温恢复正常。在体温升高的同时，可见流泪，有水样眼眵，眼睑，结膜充血，水肿。呼吸促迫，呼吸次数每分钟可达 80 次以上，呼吸困难，患畜发出呻吟声，呈苦闷状。这是由于发生了间质性肺气肿，有时可因窒息而死亡。

食欲废绝，反刍停止。第一胃蠕动停止，出现臌胀或者缺乏水分，胃内容物干涸。粪便干燥，有时下痢。四肢关节浮肿疼痛，病牛呆立，跛行，以后起立困难而伏卧。

皮温不整，特别是角根、耳翼、肢端有冷感。另外，颌下可见皮下气肿。流鼻液，口炎，显著流涎。口角有泡沫。尿量减少，尿混浊。妊娠母牛患病时可发生流产、死胎。乳量下降或泌乳停止。

该病大部分为良性经过，病死率一般在 1% 以下，部分病例可因四肢关节疼痛，长期不能起立而被淘汰。

（四）病理变化

急性死亡多因窒息所致。剖检可见气管和支气管黏膜充血和点状出血，黏膜肿胀，气管内充满大量泡沫黏液。肺显著肿大，有程度不同的水肿和间质气肿，压之有捻发音。全身淋巴结充血，肿胀或出血。直胃、小肠和盲肠黏膜呈卡他性炎和出血。其他实质脏器可见混浊肿胀。

（五）诊断

由牛流行热毒引起，主要侵害黄牛和奶牛。有明显周期性，3～5 年流行 1 次，大流行之后，常有 1 次小流行。多发于蚊蝇活动频繁的季节（6—9 月）。

病牛突然出现高热（40℃以上），一般维持 2～3 d，流泪，眼睑和结膜充血，水肿。

呼吸急促，发出哼哼声，流鼻液；食欲废绝，反刍停止，大量流涎，粪便干或下痢；四肢关节肿痛，呆立不动，呈现跛行；孕牛可流产；奶牛泌乳量下降或停止。发病率高，病死率低，常呈良性经过，2～3 d 即可恢复正常。

剖检可见呼吸道黏膜充血，水肿和点状出血；间质性肺气肿以及肺充血，肺水肿，淋巴结充血，肿胀，出血，真胃、水肠和盲肠呈卡他性炎症和渗出性出血。

发热初期采血进行病毒分离鉴定，或采取发热初期和恢复期血清进行中和试验和补体结合试验。

应与传染性鼻气管炎、茨城病、牛副流感、牛恶性卡他热加以鉴别。

（六）防控

切断病毒传播途径，针对流行热病毒由蚊蝇传播的特点，可每周两次用 5% 敌百虫液喷洒牛舍和周围排粪沟，以杀灭蚊蝇。另外，针对该病毒对酸敏感，对碱不敏感的特点，可用过氧乙酸对牛舍地面及食槽等进行消毒，以减少传染。

加强牛的卫生管理对该病预防具有重要作用。管理不良时发病率高，并容易成为重症，增高死亡率。应立即隔离病牛并进行治疗，对假定健康牛和受威胁牛，可用高免血清进行紧急预防注射。高热时，肌内注射复方氨基比林 20～40 mL，或 30% 安乃近 20～30 mL。重症病牛给予大剂量的抗生素，常用青霉素、链霉素，并用葡萄糖生理盐水、林格氏液、安钠咖、维生素 B_1 和维生素 C 等药物，静脉注射，每天 2 次。四肢关节疼痛，牛可静脉注射水杨酸钠溶液。对于因高热而脱水和由此而引起的胃内容干涸，可静脉注射林格氏液或生理盐水 2～4 L，并向胃内灌入 3%～5% 的盐类溶液 10～20 L。加强消毒，搞好消灭蚊蝇等吸血昆虫工作，应用牛流热疫苗进行免疫接种。

• 操作准备

（一）设备材料

（1）营养液和 0.05% EDTA，细胞及其制备、传代计方法，抗原（指示毒）标准阳性血清、阴性血清。抗原毒价以及工作抗原。微量滴定板无菌带盖 96 孔微量滴定板微量加样器：25 μL、50 μL 及 100 μL 单道和多道加样器，加样塑料滴头，CO_2 培养箱。

（2）所用试剂均为分析纯，试验用水符合 GB/T 6682 的规定。磷酸盐缓冲液（0.01 mol/L，pH 值 7.2）。

（二）内容及方法

1. 临床诊断

主要病变在肺部，急性死亡的病例可见有明显的肺间质气肿，有些病例可见肺充血与水肿；淋巴结充血、肿胀；真胃、小肠和盲肠呈卡他性炎症和渗出性出血。

2. 牛流行热病毒的分离鉴定

（1）样本处理。将第 3 次接种乳鼠脑组织的 BEFV 样本反复冻融 3 次 5 000 r/min 离心 5 min 取上清，在生物安全柜中用 0.22 μm 滤膜过滤除菌。

（2）细胞接种牛流行热病毒。选取汇合度约 80% 的单层 BHK-21 细胞，弃去生长液用 PBS 清洗细胞两次，接种处理好的乳鼠脑组织 BEFV 病毒样本上清液 1 mL 置于 37℃、5% CO_2 细胞培养箱中，吸附培养期间每隔 15 min 晃动细胞数次。吸附 1 h 后弃去上清液，PBS 洗两遍再向培养皿中加入含 2% FBS 的 DMEM 维持培养基，在 37℃、5% CO_2 细胞培养箱中培养，每 12 h 观察细胞病变情况。连续观察 7 d 出现病变的细胞，反复冻融 3 次收集细胞病毒液，5 000 r/min 离心 5 min 后，用病毒液再接种细胞。没有出现细胞病变的细胞进行盲传，盲传到第 3 代仍没有出现细胞病变，视为阴性。

（3）牛流行热病毒的鉴定。取 200 μL 病变细胞培养液，采用病毒基因组提取试剂盒提取 RNA。然后利用反转录试剂盒反转录为 cDNA，用 BEFV-F/R 为引物，进行 PCR 检测。

3. 牛流行热病毒的免疫监测

牛流行热病毒免疫监测常用的方法是微量血清中和试验技术。

灭活：待检血清以及阴、阳性血清用前均于 56℃ 水浴锅中灭活 30 min。

准备：制备工作抗原。

（1）定性试验。①向微量板的每孔各加 25 μL 生长液。②在第 1 排加待检血清，每份占 2 孔，每孔 25 μL 混合均即成 2 倍稀释。用多道加样器从第 1 孔取 25 μL 2 倍稀释的待检血清加入第 2 排，对应第 2 排即成 4 倍稀释，再从孔内取 25 μL 丢弃。③每孔加工作抗原 25 μL，混置 37℃ 孵育 60 min。④每孔加细胞悬液 100 μL（30 000 个细胞）。⑤用灭菌的盖子盖上微量板，置 37℃、5% CO_2 培养箱内，培养 5 d，从第 3 天起逐日记录细胞病变效应。⑥结果判定。标准阳性血清中和抗体价 64 标准阴性血病对照排各孔均出现细胞病变，工作抗原含量滴定在规定的范围之内细胞对照孔正常情况下，4 倍稀释的待检血清 2 孔都出现细胞病变为阴性；1 孔出现细胞病变应再重复试验 1 次；2 孔均不产生细胞病变时，则为阳性。

（2）定量试验（测定抗体滴度）。①向微量板的每孔各加 25 μL 生长液。②每份待检血清在微量板第 1 列占 4 孔每孔加 25 μL 即待检血清为 2 倍稀释。③用多道加样器将 2 倍稀释的待检血清吸取 25 μL 加入第 2 列，对应第 2 列即为 4 倍稀释，以此类推直至稀释 64 倍后一列各孔内混合血清各弃 25 μL。④每孔各加工作抗原 25 μL，但细胞对照不加工作抗原，置 37℃ 下孵育 60 min。⑤每孔加 100 μL 细胞液（30 000 个细胞）。⑥盖上灭菌盖，置 37℃、5% CO_2 培养箱内，培养 5 d。从第 3 天起每天记录细胞病变情况。⑦对照系统各项试验内容方法与定性试验相同。

- **工具准备**

同本任务操作准备中“设备材料”。

任务准备

- **人员准备**

人员分组，每组 5 人，明确职责分工（表 5-3-1）。

表 5-3-1　任务分配

任务角色	任务内容
组长	整理任务流程，制订计划，合理安排分工
组员	临床诊断
组员	分离鉴定
组员	免疫检测
组员	结果分析，汇总

任务筹划

一、内容筹划

（1）整合资料，制订实施计划。

（2）完成牛流行热病毒的诊断与免疫检测。

二、方法筹划

自行分组（每组 5 人），完成任务。

三、流程筹划

前期准备（材料、工具、动物、场地、人员）—进行现场勘察—制订计划—临床诊断—分离鉴定—免疫检测—结果分析汇总。

任务实施

根据任务筹划完成表 5-3-2 的任务实施步骤。

表 5-3-2　任务实施步骤

步骤	任务实施情况
步骤一	
步骤二	
步骤三	
步骤四	

续表

步骤	任务实施情况
步骤五	
步骤六	

任务检测

请扫描二维码 5-3-1 进行答题。

二维码 5-3-1
项目五任务三检测

任务评价

根据任务完成情况完成任务评价（表 5-3-3）。

表 5-3-3 工作任务完成过程评价

班级：		组别：	姓名：	
项目	评分标准	自我评价	小组评价	教师评价
前期准备	材料准备是否完整（5 分）			
	资料整合是否正确（5 分）			
尸体处理过程	制订计划是否正确（5 分）			
	记录是否完整（5 分）			
	动物前期处理是否正确（5 分）			
	临床诊断是否正确（5 分）			
	分离鉴定是否正确（5 分）			
	免疫检测是否正确（5 分）			
	检测方法是否正确（10 分）			
后期处理	结果汇总是否得当（5 分）			
	结果判定是否得当（5 分）			
视频上传	是否完成视频剪辑上传（10 分）			
合计				
自我评价与总结				
教师点评				

任务四　牛传染性鼻气管炎的检验与诊断

任务导入

结合前期知识及查阅资料，整理临床上动物常见的呼吸道疾病。这些呼吸道疾病分别有什么特点?

任务准备

- **知识准备**

牛传染性鼻气管炎，二类传染病、寄生虫病，又称“坏死性鼻炎”“红鼻病”，是I型牛疱疹病毒（BHV-1）引起的一种牛呼吸道接触性传染病。临床表现形式多样，以呼吸道为主，伴有结膜炎、流产、乳腺炎，有时诱发小牛脑炎等。

（一）病原

牛传染性鼻气管炎是由牛传染性鼻气管炎病毒（IBRV）或牛疱疹病毒I型（BHV-Ⅰ）引起，IBRV在分类地位上属疱疹病毒科疱疹病毒亚科。该病毒呈球形，带囊膜，成熟病毒粒子的直径150～220 nm，主要由核心、衣壳和囊膜三部分组成。核心由双股DNA与蛋白质缠绕而成，包含基因组的核衣壳为立体对称的正二十面体，外观呈六角形，有162个壳粒，周围为一层含脂质的囊膜。双股DNA分子量为8.4×10^6，其中G+C含量为72%，浮密度为1.731 g/cm^3。IBRV基因组是138 kb的线性双股DNA分子，分成特异长区（UL，106 kb）和短区（US，10 Kb），后者被两个反向重复序列（IRS，TRS各为11 kb）包围，因而短区能够反转方向，使病毒DNA具有两种异构体。据测IBRV基因组可编码大约70个蛋白质，其结构和功能目前大部分已知，存在于病毒囊膜的gB、gC、gD和gE四个主要精蛋白的基因已经测序并在哺乳动物中表达。gB在哺乳动物细胞中的表达显示出引起细胞融合和多核体的形成，对病毒复制是必需的；gC对病毒吸附组织培养细胞是重要的，但它在牛细胞内的表达并不影响病毒蚀斑的数量和病毒的存在；gD被认为是病毒粒子表面和病毒感染细胞的主要分子，抗体糖蛋白的单克隆抗体在病毒吸附后中和病毒并显示出较高的中和滴度，表明gD可能参与病毒进入细胞，并为病毒复制非必需基因。鼠和牛的免疫试验显示出gD能够引起比gB、gC更强和持久的细胞免疫。

（二）流行病学

牛传染性鼻气管炎广泛分布于世界各地，能引起鼻气管炎、眼结膜炎、高热、流产、传染性脓性外阴阴道炎、乳腺炎等，有时病毒侵入牛体后，以潜伏感染和持续性感染为特征，病牛长期乃至终生带毒。该病目前缺乏特效药物，病畜死亡率较高，给养殖业造成巨大的经济损失。

（三）临床症状

自然感染潜伏期一般为 4～6 d，人工感染（气管内、鼻内、阴道滴注接种）时，潜伏期可缩短至 18～72 h，可表现以下临诊类型。

1. 鼻气管炎

最常见的症状，有轻有重。病初高热（40～42℃），精神委顿，厌食，流泪，流涎，流黏脓性鼻液。母牛乳产量突然下降。鼻黏膜高度充血，呈火红色，并出现浅的、黏膜坏死。呼吸高度困难，呼出气体恶臭，咳嗽不常见。一般经 10～14 d 症状消失。

2. 传染性脓疱性阴道炎

病初轻度发热，食欲无影响，产乳量无明显改变。动物表现不安，频尿，排尿时因疼痛而尾部高举。外阴和阴道黏膜充血潮红，有时黏膜上面散在有灰黄色、粟粒大的脓疱，阴道内见有大量的黏脓性分泌物。重症病例，阴道黏膜被覆伪膜，并见有溃疡。孕牛一般不发生流产。病程 2 周左右。

3. 传染性龟头包皮炎

龟头、包皮、阴茎等充血，有时可见阴茎弯曲或形成溃疡等。多数病例见有精囊腺变性、坏死。通常在出现病变后 1 周开始痊愈，彻底痊愈需 2 周左右。若为种公牛，患病后 3～4 个月，失去配种能力，但可成为传染源，应及时淘汰。

4. 角膜结膜炎

多与上呼吸道炎症合并发生，病初由于眼睑水肿和眼结膜高度充血，流泪，角膜轻度混浊，一般无溃疡，无明显的全身反应。重症病例，可见眼结膜形成灰黄色针头大颗粒，致使眼睑粘着和眼结膜外翻。眼、鼻流浆性或脓性分泌物。

5. 流产

一般见于初胎青年母牛怀孕期的任何阶段，有时亦见于经产牛。常于怀孕的第 5～8 个月发生流产，多无前驱症状，约有 50% 流产牛见有胎衣滞留，流产胎儿不见有特征性肉眼病变。

6. 肠炎

生后 2～3 周的犊牛感染，不妊娠的原因。

上述症状往往不同程度地同时存在，很少单独发生。

（四）病理变化

病毒常常经上呼吸道黏膜、生殖道黏膜侵入，还可经眼结膜上皮和软壳蜱侵入，是否经口腔感染仍未证实。经上呼吸道入侵的病毒沿黏膜、神经纤维、淋巴管扩散到邻近部位引起上呼吸道炎症、结膜炎。虽然血液的细胞成分在病毒复制、扩散中起重要作用，但很少观察到病毒血症。在病毒血症期间，病毒可侵入呼吸道深部、中枢神经系统、胎犊中，在这些部位引起病变，表现发热性全身性呼吸器官疾病、脑膜脑炎或流产。因条件致病菌易在发炎的黏膜中繁殖，所以有时还可能发生继发性炎症病变如肺炎。

呼吸道病变表现在上呼吸道黏膜的炎症，窦内充满渗出物，黏膜上覆有黏脓性、恶臭的渗出物组成的伪膜。在极少数病例，肺小叶间水肿，一般不发生肺炎。组织学检查，黏膜面可见嗜中性粒细胞浸润，黏膜下层有淋巴细胞、巨噬细胞及浆细胞的浸润。在疾病早期，气管上皮细胞内见有 Cowdry A 型包涵体。

受侵害的消化道表现颊黏膜、唇、齿龈和硬腭溃疡（与黏膜病不同），在食道、前胃、真胃也可见同样的病变，肠表现卡他性炎症。组织学检查，上皮细胞空泡变性，派伊尔结（Peyer's patches）坏死，肝可见坏死灶、核内包涵体。

生殖道型的病例，表现外阴、阴道、宫颈黏膜、包皮、阴茎黏膜的炎症，一些病例可发生子宫内膜炎。组织学检查，见有坏死灶区积聚大量嗜中性粒细胞，坏死灶周围组织有淋巴细胞浸润，并能检出包涵体。

流产胎儿体内所见的肉眼变化，几乎是由于死后所致。组织学检查，在肝、肺、脾、胸腺、淋巴结和肾等脏器常发生弥漫性的灶状坏死。由于流产胎儿均系死后排出，因机体自溶，包涵体多已消失，很难检出。

患有脑膜脑炎的病例，除脑膜轻度充血外，眼观上无明显变化。组织学检查可见淋巴细胞性脑膜炎及由单核细胞形成血管套为主的病变。

（五）诊断

该病的典型病例（上呼吸道炎）具有鼻黏膜充血、脓疱、呼吸困难、鼻腔流脓等特征性症状，结合流行病学，可做出初步诊断。但确诊必须依靠实验室诊断，包括病毒分离鉴定和血清学试验。通常检测血清样品中 BHV1 抗体的方法有病毒中和试验（VN）和各种酶联免疫吸附试验（ELISA）。另外，还有琼脂扩散试验和间接血凝试验。因为 IBRV 感染后一般发生病毒潜伏，所以，血清学阳性鉴定是检查动物感染状态非常有效且理想的指标。抗体阳性动物可认为是病毒携带者和潜在的间歇性排毒者，从初乳获得母源抗体的犊牛和经灭活疫苗免疫的非感染牛除外。

（六）防控

该病尚无特效疗法。广谱抗生素的作用是阻止细菌的继发感染，使用综合性的对症治疗可使死亡率降低。康复牛能终身免疫。采用疫苗免疫是预防该病的重要措施，一般是对半岁左右的犊牛进行预防接种，接种后 10～14 d 产生免疫力，有 9% 免疫牛体内抗体能保存较长时间。犊牛吃母牛初乳可获被动免疫达 2～4 个月。怀孕牛不能接种，有可能引起流产。

加强饲养管理，改善卫生条件和防疫隔离措施可防止该病的传播。但由于易感牛对该病十分敏感，这些措施只能限制活动型或隐性型的广泛扩散。大量的调查结果表明，10%～96% 血清抗体阳性的牛是隐性感染源，因此，使用疫苗仍是控制该病的主要措施。若控制合并症，可采取对症疗法。如呼吸道型，当确定有细菌合并症时，可用磺胺类药和抗生素，但应考虑这些药物在乳和肉中残留的问题。对脓疱性外阴 - 阴道炎和龟头包皮炎可局部施以抗生素软膏以减少后遗症。

• 操作准备

（一）设备材料

（1）器材。无菌 6 孔、24 孔、96 孔平底组织培养板无菌棉拭子；10 mL 无菌试管和 1.5 mL 无菌离心管；细胞培养瓶、单道、8 道微量可调移液器（20～200 μL、100～1 000 μL）灭菌常规玻璃器材、CO_2 培养箱、电热恒温水浴箱、生物安全柜、倒置显微镜。200 μL、1 000 μL 灭菌吸头、冰箱（−20℃保存血清，−70℃保存种毒）。

（2）试剂。阴性血清、阳性血清、试验用水符合 GB/T 6682 的规定。

（二）内容及方法

1. 临床诊断

呼吸道病变表现在上呼吸道黏膜的炎症，窦内充满渗出物，黏膜上覆有黏脓性、恶臭的渗出物组成的伪膜。在极少数病例，肺小叶间水肿，一般不发生肺炎。组织学检查，黏膜面可见嗜中性粒细胞浸润，黏膜下层有淋巴细胞、巨噬细胞及浆细胞的浸润。在疾病早期，气管上皮细胞内见有 Cowdry A 型包涵体。

受侵害的消化道表现颊黏膜、唇、齿龈和硬腭溃疡（与黏膜病不同），在食道、前胃、真胃也可见同样的病变，肠表现卡他性炎症。组织学检查，上皮细胞空泡变性，派伊尔结坏死，肝可见坏死灶、核内包涵体。

生殖道型的病例，表现外阴、阴道、宫颈黏膜、包皮、阴茎黏膜的炎症，一些病例可发生子宫内膜炎。组织学检查，见有坏死灶区积聚大量嗜中性粒细胞，坏死灶周围组织有淋巴细胞浸润，并能检出包涵体。

2. 牛传染性鼻气管炎的分离鉴定

取经过处理的样品 200 μL 接种到已形成良好单层的 MDBK 传代细胞或 3 代以内未感染 IBR 病毒的原代胎牛肾细胞（BK）、睾丸细胞（BT）的 24 孔细胞培养板上，每份样品接种 4 孔置 37℃、5% CO_2 吸附 1 h，弃去液体，然后加入（不含 BR 抗体的牛血清的）细胞维持液，每孔 200 μL。置 37℃、5% CO_2 培养箱培养，逐日观察细胞病变 5 d；若 5 d 仍不出现细胞病变则收集培养物，反复冻融后继代于新制备的细胞上，盲传 3 代继续培养观察。出现病变者收获培养物，保存于 −70℃以下待鉴定同时设立正常细胞对照 4 孔，每孔 200 μL 细胞维持液。

该病毒致细胞病变特点是细胞变圆、聚合、呈葡萄状、拉网，最后脱落。收获出现上述病变的细胞，经反复冻融两次后，以 2 500 r/min 离心 10 min，取上清液再做下列试验。若盲传 3 代培养观察仍不出现细胞病变，判定为阴性。

• 工具准备

同本任务操作准备中“设备材料”。

- **人员准备**

人员分组，每组 5 人，明确职责分工（表 5-4-1）。

表 5-4-1　任务分配

任务角色	任务内容
组长	整理任务流程，制订计划，合理安排分工
组员 1	临床诊断
组员 2	分离鉴定
组员 3	免疫检测
组员 4	结果分析，汇总

任务筹划

一、内容筹划

（1）整合资料，制订实施计划。

（2）完成牛传染性鼻气管炎的临床诊断和牛传染性鼻气管炎的分离鉴定及免疫检测试验。

二、方法筹划

自行分组（每组 5 人），完成任务。

三、流程筹划

前期准备（材料、工具、动物、场地、人员）—进行现场勘察—制订计划—临床诊断—分离鉴定—免疫检测—结果分析汇总。

任务实施

根据任务筹划完成表 5-4-2 的任务实施步骤。

表 5-4-2　任务实施步骤

步骤	任务实施情况
步骤一	
步骤二	

续表

步骤	任务实施情况
步骤三	
步骤四	
步骤五	
步骤六	

任务检测

请扫描二维码 5-4-1 进行答题。

二维码 5-4-1
项目五任务四检测

任务评价

根据任务完成情况完成任务评价（表 5-4-3）。

表 5-4-3　工作任务完成过程评价

班级：		组别：	姓名：	
项目	评分标准	自我评价	小组评价	教师评价
前期准备	材料准备是否完整（5 分）			
	资料整合是否正确（5 分）			
尸体处理过程	制订计划是否正确（5 分）			
	记录是否完整（5 分）			
	动物前期处理是否正确（5 分）			
	临床诊断是否正确（5 分）			
	分离鉴定是否正确（5 分）			
	免疫检测是否正确（5 分）			
	检测方法是否正确（10 分）			
后期处理	结果汇总是否得当（5 分）			
	结果判定是否得当（5 分）			

续表

班级：		组别：		姓名：	
项目	评分标准		自我评价	小组评价	教师评价
视频上传	是否完成视频剪辑上传（10 分）				
合计					
自我评价与总结					
教师点评					

任务五　梅迪－维斯纳病

任务导入

分组阐述慢性病与急性病之间的差异。

任务准备

- **知识准备**

梅迪－维斯纳病，是由梅迪－维斯纳病毒（MVV）引起的绵羊的一种慢病毒病，其特征为病程缓慢、进行性消瘦和呼吸困难。三类传染病、寄生虫病。

（一）病原

该病是由反录病毒科的一种外源性非致瘤病毒所致。成熟的梅迪－维斯纳病毒呈球形，直径 90～100 nm，具有单层的囊膜。病毒粒子的中央有电子致密的直径为 30～40 nm 的核心。该病毒在被感染细胞的胞膜上以出芽方式释放。

病毒在蔗糖溶液中的浮密度为 1.15～1.16 g/mL。在 pH 值 7.2～7.9 最稳定，在 pH 值≤4.2 以下易于灭活，在 56℃ 经 10 min 可被灭活。4℃ 条件下可存活 4 个月。该病毒可被 0.04% 甲醛或 4% 甲酚及 50% 乙醇灭活。对乙醚、胰蛋白酶及过碘酸盐敏感。

以试验感染羊的血清进行交叉中和试验证明，MVV、绵羊进行性肺炎病毒及病毒在抗原性上一致或密切相关，但不同株间可能有微小的差异。

将蚀斑纯化的 MVV 接种绵羊，随后从绵羊分离病毒，发现分离病毒株在抗原性上与原接种病毒不尽相同。这种在体内发生的过程，也可以在组织培养物中病毒与抗体的作用后发生，这样的抗原变异现象被认为是持续感染的原因。

应用沉淀反应检出的抗原是 P23、P25、P27 和 P30 等主要结构多肽以及病毒囊膜糖蛋白 gp135。

（二）流行病学

感染动物为该病的主要传染源。目前已知仅有绵羊和山羊对该病易感，而且绵羊和山羊之间有交叉感染性。所有品种的绵羊对 MVV 易感，但只有某些品种的绵羊出现症状。

该病主要通过初乳传给新生羔羊，羔羊接触感染母羊的时间越长，发生率越高；可以通过呼吸道水平传播，饲养密度过大有助于该病的传播。MVV 也可以通过污染的饮水、饲养和牧草传播。病毒可经过子宫传给胎儿，但比较少见。目前还没有从公羊的精液中检测到 MVV 的报道。无脊椎动物媒介传播尚无报道。

（三）临床症状

MVV 的潜伏期特别长，动物在接触病毒 1～3 年或更长时间后才出现临床症状，呈进行性临床经过。病畜呈现呼吸困难、衰竭和进行性消瘦，有的还表现出关节炎和间质性乳腺炎症状。另外，某些病例还见到进行性瘫痪。感染绵羊可终身带毒，但多数羊不出现临床症状和病变。

（四）病理变化

给绵羊脑内接种 MVV，可以引起人工感染，而鼻内接种则产生类似“梅迪”的损伤。尽管患畜产生高浓度的中和抗体，但在潜伏期和症状出现的时期，各种组织包括脑、脑脊液、肺、唾液腺、鼻分泌物和粪便中都常存在低滴度的病毒。病毒易从脾和淋巴结分离到，因其对网状内皮细胞有特别强的亲和力。由抗凝血的沉淀白细胞层中也能分离到病毒。淋巴细胞可能携带病毒，而且可能是病毒的复制场所。在 MVV 感染中，中和抗体似乎没有阻止病毒在血液中传播的作用，尽管在血清中存在着中和、补体结合等抗体，但这种血液接种于易感羊，照样可以引起人工感染。这可能是因为在血液细胞内存在着前病毒 DNA，由于病毒基因组潜伏于感染细胞内，因而不能被宿主免疫系统识别，结果病毒得以长期存在于机体内。另外，如果病毒可以在机体内发生变异的说法成立，那么病毒变异株的出现为持续感染提供另一种机理。在 MV 试验病例中，早期由于免疫抑制，损伤较轻，而当 MVV 特异性免疫反应升高后，损伤较为广泛。这说明病理损伤至少有一部分是由于免疫反应引起的。基本的病变是淋巴组织增生，在肺、脑、滑膜和乳腺上均见到大量的淋巴样组织增生。脑、组织小动脉和关节出现变性退化。肺的重量为正常肺的 2～3 倍，体积增大充满整个胸腔，肺硬化并呈灰红色。关节病变为关节囊、滑膜、滑液囊增生和关节软骨及骨头的变性退化，主要发生于腕关节和跗关节，最终导致纤维性关节强硬。在肺部，常见的变化是化脓性支气管炎并伴有上皮组织增生，这常常是引起动物死亡的直接原因。

（五）诊断

通过临床症状可做出初步诊断，但不可靠，因所有的血清学阳性羊携带病毒，但许多羊不表现临床症状；绵羊其他许多疾病同绵羊慢病毒病临床症状很相似。病理学、组织学检查是可信的，早期都是通过病理组织学检查而报道的，但在不同国家的毒株之间，在病毒结构和毒力方面都有所差异，有的毒株感染的绵羊或其中的某些个体缺乏典型病理组织学特征。目前有两种通用的诊断方法用来鉴定动物：血清学和病毒学；血清学方法检查病毒抗体的存在，而通过病毒学方法分离病毒及其基因物质（DNA 或 RNA）来证实病毒的存在。

（六）防控

该病尚无疫苗及特效疗法。为防止该病的发生，关键是加强海关检疫，防止引入病羊。引入绵羊后，应加强隔离检疫，发生该病的，全群羊一律淘汰，并采取消毒等防控措施。

• 操作准备

（一）设备材料

（1）器材。高压蒸汽灭菌锅、组织匀浆机或研磨皿、-20℃ 冰箱、高速冷冻离心机、天平、微量移液器（200～1 000 μL）、生物安全柜、5 mL 灭菌离心管、灭菌剪、灭菌刀、镊子、棉拭子。

（2）试剂。所用试剂均为分析纯，试验用水符合 GB/T 6682 的规定。磷酸盐缓冲液（0.01 mol/L，pH 值 7.2）

（二）内容及方法

1. 临床诊断

取病羊的肺、淋巴结、乳腺、关节、脑等组织，用 10% 福尔马林固定，常规石蜡切片，HE 染色后进行病理组织学检查，组织学变化见下。

（1）肺。呈慢性、间质性肺炎，以肺泡间隔增厚及淋巴滤泡性增生为特征。肺泡间隔增厚，在血管周围眼观肺胸膜下见小点或小结节。微小的细支气管上皮组织增生，管腔内有坏死崩解的嗜中性粒细胞，在炎区内肺泡体积缩小或消失。

（2）淋巴结。支气管淋巴结和纵隔淋巴结内淋巴滤泡增生、增大，呈慢性增生性淋巴结炎，淋巴细胞和网状细胞显著增生，淋巴小结肿大，有明显的生发中心。

（3）脑。呈灶性、脱髓鞘性、脑脊髓白质炎，脑白质局灶性脱髓鞘，形成脱髓鞘腔（空斑），白质中有淋巴细胞性管套，脊髓和脑膜发生非化脓性脑脊髓膜炎，脑膜增厚。

（4）乳腺。呈淋巴细胞－浆细胞性乳腺炎，乳腺小叶间质中有淋巴细胞、浆细胞浸润，在导管周围形成淋巴滤泡灶。

（5）关节。表现为关节囊、滑膜囊、滑液囊增生和关节软骨及骨头的变性退化。

2. 梅迪－维斯纳病的分离鉴定

（1）试剂。除特别说明外，所用试剂均为分析纯，试验用水符合 GB/T 6682 的规定；胎牛血清、PK-15 传代细胞或 ST 传代细胞、DMEM 细胞培养液、DMEM 细胞维持液、0.25% 胰蛋白酶溶液，青霉素、链霉素双抗溶液（含青霉素、链霉素各 10 000 U/mL）。

（2）样品处理。无菌采集初产母猪 70 日龄以内流产胎儿、木乃伊胎处理液经 0.22 μm 微孔膜过滤除菌备用（注：以上操作在生物安全柜中进行）。

（3）病毒分离鉴定。将原代或传代山羊胎儿关节滑液囊膜（GSM）细胞（分离 CAEV 的指示细胞）或者绵羊脉络从（SCP）细胞（分离 MVV 的指示细胞）与怀疑感染 SRLV 的活动物病料如感染关节的滑膜囊液、乳汁或者外周血液中的白细胞共同培养。动物死亡后，最容易的病毒分离方法是把感染组织（如：肺、滑液囊膜、脉络丛或者乳腺组织）进行移植培养。也可以从宰后的肺中收集巨噬细胞与指示细胞共同培养，其特征性细胞病变是出现树枝状、能折光的星状细胞或者合胞体。CAEV 或者 MVV 的存在与否，可以用免疫标记方法或电镜镜检法来进行鉴定。

3. 梅迪－维斯纳病的免疫监测操作步骤

常用的方法是间接 ELISA。

（1）用包被缓冲液将抗原按 1∶40 稀释到工作浓度（约为 50 g/mL）包被 6 孔酶标板，每孔加 50 μL，4℃ 放置过夜。

（2）甩掉抗原包被液，每孔加洗涤液 250 μL，放置 5 min，甩于残留液体，拍干。用同样的方法洗板 3 次。

（3）用封闭液以 1∶40 稀释阳性对照、阴性对照、被检清，每孔 50 μL 振荡混匀，37℃ 作用 1.5 h，洗板 5 次，拍干。

（4）用 PBS（pH 值 7.4）以 1∶800 稀释酶标免抗 IgG，37℃ 作用 15 h，洗板 5 次，拍干。

（5）每孔加新配制的底物溶液 100 μL，振荡混匀，室温避光作用 10～15 min。

（6）每孔加 2 mol/L 硫酸终止液 50 μL。

（7）以仅加底物和终止液的孔调零，10 min 内用酶标仪在 492 nm 波长下测定各孔 OD 值。

（8）结果判定。①当被检样品的 OD 值＜0.3 时，判为阴性。②当被检样品的 OD 值＞0.3 且 P/N 值＞2.1 时，判为阳性；或被检样品的 OD 值＞1 时，也判为阳性。③当被检样品的 OD 值 =0.3 且 P/N 值＞2.1 时判为可疑，应重复试验，若仍为可疑，判为阳性。

- **工具准备**

同本任务操作准备中“设备材料”。

- **人员准备**

人员分组，每组 5 人，明确职责分工（表 5-5-1）。

表 5-5-1　任务分配

任务角色	任务内容
组长	整理任务流程，制订计划，合理安排分工
组员 1	临床诊断
组员 2	分离鉴定
组员 3	免疫检测
组员 4	结果分析，汇总

任务筹划

一、内容筹划

（1）整合资料，制订实施计划。
（2）完成梅迪 - 维斯纳病的诊断与免疫检测。

二、方法筹划

自行分组（每组 5 人），完成任务。

三、流程筹划

前期准备（材料、工具、动物、场地、人员）—进行现场勘察—制订计划—临床诊断—分离鉴定—免疫检测—结果分析汇总。

任务实施

根据任务筹划完成表 5-5-2 的任务实施步骤。

表 5-5-2　任务实施步骤

步骤	任务实施情况
步骤一	
步骤二	
步骤三	
步骤四	

续表

步骤	任务实施情况
步骤五	
步骤六	

任务检测

请扫描二维码 5-5-1 进行答题。

二维码 5-5-1
项目五任务五检测

任务评价

根据任务完成情况完成任务评价（表 5-5-3）。

表 5-5-3　工作任务完成过程评价

班级：		组别：		姓名：
项目	评分标准	自我评价	小组评价	教师评价
前期准备	材料准备是否完整（5 分）			
	资料整合是否正确（5 分）			
尸体处理过程	制订计划是否正确（5 分）			
	记录是否完整（5 分）			
	动物前期处理是否正确（5 分）			
	临床诊断是否正确（5 分）			
	分离鉴定是否正确（5 分）			
	免疫检测是否正确（5 分）			
	检测方法是否正确（10 分）			
后期处理	结果汇总是否得当（5 分）			
	结果判定是否得当（5 分）			
视频上传	是否完成视频剪辑上传（10 分）			
合计				
自我评价与总结				
教师点评				

任务六　羊梭菌性疾病

任务导入

总结羊梭菌性疾病的病原、流行病学、临床症状、病理变化和诊断方法。

任务准备

- **知识准备**

羊梭菌性疾病是由梭状芽孢杆菌属中的细菌导致的急性传染病，包括羊快疫、羊肠毒血症、羊猝狙、羊黑疫、羔羊痢疾等病。该类疾病主要以病羊和带菌羊、被污染的牧草、饮水、饲料为传染源，经消化道感染。当季节交替、天气寒冷多变、饲养管理不当时，造成羊抵抗力降低及免疫注射不当等，可诱发该类疾病。这类疾病临床症状相似，多造成急性死亡，对养羊业危害很大。因此，快速鉴别诊断，加强羊梭菌性疾病防控意识尤为重要。

（一）病原与流行病学

1. 羊快疫

该病病原是腐败梭菌。通常以 6～24 月龄、膘情较好的绵羊易发，并多发于秋冬寒冷季节。

2. 羊肠毒血症

该病病原是 D 型产气荚膜梭菌。绵羊比山羊易发，通常以 2～12 月龄膘情较好的羊只多发。当羊群缺乏运动、肠蠕动减弱时，细菌在肠道大量繁殖，毒素在肠道内积聚，进入血液后，引发毒血症。该病有明显的季节性，多发于春末夏初和秋季。

3. 羊猝狙

该病病原是 C 型产气荚膜梭菌。绵羊比山羊易发，通常以 6～24 月龄的绵羊多发。常见于低洼、沼泽地区，多发于冬春季节。病菌随着动物采食和饮水经口进入消化道，在肠道中生长繁殖并产生毒素，致使动物形成毒血症而死亡。

4. 羊黑疫

该病病原是 B 型诺维梭菌。绵羊多见，通常以 2～4 岁、膘情较好的绵羊多发。多发生于肝片吸虫流行的低洼潮湿地区。该病发生常与肝片吸虫的感染密切相关。

5. 羔羊痢疾

该病病原是 B 型产气荚膜梭菌。主要危害 7 日龄以内的羔羊，其中 2～3 日龄发病最多，多发于立春前后的寒冷季节。诱发的主要原因是母羊在妊娠期间营养不良，所产羔羊体质衰弱。

（二）临床症状

1. 羊快疫

该病的潜伏期很短，一般仅为数小时。羊突然发病，食欲废绝，昏迷，呼吸困难，排便困难。羊病死前腹部膨胀，通常 1 d 左右死亡。

2. 羊肠毒血症

该病的特点为羊突然发病，很快死亡。症状可分为两种类型，最急性型和急性型。最急性型以抽搐为特征；急性型以昏迷和安静死亡为特征。其早期症状为身体虚弱，步态不稳；以后不能站立，继而昏迷，角膜反射消失；有的病羊发生腹泻，通常在 3～4 h 内羊安静死亡。

3. 羊猝狙

病程短，未见症状突然死亡，有时病羊掉群、卧地、不安、衰弱或痉挛，数小时内死亡。

4. 羊黑疫

羊突然发病，病程急促，绝大多数未见病症突然死亡。少数病例病程稍长，可延长至 1～2 d。病羊掉群，拒食，呼吸困难，流涎，体温 41.5℃ 左右，呈昏睡俯卧状态而死亡。

5. 羔羊痢疾

该病潜伏期一般为 1～2 d，多为急性型与亚急性型。有些病羊发病突然，不见症状而死亡。多数病例初表现为精神萎靡，不吮乳，低头拱背，有腹痛症状；继而发生持续性腹泻，最初如粥状，后变为水样、呈黄白或灰白色，后期为血便；由于腹泻导致严重脱水、虚弱，卧地不起，最后昏迷而死。

（三）病理变化

1. 羊快疫

病羊尸体腹部膨胀，天然孔内有血样分泌物，可视黏膜发紫。最主要的病变为皱胃黏膜出血性、坏死性炎症，胃壁显著增厚，在胃底部和幽门附近的黏膜有出血斑。胸腔、腹腔、心包积液。

2. 羊肠毒血症

主要病变为肾。幼羊肾呈血色乳糜状，呈“髓样肾病”；成年羊肾变软，质地易碎。皱胃内充满气体与食物，皱胃、空肠、回肠呈出血性炎症。肝、胆肿大，肺出血、水肿，胸腺出血。胸腹腔及心包积液，心内外膜出血。全身淋巴结肿大。脑水肿、出血坏死。

3. 羊猝狙

病变是腹膜炎及出血性肠炎，十二指肠和空肠出血、溃疡、糜烂，皱胃有炎症变化，胸腔腹腔心包积液，有淋巴结炎症。

4. 羊黑疫

病羊尸体皮下静脉充血，皮肤呈暗黑色。胸部皮下组织水肿，胸膜腹膜积液，心内膜出血，皱胃和小肠充血和出血。肝充血肿胀，表面出现坏死灶，切面呈半圆形。

5. 羔羊痢疾

尸体脱水较为严重，皱胃内往往有未消化的凝乳块。回肠黏膜充血、溃疡，严重者肠内容物呈血红色。肠系膜淋巴结出血，切开呈大理石状。肺充血或淤血。心包积液，心内膜有出血点。

（四）鉴别诊断

该类疫病多突然发病，临床症状不明显，死亡快，活体诊断较难。应充分根据流行季节、流行特点、羊只膘情、营养状况、临床症状、剖检学特征、免疫接种情况等加以鉴别诊断。有条件可进行细菌学诊断。

1. 羊快疫

病羊死后注意检查皱胃及十二指肠等处是否有急性炎症。确诊需要细菌学检测。抹片镜检病料涂片用瑞氏染色法或亚甲蓝染色法染色镜检。除见到两端钝圆、粗大菌体外，也可观察到无关节的长丝状菌体链，这种表现在肝被膜触片中尤为明显。这一特征对诊断该病有重要价值。

2. 羊肠毒血症

该病突然发病，迅速死亡，多发生于雨季和青草生长旺季。结合剖检可见肾、体腔积液、小肠黏膜严重出血等特征，可做出初步诊断。确诊还要细菌学检测。主要采集病羊有严重炎症的回肠一段，两端结扎，保留肠内容物于其中，同时要取肝和脾做细菌学检查。

3. 羊猝狙

根据发病情况和剖检做初步诊断。确诊需要从体腔渗出液和脾中分离出 C 型产气荚膜梭菌，并从肠内容物中检测到 β 毒素。

4. 羊黑疫

主要集中在肝片吸虫流行的地区。发现急性死亡或昏睡状态下死亡的病羊，剖检可见特殊的肝坏死变化。确诊需要细菌学检查，用肝坏死灶边缘组织抹片，镜检可见粗大的 B 型诺维梭菌。

5. 羔羊痢疾

根据流行病学、临诊症状和病理变化做出初步诊断。确诊需进行实验室细菌学检测，无菌操作取病死羔羊的肝、脾及小肠内容物，经脏器涂片，革兰氏染色法或亚甲蓝染色法染色后镜检，可见两端钝圆、短粗的革兰氏阳性杆菌，呈单个或成双排列，具有荚膜，少数有芽孢。

（五）防控

梭菌在自然界中分布广泛，个别健康羊消化道也有少量梭菌存在，当羊只健康时并不产生致病作用。但在季节交替、天气多变、饲养管理不当等应激因素影响下，羊只抵抗力下降，致病梭菌在体内大量繁殖，引起羊发病且急性死亡。即使诊断出来，已是病程后期，往往来不及治疗，因此应从以下方面加强防控措施。

（1）做好免疫预防。每年春秋定期注射羊梭菌病“羊快疫－羊猝狙－羊肠毒血症－羔羊痢疾－羊黑疫”五联苗，可有效预防此类疾病。

（2）加强饲养管理，减少应激反应，增强羊只机体抗病能力。尽量不要在低洼潮湿的地区放牧。水源、饲料要保证干净卫生，营养搭配合理。羊舍设计合理，光照充足，舍内环境冬暖夏凉，通风较好，饲养面积与羊只数量匹配，避免拥挤。

（3）定期做好杀虫和卫生消毒工作。羊黑疫的发生常与肝片吸虫的侵袭相关。羊舍应定期杀虫、灭鼠。羊群春秋两季定期做好药浴杀虫工作。

（4）当发生梭菌性疾病时，应尽快扑灭疫情。一是及时隔离病羊，合理治疗。二是必要时对健康羊群紧急免疫接种。三是污染过的地方进行紧急消毒。四是病死羊只尸体要合理无害化处理。

• 操作准备

1. 羊肠毒血症的实验室诊断方法

（1）涂片镜检。采集病死羊的肾、肠壁，制作涂片，然后革兰氏染色在显微镜下观察、鉴别致病菌种类，若显微镜下观察到紫色、单个或成双排列，两端钝圆、无鞭毛、有荚膜、无动力的细菌。可初步判定为产气荚膜梭菌。

（2）平板培养。采集病死羊的肾、肠道内容物分别接种至普通琼脂平板上，在厌氧培养箱内 37℃ 培养 24 h，取出平板置于超净台上，若平板内出现表面湿润，灰色圆形，中央隆起的单菌落，挑取后制成涂片，经革兰氏染色后镜检。结合涂片镜检结果和临床症状诊断。

2. 羊黑疫的实验室的诊断方法

无菌条件下，采集病死羊心、血、脾或健康组织与肝坏死灶边缘相连接部分作为病料，经瑞氏染色后移至显微镜下观察，发现有呈单个分布或短链状排列的两端钝圆的大杆菌，可做出初步诊断。需进一步对病原细菌进行分离培养、鉴定，才可确诊为羊黑疫。细菌分离培养采集病料时可能使用的器具都需经过严格消毒，在无菌环境条件下采集病料，避免病料组织受到污染而影响病原菌的分离鉴定结果。且必须在病羊死后马上进行病料采集，不可延迟时间，以保证试验结果的准确性。取出病死羊的肝、肾、脾、胃肠内容物及淋巴结，将其分别接种至含有或不含有生肝的厌气肉肝汤中，37℃ 培养 72 h 后，发现生长在含有生肝的厌气肉肝汤中的细菌与脏器抹片一致，取培养物在 80℃ 高温下加热半小时后再次接种，置于 37℃ 培养 48 h，即可分离得到能够形成芽孢的、纯净的大杆菌。生长在不含生肝的厌气肉肝汤中的细菌生长甚微或无法生长。由于正常羊只的脾、肝中也可能会有诺维氏梭菌芽孢的存在，因此，需结合临床症状和表现、剖检变化及流行病学分析才可进一步确诊。

3. 羔羊痢疾的实验室诊断方法

（1）镜检。将死亡羔羊的肝、脾及小肠内容物无菌取出，涂片。按常规染色方法进行革兰氏染色和亚甲蓝染色，油镜观察，可见两端钝圆，短粗的革兰氏阳性菌，呈单个或成双排列，具有荚膜，少数有芽孢。

（2）琼脂平板试验。MM 琼脂及鲜血琼脂培养试验。将病料接种于 MM 琼脂及鲜血琼脂培养基上，37℃条件下培养 24 h 后，在 MM 琼脂培养基上可见灰色细小菌落。鲜血琼脂培养基上可见无色透明露珠状菌落，呈 B 型溶血。葡萄糖血清琼脂培养试验：将分离的菌落接种于胃酶厌氧肉肝汤中，37℃条件下培养 6 h 后，培养液混浊，产生大量气泡，24 h 后出现沉淀。再将肉肝汤培养物接种于葡萄糖血清琼脂平板，37℃厌氧培养 24 h 后，可见圆形、光滑、突起、边缘不整的菌落。

（3）生化培养试验。将分离的菌落接种于各种生化培养基，37℃条件下培养 24～48 h。可见该细菌能液化明胶，还原硝酸盐，产生硫化氢，分解葡萄糖、乳糖、蔗糖等，产酸产气。

（4）细菌鉴别。沙门菌、大肠杆菌和肠球菌也可引起初生羔羊下痢。

（5）药敏试验。用无菌镊子将各种抗菌药物圆纸片，分别于培养基表面，37℃培养 24 h 观察结果。药敏纸片检测可知，该细菌对吡哌酸、红霉素、先锋霉素、氯霉素不敏感；对卡那霉素、青霉素、四环素、链霉素中度敏感；对环丙沙星、磺胺嘧啶、土霉素、庆大霉素敏感。

• 工具准备

器材试剂：高压蒸汽灭菌锅、组织匀浆机或研磨皿、样品、培养基、生化管、药敏片、活体动物、灭菌离心管、灭菌剪、灭菌刀、镊子、棉拭子。

• 人员准备

人员分组，每组 5 人，明确职责分工（表 5-6-1）。

表 5-6-1　任务分配

任务角色	任务内容
组长	整理任务流程，制订计划，合理安排分工
组员 1	分离鉴定
组员 2	生化试验
组员 3	药敏检测
组员 4	结果分析，汇总

任务筹划

一、内容筹划

（1）整合资料，制订实施计划。

（2）完成羔羊痢疾细菌的实验室诊断方法。

二、方法筹划

自行分组（每组 5 人），完成任务。

三、流程筹划

前期准备（材料、工具、动物、场地、人员）—进行现场勘察—制订计划—分离鉴定—生化试验—药敏试验—结果分析汇总。

任务实施

根据任务筹划完成表 5-6-2 的任务实施步骤。

表 5-6-2 任务实施步骤

步骤	任务实施情况
步骤一	
步骤二	
步骤三	
步骤四	
步骤五	
步骤六	

任务检测

请扫描二维码 5-6-1 进行答题。

二维码 5-6-1
项目五任务六检测

任务评价

根据任务完成情况完成任务评价（表 5-6-3）。

表 5-6-3　工作任务完成过程评价

班级：		组别：		姓名：
项目	评分标准	自我评价	小组评价	教师评价
前期准备	材料准备是否完整（5 分）			
	资料整合是否正确（5 分）			
尸体处理过程	制订计划是否正确（5 分）			
	记录是否完整（5 分）			
	动物前期处理是否正确（5 分）			
	临床诊断是否正确（5 分）			
	分离鉴定是否正确（5 分）			
	免疫检测是否正确（5 分）			
	检测方法是否正确（10 分）			
后期处理	结果汇总是否得当（5 分）			
	结果判定是否得当（5 分）			
视频上传	是否完成视频剪辑上传（10 分）			
合计				
自我评价与总结				
教师点评				

项目六 其他动物疾病

项目介绍

本项目主要介绍其他动物病毒性传染病。宠物已经成为我们生活的伴侣，给我们带来快乐、幸福，所以对宠物易患的病毒性传染病不可忽视。小动物相关的病毒性传染病有哪些？是否会传染给人类？了解这方面的知识，提前做好防范，才能使小动物成为人类真正的朋友，给人们的生活带来快乐。

知识目标

（1）掌握犬副流感病毒感染、犬冠状病毒病、犬疱疹病毒感染、兔病毒性出血症、兔梭菌性肠炎、马传染性贫血的流行特点、临诊症状及防治措施。

（2）掌握不同宠物传染病的典型鉴别方法。

技能目标

（1）熟练掌握犬副流感病毒感染、犬冠状病毒病、犬疱疹病毒免疫抗体检测。

（2）掌握兔病毒性出血症的诊断与免疫检测。

（3）掌握马传染性贫血的诊断与免疫检测。

素质目标

学会人与宠物、人与自然和谐相处，善待小动物。

思政目标

新时代下高职宠物医疗技术专业教育，要以“立德树人”为根本，将“立德树人”与“艺术精良”“关爱动物”相结合。合格的宠物医疗技术专业人才应该“德才兼备”，不仅要有精良的专业知识、高超的技术水平，更要“医者仁心、生命至上”的价值取向，将预防、诊断和治疗宠物疾病作为自己的责任。

任务一　犬副流感病毒感染、犬冠状病毒病、犬疱疹病毒感染的检验与诊断

任务导入

利用前期周末时间，分组进入宠物医院，对常见的犬、猫传染性疾病进行了解并收集相关资料。

任务准备

- **知识准备**

一、犬副流感病毒感染

犬副流感病毒（CPIV）感染是犬的主要呼吸道传染病。临床表现发热、流涕和咳嗽。病理变化以卡他性鼻炎和支气管炎为特征。近年来研究认为，CPIV 也可引起急性脑髓炎和脑内积水，临床表现后躯麻痹和运动失调等症状。

（一）病原

CPIV 在分类上属副黏病毒科，副黏病毒属。核酸型为单股 RNA。在 4℃ 和 24℃ 条件下可凝集人 O 型、鸡、豚鼠、大鼠、兔、犬、猫和羊的红细胞。CPIV 可在原代和传代犬肾、猴肾细胞培养物中良好增殖。CPIV 可在鸡胚羊膜腔中增殖，鸡胚不坏死，羊膜腔和尿囊液中均含有病毒，血凝效价可达 1∶128。

（二）流行病学

CPIV 可感染玩赏犬、试验犬和军、警犬，在军犬中常发生呼吸道病，在试验犬产生犬瘟热样症状。急性期病犬是最主要的传染来源。自然感染途径主要是呼吸道。

（三）临床症状

该病是犬主要的呼吸道传染病。Crandell 等（1968）报道临床症状为突然暴发，发热，大量黏液性、不透明鼻分泌物和咳嗽。Binn 等（1968）报道 176 只犬中，34% 发病，特征是突然暴发，迅速传播，干咳，浆液性或黏液性鼻漏，病犬疲软无力。当与支原体或支气管败血波氏杆菌混合感染时，病情加重。

另报道，210 日龄犬感染可表现后躯麻痹和运动失调等症状，病犬后肢可支撑躯体，但不能行走。膝关节和腓肠肌腱反射和自体感觉不敏感。

（四）病理变化

可见鼻孔周围有浆液性或黏液脓性鼻漏，结膜炎，扁桃体炎，气管、支气管炎，有时肺部有点状出血。神经型主要表现为急性脑脊髓炎和脑内积水，整个中枢神经系统和脊髓均有病变，前叶灰质最为严重。

（五）诊断

犬呼吸道传染病的临床表现非常相似，不易区别。细胞培养时分离和鉴定 CPIV 的最好方法。另外，利用血清中和试验和血凝抑制试验检查双份血清的抗体效价是否上升也可进行回顾性诊断。

（六）防控

对发病犬可用犬血球蛋白静脉滴注，以提高犬的抵抗力；可静脉滴注光谱抗病毒药阿昔洛韦（每千克体重 10～20 mg），连用 10 日，或口服利巴韦林胶囊（每千克体重 10～20 mg），连用 7 d；体温升高的犬，可口服泛捷复胶囊，每次 1～3 粒，每天 3～4 次。

当犬感染 CPIV 时，常常继发感染支气管败血波氏杆菌、支原体等。因此，应用抗生素或磺胺类药物可防止继发感染，减轻病情，促使病犬早日恢复。

国内多使用六联弱毒疫苗和五联弱毒疫苗进行预防接种，但对 CPIV 而言，产生的免疫力如何，尚无确定的试验数据予以证实。

二、犬冠状病毒病

冠状病毒在病毒分类学上是冠状病毒科的一个病毒属，属于单股正链 RNA 病毒。冠状病毒科病毒只感染脊椎动物，与多种动物和人的疾病有关。冠状病毒科原先只包含 1 个属，即冠状病毒属。

（一）病原

犬冠状病毒病（CCV）属冠状病毒科冠状病毒属成员。病毒具有冠状病毒的确一般形态特征，呈圆形或椭圆形，长径 80～120 nm，宽径为 75～80 nm，有囊膜，囊膜表面有花瓣状纤突，长约 20 nm，冻融极易脱落，失去感染性。核衣壳呈螺旋状。病毒基因型为单股 RNA。病毒在氯化铯中的浮密度为 1.15～1.16 g/cm^3。病毒对氯仿、乙醚、脱氧胆酸盐敏感。对热也敏感。用甲醛、紫外线能灭活。对胰蛋白酶和酸有抵抗力。病毒在粪便中存活 6～9 d。

（二）流行病学

该病可感染犬、貂和狐狸等犬科动物，不同品种、性别和年龄犬都可感染，但幼犬最易感染，发病率几乎 100%，病死率 50%，病犬和带毒犬是主要传染源。病毒通过直接接触和间接接触，经呼吸道和消化道传染健康犬及其他易感动物。该病一年四季均可发生，但多发于冬季。气候突变，卫生条件差，犬群密度大，断乳转舍及长途运输等可诱发该病。

（三）临床症状

潜伏期 1～5 d，临床症状轻重不一。主要表现为呕吐和腹泻，严重病犬精神不振，呈嗜睡状，食欲减少或废绝，多数无体温变化。口渴、鼻尖干燥，呕吐，持续数天出现腹泻。粪便呈粥样或水样，红色或暗褐色，或黄绿色，恶臭，混有黏液或少量血液。白细胞数正常，病程 7～10 d，有些病犬尤其是幼犬发病后 1～2 d 内死亡，成年犬很少死亡。

（四）病理变化

剖检病变主要是胃肠炎。肠壁菲薄、肠管内充满白色或黄绿色、紫红色血样液体，胃肠黏膜充血、出血和脱落，胃内有黏液。其他如肠系膜淋巴结肿大，胆囊肿大。组织学检查主要见小肠绒毛变短、融合、隐窝变深，绒毛长度与隐窝深度之比发生明显变化。上皮细胞变性，细胞质出现空泡，黏膜固有层水肿，炎性细胞浸润，上皮细胞变平，杯状细胞的内容物排空。

（五）诊断

1. 电镜观察

取粪便用氯仿处理，低速离心，取上清液，滴于铜网上，经磷钨酸负染后，用电子显微镜观察是否有特殊形状的病毒粒子。该法快速。取上清液与免疫血清作用，使病毒粒子特异性凝集，则有助于诊断。

2. 病毒分离鉴定

取典型病犬新鲜粪便，经常规处理后，接种于 A72 细胞或犬肾原代细胞上培养，用特异抗体染色检测是否存在病毒，或待细胞出现细胞病变后，用已知阳性血清作中和试验鉴定病毒。为提高病毒分离率，粪便要新鲜，避免反复冻结，采集病料先感染健康病犬，取典型发病犬腹泻粪便作为样品分离病毒。此外，中和试验、乳胶凝集试验、ELISA 等方法也可诊断该病检测血清抗体。

（六）防控

该病尚无有效疫苗预防和特效疗法。发现病犬为减少死亡率应隔离病犬并用 0.2%～1% 甲醛或 1∶30 漂白粉，彻底消毒场地。

三、犬细小病毒感染

犬细小病毒感染又称细小病毒性肠炎，是由细小病毒引起犬的一种急性传染病。临床上以急性出血性肠炎或非化脓性心肌炎为特征，侵害各种年龄的犬，以幼犬发病率高。发病率为 20%～100%，死亡率为 10%～50%。如能正确治疗，则死亡率不超过 20%。

（一）病原

犬细小病毒是细小病毒科，细小病毒属成员。无囊膜的单股DNA病毒。

该病毒对外界因素有较强抵抗力，对一般消毒药不敏感，60℃经1 h被灭活。在室温条件下可以存活3个月。犬细小病毒对乙醚和氯仿等不敏感，而对福尔马林、β丙内酯和紫外线较敏感。

（二）流行病学

1. 易感动物

对犬具有高度的接触性传染性，各种年龄的犬均可感染。其他犬科动物也可感染。

2. 传染源

该病最重要的传染源是病犬和康复带毒犬。病犬从粪便、尿液、唾液和呕吐物中排毒；而康复犬从粪尿中长期排毒。

3. 传播途径

健康犬与病犬直接接触感染，主要通过消化道传染。

4. 流行特点

以刚断乳至90日龄的犬发病较多，病情也较严重。幼犬有的可呈现心肌炎症状而突然死亡。据临床发病犬的种类来看，纯种犬及外来犬比土种犬发病率高。该病一年四季均可发生，但以天气寒冷的冬春季多发。病犬的粪便中含毒量最高。

（三）临床症状

被感染后的犬，在临床上可分为肠炎型和心肌炎型。

1. 肠炎型

自然感染的潜伏期为7～14 d，病初表现发热（40℃以上）、精神沉郁、不食、呕吐。初期呕吐物为食物，即黏液状、黄绿色或有血液。发病1 d左右开始腹泻。病初粪便呈稀状，随病情发展，粪便呈咖啡色或番茄酱色样的血便。以后次数增加、里急后重，血便带有特殊的腥臭气味。血便数小时后病犬表现严重脱水症状，眼球下陷、鼻境干燥、皮肤弹力高度下降、体重明显减轻。对于肠道出血严重的病例，由于肠内容物腐败可造成内毒素中毒和弥散性血管内凝血，使机体休克、昏迷死亡。白细胞数减少具有特征性，病初4～5 d内，病犬的白细胞数可少至60%～90%（由正常犬的1.2万个/mm^3减至500～2 000个/mm^3）。

2. 心肌炎型

多见于40日龄左右的犬，病犬先兆性症状不明显。有的突然呼吸困难，心力衰弱，短时间内死亡；有的犬可见有轻度腹泻后而死亡，病死率60%～100%，只有极少数轻症病例可以治愈。

（四）病理变化

1. 肠炎型

病死犬脱水，结膜苍白，腹腔积液，浆膜面有纤维素性覆盖物，肠腔中有水样内容物并混有血液，空肠、回肠黏膜面出血、充血，有纤维素性伪膜覆盖，肠系膜淋巴结肿大并充血，出血，肿胀。

2. 心肌炎型

病变主要限于肺和心脏，心肌或心内膜上有非化脓性坏死灶，心室与心房中有淤血块，左心室心肌纤维中有单核细胞浸润和间质纤维化，受损伤的心肌细胞内有核内包涵体。肺水肿或实变，肺浆膜有出血斑点。

（五）诊断

根据流行特点，特征症状（先呕吐后急性出血性肠，白细胞显著减少及幼犬急性心肌炎等），再结合剖检特征，可初步诊断。但确诊需进行实验室检查。

1. 临床诊断

多发生于 4 月龄以内的小犬。

病初食欲减损，精神沉郁，1～2 d 后，发生剧烈呕吐和腹泻。呕吐物先为食物，继为黄色泡沫样黏液，最后为血水样物；腹泻初为消化不良食物，很快变为恶臭内含黏膜块的水样稀粪，后期为血样稀粪。脱水眼球下陷，衰竭死亡。

体温升高至 40～40.5℃，1～2 d 后降到常温，3～4 d 后又复上升，以后很快死亡。病程 4～5 d，临死时体温多下降至常温以下。

心肌炎型的，听诊有心内回流性杂音，死前心电图 R 波降低，S-T 波升高。

2. 实验室诊断

（1）病毒学检查。采取病料（小肠后段和心肌），组织切片，包涵体染色，镜检发现肠上皮细胞和心肌细胞核内包涵体即可确诊。

（2）血清学检查。目前，临床上采用军事医学科学院实验动物中心田克恭等研制的犬细小病毒快速诊断试剂盒，取少量粪便，30 min 可确诊。另外还可采取病毒分离培养，血凝（HA）和血凝抑制（HI）试验，ELISA 及免疫扩散试验等法确诊该病。

（六）防控

发现该病应立即进行隔离饲养。防止病犬和病犬饲养人员与健康犬接触，对犬舍及场地用 2% NaOH 溶液或 10%～20% 漂白粉等反复消毒。

1. 预防

主要是注射疫苗和严格检疫。常用灭活疫苗和弱毒疫苗。大多和其他病毒性传染病联合在一起，均有良好效果。一旦发病，就在严格隔离下治疗，污染的病犬舍在彻底消毒并空置 1 个月后，方可启用。

2. 治疗

特异疗法配合对症疗法和支持疗法有一定的效果。早期应用犬细小病毒高免血清，每 48 h 肌内注射 1 次，连用 2～3 次。同时应用病毒唑、病毒灵等抗病毒药物效果更好。

3. 对症治疗

及时、大量、快速、多途径补液，结合抗菌、解毒、抗休克、止吐和止泻等对症疗法，可较快地解除症状和缩短病程。用等渗葡萄糖盐水加入 5% $NaHCO_3$ 注射液给予静脉注射。可根据脱水的程度决定补液量多少。

4. 防止继发感染

防止细菌感染及时消炎、止血、止吐。常用庆大霉素、环丙沙星、氨苄青霉素等，可配合使用地塞米松或氢化可的松进行治疗，也可用。庆大霉素每千克体重 1 万 U，地塞米松每千克体重 0.5 mg 混合肌内注射，或卡那霉素每千克体重 5 万 U 加塞米松混合肌内注射。维生素 K_{11} 每千克体重 mg，维生素 K_3 每千克体重 0.4 mg，混合肌内注射。胃复安每千克体重 2 mg。

• 操作准备

犬细小病毒（CPV）是一种高度传染性的病毒，主要影响犬类。该病毒可导致犬只发生严重的腹泻、呕吐和脱水，严重时可致死亡。因此，及时、准确的诊断对治疗和预防犬细小病毒感染至关重要。金标抗体检测法作为一种快速、简便的诊断方法，在宠物犬临床诊断中具有重要应用价值。

（一）金标抗体检测法原理

金标抗体检测法是一种基于抗原－抗体反应的免疫学诊断方法。其原理是将特异性抗体与胶体金标记，形成金标抗体复合物。当待检样本中存在病毒抗原时，金标抗体复合物会与抗原结合，形成肉眼可见的红色或紫色条带，从而实现对病毒的快速检测。

（二）试剂与设备

（1）采样工具。如无菌棉签、拭子等，用于采集宠物犬的粪便或肛拭子样本。

（2）溶解液。用于将采集的样本溶解，释放出病毒抗原。

（3）金标抗体试纸。含有特异性抗体的胶体金试纸，用于检测病毒抗原。

（4）滴管或加样器。用于将溶解后的样本滴加到金标抗体试纸上。

（5）计时器。用于控制滴加样本后的反应时间。

（三）操作流程

（1）采样。使用无菌棉签或拭子采集宠物犬的粪便或肛拭子样本。

（2）溶解。将采集的样本放入含有溶解液的试管中，充分混匀，使样本中的病毒抗原溶解在溶解液中。

（3）加样。用滴管或加样器吸取溶解后的样本，滴加到金标抗体试纸上。

（4）反应。按照说明书的要求，控制反应时间，观察金标抗体试纸上的颜色变化。

（5）结果判读。根据金标抗体试纸上的颜色变化，判断样本中是否存在病毒抗原。

（四）结果判定与分析

金标抗体检测法的结果判读主要依据试纸上的颜色变化。若试纸上出现明显的红色或紫色条带，则表示样本中存在病毒抗原，宠物犬可能感染了犬细小病毒。反之，若试纸上无颜色变化或变化不明显，则表示样本中不存在或存在极少量病毒抗原，宠物犬可能未感染或处于感染初期。

在进行犬细小病毒金标抗体检测时，需要注意以下几点以减小误差。

（1）采样时要确保采集到足够的样本，且避免污染。

（2）溶解液的使用量要准确，过多或过少都可能影响检测结果。

（3）加样时要确保样本均匀地滴加到试纸上，避免出现漏滴或重叠。

（4）反应时间的控制要准确，过长或过短都可能影响试纸的颜色变化。

（5）结果判读时要根据说明书的要求进行，避免主观臆断。

可能的误差来源包括试剂的质量、保存条件、操作人员的熟练程度等。因此，在使用金标抗体检测法时，应选择质量可靠的试剂，遵循正确的操作流程，提高检测结果的准确性。

（五）解决方法或建议

为改善现有问题和降低实验室生物安全风险，建议采取以下措施。

（1）定期对试剂进行质量检查，确保试剂的有效性。

（2）加强对操作人员的培训，提高操作的准确性和熟练程度。

（3）严格遵循实验室生物安全规范，防止交叉污染和人员感染。

（4）结合其他诊断方法，如 PCR 等，以提高诊断的准确性和可靠性。

（六）结论

犬细小病毒金标抗体检测法作为一种快速、简便的诊断方法，在宠物犬临床诊断中具有重要的应用价值。通过本任务的介绍，了解了该方法的原理、操作步骤、试剂与设备、操作流程、结果判定与分析以及注意事项与误差来源。同时，我们还提出了针对性的解决方法或建议，以期改善现有问题并降低实验室生物安全风险。总之，金标抗体检测法在检测宠物犬细小病毒方面具有显著的优势和实用性，值得在临床实践中广泛应用。

• 工具准备

（1）器材。高压蒸汽灭菌锅、组织匀浆机或研磨皿、-20℃ 冰箱、高速冷冻离心机、天平、微量移液器（200～1 000 μL）、生物安全柜、5 mL 灭菌离心管、灭菌剪、灭菌刀、镊子、棉拭子。

（2）试剂。所用试剂均为分析纯，试验用水符合 GB/T 6682 的规定。磷酸盐缓冲液（0.01 mol/L，pH 值 7.2）

• 人员准备

人员分组，每组 5 人，明确职责分工（表 6-1-1）。

表 6-1-1 任务分配

任务角色	任务内容
组长	整理任务流程，制订计划，合理安排分工
组员 1	临床诊断
组员 2	分离鉴定
组员 3	免疫检测
组员 4	结果分析，汇总

任务筹划

一、内容筹划

（1）整合资料，制订实施计划。

（2）完成犬副流感病毒感染、犬冠状病毒病、犬疱疹病毒的实验室诊断和免疫检测。

二、方法筹划

自行分组（每组 5 人），完成任务。

三、流程筹划

前期准备（材料、工具、动物、场地、人员）—进行现场勘察—制订计划—临床诊断—分离鉴定—免疫检测—结果分析汇总。

任务实施

根据任务筹划完成表 6-1-2 的任务实施步骤。

表 6-1-2 任务实施步骤

步骤	任务实施情况
步骤一	
步骤二	
步骤三	
步骤四	

续表

步骤	任务实施情况
步骤五	
步骤六	

任务检测

请扫描二维码 6-1-1 进行答题。

二维码 6-1-1
项目六任务一检测

任务评价

根据任务完成情况完成任务评价（表 6-1-3）。

表 6-1-3　工作任务完成过程评价

班级：		组别：		姓名：
项目	评分标准	自我评价	小组评价	教师评价
前期准备	材料准备是否完整（5 分）			
	资料整合是否正确（5 分）			
尸体处理过程	制订计划是否正确（5 分）			
	记录是否完整（5 分）			
	动物前期处理是否正确（5 分）			
	临床诊断是否正确（5 分）			
	分离鉴定是否正确（5 分）			
	免疫检测是否正确（5 分）			
	检测方法是否正确（10 分）			
后期处理	结果汇总是否得当（5 分）			
	结果判定是否得当（5 分）			
视频上传	是否完成视频剪辑上传（10 分）			
合计				
自我评价与总结				
教师点评				

任务二 兔病毒性出血症、兔梭菌性肠炎的检验与诊断

任务导入

通过预习分组分别阐述，兔病毒性出血症病感染的病原、流行病学、临床症状、病理变化和诊断方法。

任务准备

- **知识准备**

一、兔病毒性出血症

兔病毒性出血症（RHD）又名“兔瘟”，是由兔出血症病毒引起的一种急性、热性、败血性的传染病。该病发病急，传播快，潜伏期短，病程短，发病率和死亡率极高，主要通过消化道、呼吸道进行传染。发生该病后短时间内病兔体温升高或无任何症状突然死亡，死前高声尖叫，死后从鼻孔流出泡沫样血液，该病以呼吸系统出血和器官水肿、淤血和出血为主要特征。

（一）病原

兔病毒性出血症又名兔出血症、兔瘟，是由兔病毒性出血症病毒感染引起的一种急性、高度接触性传染病。该病的病原为新型病毒，被认为是杯状病毒或细小病毒，具有凝集人 O 型红细胞的作用。据病毒血清学检测，病毒在肝、脾、肾及血液中的含量较高。

（二）流行病学

兔病毒性出血症易感动物为兔，包括家兔、野兔、长毛兔、獭兔等。毛用兔易感率高于肉用兔；各年龄段的兔具有易感性，60 日龄以上的兔易感率高于 60 日龄以内的仔兔。该病的传染源包括病兔、带毒兔及隐性感染兔，主要通过消化道和接触感染。该病一年四季均可发病，以冬春寒冷季节发病率较高。在老疫区多呈地方式流行，在新疫区多呈暴发式流行。在大暴发流行时期，兔病毒性出血症传播速度极快、发病率高、致死率高，平均死亡率为 78%～85%，60 日龄以上的肥壮兔和良种兔平均发病率高达 90%～95%，严重时可达 100%。从发病到死亡，历时 8～10 d。

（三）临床症状

兔病毒性出血症潜伏期为 2～3 d，根据临床症状表现，分为三种类型，分别为

最急性型、急性型和慢性型。

1. 最急性型

最急性型潜伏期 2～3 d，多发于流行初期，发病期无明显临床症状的前兆，表现为突发性倒地尖叫数声后死亡。一般感染后 10～12 h 会出现体温升高至 41℃的情况，稽留热 6～8 h 后发生死亡。高热症状无法肉眼观察，因此较难发现。

2. 急性型

急性型病程 1～2 d，多发于流行中期。急性型临床表现出食欲废绝或食欲不振、精神沉郁、体温高热转急剧下降（最高可达 41℃，多发生于感染后 10～12 h，高温持续 6～8 h）、被毛粗而杂乱等症。病兔死亡前表现出瘫软、无法站立、撞击笼架、狂奔、向前跳、高声尖叫、口鼻流出泡沫性血液，然后死亡，死后呈角弓反张。

3. 慢性型

慢性型病程长，多发于老疫区或新疫区流行后期，临床多表现出病兔精神委顿、食欲不振、被毛杂乱无光、消瘦或发育迟缓、持续性腹泻等症。极少数耐过病毒后期表现出明显的发育迟缓，且粪便排毒带毒不少于 1 个月。

（四）病理变化

该病是一种全身性的疾病，所以病死兔的各脏器都有不同程度的病理变化，外观上是以实质器官淤血、出血为主要特征。一般病例，剖检可见气管、支气管内分布有泡沫性血液，肺部充血、充血，有明显的出血性斑点。心包积液，心包膜有点状出血情况。肝部肿大、充血、淤血，胆囊充盈。脾肿大充血。肾皮质层分布有针尖大小的出血点，肾有淤血，呈暗紫色。肠胃充盈，肠黏膜充血，有出血点。膀胱充盈有积尿。典型病例，剖检可见一侧或两侧肺水肿，鼻腔、喉头和气管黏膜淤血或弥漫性出血，并有泡沫状血色分泌物，有数量不等、大小不等、散在或成片的出血斑点。怀孕母兔子宫黏膜充血、淤血、有数量不等的出血点，胎儿死亡。病兔脾淤血肿大。肠系膜淋巴结、咽淋巴结及圆小囊多数肿大出血。肾淤血肿大，呈暗紫色，表面有散在针尖状出血点。胃壁树枝状充血，胃充盈，小肠黏膜充血和出血。心脏扩张淤血，心内、外膜有出血点。肝变性肿大，呈淡黄色或者土黄色，质脆，切面粗糙，呈槟榔样的花纹，有的肝淤血后呈紫红色，并有出血斑点。胸腺肿大，有出血点。

（五）诊断

先根据三种分型的临床表现及病死兔剖检病理变化进行初诊，再配合实验室诊断确诊。常用的实验室诊断方法有血凝试验、HI 试验、SPA 协同凝集试验、ELISA 等。①血凝试验和 HI 试验。以人 O 型红细胞进行血凝试验检测，根据发生凝集的等级对病毒性出血症进行评价和确诊。当采用 0.75% 人的 O 型红细胞，HA＞1∶160 判定为阳性；HI＞1∶80 判定为阳性。② SPA 协同凝集试验。对病兔及死亡兔高免血清采用葡萄球菌 A 蛋白进行标记，对高免血清进行抗原检测，出现凝集反应即可确认存在兔病毒性出血病病毒。③ ELISA。采用 ELISA 抗体检测试剂盒对病兔、病死兔样本进行抗体检测。

（六）防控

1. 重视饲养管理

兔病毒性出血症的发生与兔自身免疫状态、周围环境、病毒轻度、遗传、抗病力等因素有关。其中饲养管理不当易导致兔机体免疫低下，饲养环境不佳易增加环境应激刺激，增加病毒感染和传播扩散的机会，进一步增加了兔感染病毒性出血症的发病率和感染率。在日常饲养管理中，养殖人员应加强对兔日粮的配比，在饲料中添加益生菌、微量元素及矿物质，确保兔机体营养平衡，增强兔机体免疫力和抗病能力。

2. 定期免疫接种

养殖户应该定期为兔注射兔病毒性出血症灭活疫苗，规定 45 日龄以上家兔，每只皮下注射 1 mL。未断乳兔亦可使用，每只皮下注射 1 mL，但断乳后应再注射 1 次，免疫持续期为 6 个月。为防止疫病传染，兔养殖场建议坚持自繁自养，并坚持全进全出的饲养模式。每繁殖一批仔兔或购进一批仔兔，严格执行免疫接种程序。

3. 及时隔离消毒

因该病毒的抵抗力较强，耐酸、耐热，对氯仿、乙醚等有机溶剂都不敏感；病料中的病毒在 −8～−2℃ 可保存 500 d 以上毒力不减弱，因此，对兔养殖场执行 1 次 /d 全面彻底的消毒，防止病毒传播扩散。消毒药物可选甲醛、漂白粉、戊二醛、NaOH 等。

4. 病后紧急免疫 + 对症治疗

兔病毒性出血症现阶段尚无特效药治疗，在治疗上建议采取对症用药的方式，根据病兔病症表现选择用药。无论是急性型还是慢性型，病兔临床均表现出高热症状，以及组织器官实质性出血、充血病变，表现出典型的细菌、病毒炎症反应。针对这一症状，可选用抗菌消炎、清热解毒、补虚益气的药剂进行治疗。中药兔瘟散：板蓝根、双花、连翘、大青叶、黄芪，混合粉碎成细末，口服，成兔每次 2～3 d，2 次 /d，连服 5～7 d；幼兔每次 1～2 g，2 次 /d，连服 5～7 d。也可拌于饲料内自食。

二、兔梭菌性肠炎

知识拓展：兔梭菌肠炎（二维码 6-2-1）。

二维码 6-2-1
知识拓展：兔梭菌肠炎

● 操作准备

（一）设备材料

（1）器材。剪刀、骨剪、肠剪、镊子、病理剖检记录表、工作服、胶靴、围裙、橡胶手套、恒温培养箱、组织匀浆器、1 mL 注射器、96 孔

"V" 形血凝反应板、微量混合器、25 μL 微量加样器、吸管、烧杯、加样槽。

（2）试剂。标准抗原、标准阳性血清、被检血清、人 O 型红细胞悬液、pH 值 7.2 的 0.01 mol/L 磷酸盐缓冲液（PBS）。

（二）内容及方法

1. 临床诊断

（1）最急性型。常发生在非疫区或流行初期。病兔死前无任何明显症状，常表现为突然死亡，死后勾头弓背或"角弓反张"，少数兔鼻孔流出带有泡沫的血液。

（2）急性型。病程一般 12～48 h，病兔精神委顿、不爱活动、食欲减退、喜饮水、呼吸迫促、体温达 41℃。临死前表现狂躁，倒地后，四肢划动，抽搐或惨叫，很快死亡。少数死兔鼻孔流出少量带有泡沫的血液。

（3）亚急性型。多发于 2 月龄以内的幼兔，兔体消瘦，被毛焦枯无光泽，病程 2～3 d 或更长，随后死亡。

2. 病理学变化

最急性、急性病死兔剖检时可见全身实质器官淤血、出血。气管软骨环淤血，气管内含带有泡沫的血液。胸腺水肿，并有大小不等的出血点；肺出血、淤血、水肿、有大小不等的出血点。肝淤血、肿大、质地变脆、色泽变淡。脾肿大、淤血，呈黑紫色。肾淤血、出血。十二指肠、空肠黏膜出血。

3. 材料

（1）兔病毒性出血病死亡兔、待检兔和健康兔肝悬液的制备。分别将肝剪碎，按 1：10 加入 PBS 后匀浆，再以 1 000 r/min，离心 30 min，取上清液备用。

（2）抗原工作液的制备。根据测定抗原或兔病毒性出血病死亡兔肝悬液的红细胞凝集效价，用 PBS 稀释成 4 个血凝单位的抗原工作液。

（3）1% 人 O 型红细胞悬液的制备。取新鲜人 O 型红细胞于阿氏液中保存（置 2～8℃ 可保存 7 d）。用时取人 O 型红细胞以 ×20 的 PBS 混匀洗涤红细胞，400 r/min 离心 5 min，弃上清，重复洗涤 4 次。最后 1 次离心前，计算红细胞悬液体积（在离心后扣减弃去上清液的体积，即为红细胞的体积）。洗涤后的红细胞用 PBS 液配成 1% 悬液，置 2～8℃ 备用。

（4）血清处理。①兔病毒性出血病阴性血清、阳性血清及待测血清。②所有血清处理方法：取血清 100 μL，56℃ 水浴灭活 30 min，加入 10 μL 人 O 型红细胞（按照人 O 型红细胞与血清为 1：10 的比例加入），混匀，2～8℃ 作用 1 h，以 400 r/min 离心 5 min，收集上清待检。

4. 仪器设备

离心机（要求最大离心力在 12 000 r/min 以上）、温箱（37 ± 1）℃、恒温水浴锅、2～8℃ 冰箱、微量移液器（0.5～10 μL，2～20 μL，20～200 μL，100～1 000 μL）、微型振荡器。

5. 微量血凝试验（用于检测兔病毒性出血病病毒抗原）

（1）在 96 孔 "V" 形微量凝集板上，从第 2～10 孔，每孔加入 25 μL PBS。

（2）然后在第 1 孔、第 2 孔加入 1：10 的待检兔肝悬液 25 μL。

（3）从第 2 孔开始，充分混合后用 25 μL 移液器等量倍比稀释至第 10 孔，稀释后第 10 孔弃去 25 μL。

（4）第 11～12 孔加 1：10 的健康兔肝悬液为阴性对照。

（5）每孔各加 1% 人 O 型红细胞 25 μL，立即置于微型振荡器上摇匀，于 2～8℃ 冰箱静置 45 min，待阴性对照孔中红细胞完全沉积后观察结果。

（6）每次测定应设已知效价的兔病毒性出血病死亡兔肝悬液阳性对照，方法同（1）～（5）。

（7）结果判定。红细胞凝集效价表示方法如下。①“++++”为 100% 凝集，无红细胞沉积。②“+++”为 75% 以上凝集，有少于 25% 的红细胞沉积。③“++”为 50%～75% 凝集，有少于 50% 的红细胞沉积。④“+”符号为凝集的红细胞少于 50%，沉积的红细胞多于 50%。⑤“–”为 100% 的红细胞沉积。

兔病毒性出血病死亡兔肝悬液阳性对照凝集效价与已知效价不得相差一个滴度以上，健康兔肝悬液阴性对照无凝集；被检样品出现“++”的最高稀释度作为其凝集价，凝集价 ≥1：160（即第 5 孔）的判为阳性，如在 1：（20～80），定为可疑，应重复试验，重复后仍为可疑的判为阳性。

6. 玻片血凝法（现场快速诊断，用于检测兔病毒性出血病病毒抗原）

取少许待检兔肝样品，置于清洁的载玻片上，用剪刀将肝样品剪碎，滴加 2～3 滴 1% 人 O 型红细胞于肝样品上，同时设立兔病毒性出血病阴、阳性肝对照，轻轻混匀后，于玻片上孵育 2 min，若有兔病毒性出血病病毒，肉眼可直接观察到玻片上出现血凝现象。

7. 微量血凝抑制试验（用于检测兔病毒性出血病病毒抗体）

（1）在 96 孔“V”形微量凝集板上，自第 1～11 孔，每孔加入 PBS 25 μL，第 12 孔加入 PBS 50 μL。

（2）吸取待检血清 25 μL 于第 1 孔，充分混匀后用 25 μL 移液器等量倍比稀释至第 11 孔，稀释后第 11 孔弃去 25 μL。

（3）第 1～11 孔，每孔分别加 4 个血凝单位的抗原 25 μL，摇匀，37℃ 温箱作用 60 min。

（4）每孔各加 1% 人 O 型红细胞 25 μL，立即置于微型振荡器上摇匀，于 2～8℃ 冰箱静置 45 min，待 PBS 对照孔的红细胞完全沉积后观察结果。

（5）每次测定应设已知效价的兔病毒性出血病阳性血清对照、阴性血清对照，方法同（1）～（4）。

（6）每次测定应设 4 个血凝单位的抗原对照（回滴试验）。在微量凝集板第 1～5 孔，每孔加入 PBS 25 μL。第 1～2 孔各加 4 个血凝单位的抗原 25 μL，从第 2 孔起依次做倍比稀释至第 4 孔，弃去 25 μL。第 1～4 孔的抗原含量依次为 4 个、2 个、1 个、1/2 个血凝单位的抗原，第 5 孔为 PBS 对照。每孔各加 1% 人 O 型红细胞 25 μL，立即置于微型振荡器上摇匀，于 2～8℃ 静置 45 min，待 PBS 对照孔的红细胞完全沉积后观察结果。

（7）结果判定。①试验结果成立条件。阴性血清血凝抑制效价小于 24，阳性血清血凝抑制效价与已知效价不得相差 1 个滴度以上，4 个血凝单位抗原对照血凝效价为 4（2^2）。阴性对照、阳性对照和回滴试验同时成立，则表明试验成立。②在对照出现正确结果的情况下，以完全抑制红细胞凝集的最大稀释度为该血清的血凝抑制效价。③被检血清 1：16（2^4）或更高稀释度的孔出现红细胞凝集完全抑制时，判为阳性。

- **工具准备**

同本任务操作准备中“设备材料”。

- **人员准备**

人员分组，每组 5 人，明确职责分工（表 6-2-1）。

表 6-2-1　任务分配

任务角色	任务内容
组长	整理任务流程，制订计划，合理安排分工
组员 1	临床诊断
组员 2	分离鉴定
组员 3	免疫检测
组员 4	结果分析，汇总

任务筹划

一、内容筹划

（1）整合资料，制订实施计划。
（2）完成兔病毒性出血症的诊断与免疫检测。

二、方法筹划

自行分组（每组 5 人），完成任务。

三、流程筹划

前期准备（材料、工具、动物、场地、人员）—进行现场勘察—制订计划—临床诊断—分离鉴定—免疫检测—结果分析汇总。

任务实施

根据任务筹划完成表 6-2-2 的任务实施步骤。

表 6-2-2 任务实施步骤

步骤	任务实施情况
步骤一	
步骤二	
步骤三	
步骤四	
步骤五	
步骤六	

任务检测

请扫描二维码 6-2-2 进行答题。

二维码 6-2-2
项目六任务二检测

任务评价

根据任务完成情况完成任务评价（表 6-2-3）。

表 6-2-3 工作任务完成过程评价

班级：		组别：		姓名：
项目	评分标准	自我评价	小组评价	教师评价
前期准备	材料准备是否完整（5 分）			
	资料整合是否正确（5 分）			
尸体处理过程	制订计划是否正确（5 分）			
	记录是否完整（5 分）			
	动物前期处理是否正确（5 分）			
	临床诊断是否正确（5 分）			

续表

班级：	组别：		姓名：	
项目	评分标准	自我评价	小组评价	教师评价
尸体处理过程	分离鉴定是否正确（5分）			
	免疫检测是否正确（5分）			
	检测方法是否正确（10分）			
后期处理	结果汇总是否得当（5分）			
	结果判定是否得当（5分）			
视频上传	是否完成视频剪辑上传（10分）			
合计				
自我评价与总结				
教师点评				

任务三　马传染性贫血的检验与诊断

任务导入

以小组为单位，查阅马属动物与其他动物的生理学区别，了解引起贫血的主要原因，并上传至云端平台进行分享及互评。

任务准备

- **知识准备**

马传染性贫血病简称马传贫（EIA），由反录病毒科慢病毒亚科中的马传染性贫血病病毒引起的马、骡、驴传染病。其特征主要为间歇性发热、消瘦、进行性衰弱、贫血、出血和浮肿。在无发热期间则症状逐渐减轻或暂时消失。

（一）病原

马传染性贫血病毒是反录病毒科慢病毒属成员。马传染性贫血病毒对外界的抵抗力较强。在粪便中能存活两个半月，将粪便堆积发酵时，经 30 min 即可死亡。2%～4% NaOH 溶液和福尔马林，均可在 5～10 min 内将其灭活；3% 来苏尔在

20 min 内灭活。日光照射 1～4 h 可灭活病毒。在 -20℃ 左右病毒可保存毒力达 6 个月至 2 年。病毒对热的抵抗力较弱，煮沸立即灭活。

（二）流行病学

病马和带毒马是传染源，其血液、肝、脾、淋巴结等均有病毒存在，发热期病马的分泌物和排泄物也含有病毒。

传播途径主要通过吸血昆虫（虻类、蚊类、刺蝇及蠓类等）叮咬而传染，也可经消化道、呼吸道、交配、胎盘传染。

仅马属动物易感，其中以马最易感，驴、骡次之，且无品种、年龄和性别差异。其他家畜及野生动物均无自然感染的报道。

该病发生无严格的季节性，但以吸血昆虫活动的夏秋季节（7—9 月）及森林、沼泽地带多发。主要呈地方性流行或散发。新疫区多呈急性经过，在老疫区主要呈慢性或隐性感染。

（三）临床症状

自然感染潜伏期一般为 20～40 d，人工感染平均为 10～30 d，短的 5 d，长的达 90 d。

以发热、贫血、出血、黄疸、浮肿、心功能紊乱、血常规变化和进行性消瘦为特征。

发热：发热类型有稽留热、间歇热和不规则热。稽留热表现为体温升高 40℃ 以上，稽留 3～5 d，有时达 10 d 以上，直到死亡。间歇热表现有热期与无热期交替出现，多见于亚急性及部分慢性病例。慢性病例以不规则热为主，常有上午体温高、下午体温低的逆温差现象。

贫血、出血和黄疸：发热初期，可视黏膜潮红，随着病情加重，表现为苍白或黄染。在眼结膜、舌底面、口腔、鼻腔、阴道等黏膜等处，常见鲜红色或暗红色出血点（斑）。

心机能紊乱：心搏亢进，节律不齐，心音混浊或分裂，缩期杂音，脉搏增数。

浮肿：常在四肢下端、胸前、腹下、包皮、阴囊、乳房等处出现无热、无痛的浮肿。

血常规检查：红细胞显著减少，血红蛋白降低，血沉加速。白细胞减少，丙种球蛋白增高，外周血液中出现吞铁细胞。在发热期，嗜酸粒细胞减少或消失，退热后，淋巴细胞增多。

根据临床表现，可分为急性、亚急性、慢性和隐性四种病型。

急性型多见于新疫区流行初期，主要呈高热稽留，病程短，病死率高。

亚急性型多见于流行中期，特征为反复发作的间歇热，有的还出现逆温差现象。

慢性型常见于老疫区，病程较长，其特征与亚急型相似，但逆温差现象更明显。

（四）病理变化

急性型呈现全身败血变化。浆膜、黏膜、淋巴结和实质脏器有弥漫性出血点（斑）。脾急性肿大，暗红或紫红色，红髓软化，白髓增生，切面呈颗粒状。肝肿大，黄褐色或紫红色，肝细胞索变性与中央静脉、窦状隙淤血交织，使肝切面形成豆蔻状或槟榔状花纹，故有“豆蔻肝”或“槟榔肝”之称。亚急性和慢性病例以贫血、黄染和网状内皮系统增生为主，全身败血变化较轻。

（五）诊断

（1）根据典型临床症状和病理变化可做出初步诊断，确诊需进一步做实验室诊断。

（2）实验室诊断。在国际贸易中，指定诊断方法为琼脂凝胶免疫扩散试验，替代诊断方法为酶联免疫吸附试验。

病原分离与鉴定：将可疑马的血液接种易感马或用其制备的白细胞培养物，分离病毒（通常不用）。免疫扩散试验、免疫荧光试验。

血清学检查：琼脂凝胶免疫扩散试验、酶联免疫吸附试验、补体结合试验、荧光抗体试验。

病料采集：采集可疑马的血液备用。

（六）防控

为预防和消灭马传染性贫血必须按《中华人民共和国动物防疫法》和《马传染性贫血防治技术规范（修订）》的规定，采取严格控制、扑灭措施。平时加强饲养管理，提高马群的抗病能力。搞好马厩及其周围的环境卫生，消灭蚊、虻，防止蚊、虻等吸血昆虫侵袭马匹。发现患病马匹立即上报疫情，严格隔离，扑杀病畜，其尸体、病死马尸体等一律深埋或焚烧。污染场地、用具等严格消毒，粪便、垫草等应堆积发酵消毒。经检疫健康马、假定健康马，紧急接种马传贫驴白细胞弱毒疫苗。不从疫区购进马匹，必须购买时，必须隔离观察 1 个月以上，经过临床综合诊断和 2 次血液学检查，确认健康者，方准合群。

• 操作准备

（一）设备材料

（1）器材。细胞培养瓶（80 mL）、96 孔平底微量反应板、微量移液器、酶标测定仪、恒温箱、保湿盒等 .

（2）试剂。免抗马 IgG 辣根过氧化物酶结合物（简称酶标抗体）为冻干品、马传贫病毒抗原包被板、标准阳性血清和标准阴性血清均为冻干品、磷酸盐缓冲液（0.02 mol/L，pH 值 7.2，PBS）、洗涤缓冲液（0.02 mol/L，pH 值 7.2，PBS-0.05% 吐温-20）、血清及酶标记抗体稀释液（0.02 mol/L，pH 值 7.2，PBS-0.05% 吐温-20-0.1% 白明胶-10% 健康牛血清）、底物缓冲液（pH 值 5.0 磷酸盐-枸橼酸缓冲液，内含 0.04% 邻苯二胺及 0.045% 过氧化氢）、终止液（2 mol/L，硫酸）、赛氏液、细胞生长液、阿氏液、驴外周血白细胞制备、实验室用水。

（二）操作方法

1. 马传染性贫血病毒的分离鉴定

（1）病料采集与处理。无菌采集被检马属动物的抗凝血，在室温放置 30～40 min，收集中间淡黄色的白细胞层，每管分装 500 μL，4 000 r/min 离心 10 min，弃上清液，白细胞沉淀 -80℃ 保存备用。

（2）细胞培养。①制备驴外周血白细胞。从驴颈静脉处无菌采取血液 10 mL，置于预先加入抗凝剂（阿氏液 10 mL）的三角瓶中；室温或 37℃ 培养箱中静置 20～30 min，至红细胞沉降；吸取上层血浆（含驴白细胞），1 000 r/min 离心 10 min 收集细胞；弃上清液，加入赛氏液吹散细胞，1 000 r/min 离心 10 min 收集细胞；重复上一步骤，弃上清液加入赛氏液吹散细胞，1 000 r/min 离心 10 min 收集细胞；加入适量牛血清和赛氏液等量混合培养液均匀悬浮细胞，分至培养瓶，37℃ 于 5% CO_2 培养箱培养；24 h 后，换用含 70% 牛血清、30% 赛氏液的培养液，37℃ 于 5% CO_2 培养箱继续培养。②制备驴外周血白细胞，加入细胞生长液后培养 1～2 d 后，如细胞已贴壁并伸出突起，即可接种病料。③病料接种。在倾弃细胞培养液后，接种病料 500 μL，37℃ 吸附 1～2 h 后吸弃接种的病料，换入新鲜的细胞生长液。④培养。接种病料的细胞在 37℃ 含 5% CO_2 培养箱培养 7～8 d，每天在倒置显微镜下观察。初代分离培养通常难以出现细胞病变，一般需盲传 2～3 代。⑤判定标准。如盲传 2～3 代，仍无细胞病变，则判定为阴性。如出现以细胞变圆、破碎、脱落为特征的细胞病变，则初步判定为阳性。病毒鉴定需要以 1∶100 浓缩的阳性培养物为抗原进行酶联免疫吸附试验或琼脂凝胶免疫扩散试验进行确诊。

2. 酶联免疫吸附试验（ELISA）

（1）操作方法。①冲洗包被板。向各孔注入洗涤缓冲液，浸泡 3 min，甩干，再注入洗涤缓冲液，重复 3 次。甩干孔内残液，在滤纸上吸干。②加被检血清及对照血清。将每份被检血清样品各取 50 μL 加入血清稀释板的各孔内，再将稀释液 0.95 mL 依次加入各孔内，作 1∶20 倍稀释。混匀后分别取 100 μL 依次加入抗原包被反应孔中，每份血清加两个孔。每块反应板设阴性血清和阳性血清对照各两孔，每孔 100 μL。盖好包被板置 37℃ 湿盒内 1 h，冲洗同①。③加酶标记抗体。用酶标抗体稀释液将冻干酶标记抗体稀释至工作浓度，每孔加 100 μL，置 37℃ 湿盒内 1 h，冲洗同①。④加底物缓冲液。每孔加新配制的底物溶液 100 μL，在室温下避光反应 5～10 min。⑤终止反应。每孔加终止液 20～30 μL。

（2）结果判定。①目测法。阳性对照血清孔呈鲜明的橘黄色，阴性对照血清孔无色或基本无色，被检血清孔凡显色者即判为马传贫病毒抗体阳性。如遇颜色反应较弱，但与阴性对照血清孔还有差异者，用目测法难以判定时，则以比色法测定为最终结果。②比色法。用酶标测试仪，在波长 492 nm 下，测定各孔 OD 值，阳性对照血清两孔平均 OD 值大于 1.0，阴性对照血清两孔平均 OD 值小于等于 0.2 为正常反应。

按以下标准判定结果：被检血清的两孔平均 OD 值与阴性对照血清的两孔平均 OD 值之比，大于或等于 2，且被检血清的两孔平均 OD 值在 0.2 以上者，判为马传贫病毒抗体阳性，否则为阴性。

3. 琼脂凝胶免疫扩散试验（AGID）

（1）器材。微量移液器、平皿、三角瓶、薄壁型金属打孔器（外周直径 5 mm）。

（2）琼脂板的制备。取优质琼脂 1.0 g，可直接放入含有万分之一硫柳汞的 100 mL 的 PBS 液中，用热水浴融化混匀，倒入直径 90 mm 的平皿 15～18 mL，厚度约 2.5 mm 左右，冷却备用。

（3）打孔。反应孔现用现打并封底。在坐标纸上画好七孔形图案。把坐标纸放在带有琼脂板的平皿或玻璃板下面，照图案在固定位置上用金属管打孔，将切下的琼脂板取出，勿使琼脂膜与玻璃面离动。外周孔径为 5 mm，中央孔径为 5 mm，孔间距 3 mm，如图 1 所示。打孔完毕，在琼脂板上端写上日期及编号等。

（4）滴加样品。①血清抗体检测。在图 6-3-1（七孔形）的中央孔加抗原，2、5 孔加检验用标准阳性血清，其余 1、3、4、6 孔加入受检血清。②病毒分离物鉴定。在七孔形的中央孔加阳性，2、5 孔加检验用标准阳性抗原，其余 1、3、4、6 孔加入受检病毒分离物。

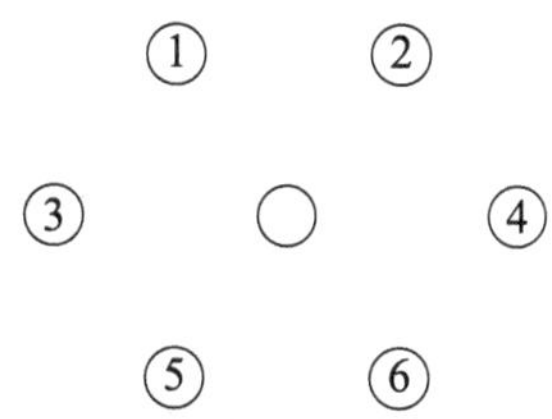

图 6-3-1　七孔形

（5）温育。平皿加盖，待孔中液体吸干后，将平皿倒置，以防水分蒸发；琼脂板则放入铺有数层湿纱布的带盖搪瓷盘中。置 15～30℃ 条件下进行反应，逐日观察 3 d 并记录结果。

（6）结果判定。

阳性：当标准阳性血清孔与标准阳性抗原孔之间只有一条明显致密的沉淀线时，受检血清孔与标准阳性抗原孔之间形成一条沉淀线；或者阳性血清的沉淀线末端弯向毗邻的受检血清的抗原侧者，则判定为阳性。

阴性：受检血清与标准阳性抗原孔之间不形成沉淀线，或者标准阳性血清孔与标准阳性抗原孔之间的沉淀线弯向毗邻的受检血清孔直伸或向受检血清孔侧者，则判定为阴性。

疑似：标准阳性血清孔与标准阳性抗原孔间的沉淀线末端，似乎弯向毗邻受检血清孔内侧，但不易判断时，可将标准阳性抗原稀释 2、4、6、8 倍进行复试，最后判定结果。观察时间可延至 5 d。

- **工具准备**

同本任务操作准备中“设备材料”。

任务准备

- **人员准备**

人员分组，每组 5 人，明确职责分工（表 6-3-1）。

表 6-3-1 任务分配

任务角色	任务内容
组长	整理任务流程，制订计划，合理安排分工
组员 1	临床诊断
组员 2	分离鉴定
组员 3	免疫检测
组员 4	结果分析，汇总

任务筹划

一、内容筹划

（1）整合资料，制订实施计划。

（2）完成马传染性贫血的临床诊断和马传染性贫血病毒的分离鉴定及免疫检测试验。

二、方法筹划

自行分组（每组 5 人），完成任务。

三、流程筹划

前期准备（材料、工具、动物、场地、人员）—进行现场勘察—制订计划—临床诊断—分离鉴定—免疫检测—结果分析汇总。

任务实施

根据任务筹划完成表 6-3-2 的任务实施步骤。

表 6-3-2 任务实施步骤

步骤	任务实施情况
步骤一	
步骤二	
步骤三	
步骤四	

续表

步骤	任务实施情况
步骤五	
步骤六	

任务检测

请扫描二维码 6-3-1 进行答题。

二维码 6-3-1
项目六任务三检测

任务评价

根据任务完成情况完成任务评价（表 6-3-3）。

表 6-3-3　工作任务完成过程评价

班级：		组别：	姓名：	
项目	评分标准	自我评价	小组评价	教师评价
前期准备	材料准备是否完整（5 分）			
	资料整合是否正确（5 分）			
尸体处理过程	制订计划是否正确（5 分）			
	记录是否完整（5 分）			
	动物前期处理是否正确（5 分）			
	临床诊断是否正确（5 分）			
	分离鉴定是否正确（5 分）			
	免疫检测是否正确（5 分）			
	检测方法是否正确（10 分）			
后期处理	结果汇总是否得当（5 分）			
	结果判定是否得当（5 分）			
视频上传	是否完成视频剪辑上传（10 分）			
合计				
自我评价与总结				
教师点评				

参考文献

陈溥言，姜平，2024. 兽医传染病学［M］. 7 版 . 北京：中国农业出版社.

董开忠，傅思武，2021. 常见人畜共患病防治［M］. 3 版 . 北京：科学出版社.

刘增军，2022. 动物传染病诊断技术及治疗方法［J］. 畜牧兽医科技信息（8）：65-67.

贾志江，唐文雅，2023. 动物传染病［M］. 2 版 . 北京：中国农业大学出版社.

解秀梅，2022. 宠物传染病［M］. 北京：中国农业出版社.

李舫，沈美艳，2019. 动物微生物与免疫技术［M］. 北京：中国农业出版社.

梁夏，2023. 动物传染病的综合防控措施［J］. 今日畜牧兽医，39（10）：32-34.

刘娣琴，2016. 动物传染病实训图解［M］. 北京：中国农业大学出版社.

刘明生，吴祥集，2020. 动物传染病［M］. 3 版 . 北京：中国农业出版社.

陆承平，刘永杰，2021. 兽医微生物学［M］. 6 版 . 北京：中国农业出版社.

王博，阮强，2020. 病毒性传染病的病原学实验室诊断［J］. 中国实用内科杂志（8）：621-624.

邬向东，李林，2018. 动物医学专业实训教程［M］. 北京：中国农业大学出版社.

邢军，2022. 养猪与猪病防治［M］. 3 版 . 北京：中国农业大学出版社.

杨俊龙 . 野生动物常见传染病防治现状与对策研究［J］. 中兽医学杂志（2）：76-78.

张玲，2019. 养禽与禽病防治［M］. 北京：中国农业出版社.

张玉玲，2022. 牛羊传染病诊断技术［M］. 银川：阳光出版社.

周杰，2017. 动物医学实验教程（预防兽医学分册）［M］. 2 版 . 北京：中国农业大学出版社.

《执业兽医资格考试》编写组，2024. 2024 年执业兽医资格考试（兽医全科类）预防科目应试指南［M］. 北京：中国农业出版社.